JN050691

Analog Circuits

アナログ電子回路

大類重範［著］

学校，短大，大学の電気・電子工学系の学生，あるいは企業の初級技術者たちのために書かれている．数式は理解を助ける程度の必要最小限にとどめ，できるだけ多く図解を示し，例題によって理解を深めるように配慮した．

アナログ電子回路は確かに範囲は広く奥行きも深いが，最も基本的で重要な第一段階ともいえるトランジスタの増幅作用とバイアス回路の設計さえ理解できれば，電子回路の面白味が確実に増してくるものと確信している．

本書を発刊するにあたり，数多くの著書と文献を参考させていただき，巻末に参考文献として記載し，著者の方々に厚くお礼申し上げる．

電子回路の初心者に十分理解できる教科書と考えて，浅学をも顧みず筆をとったが，著者の気付かないところや不備な点のためご不満の点が多々あると思われるが，これらについてはご叱咤，ご指導いただいて完璧を期したいと思っている．

最後に，本書を執筆する機会を与えて下さった日本理工出版会のかたがたに心から感謝いたします．

1999 年 11 月

大類 重範

目　　次

第1章　半導体の性質

第2章　pn 接合ダイオードとその特性

第3章　トランジスタの基本回路

第4章　トランジスタの電圧増幅作用

第5章 トランジスタのバイアス回路

第6章 トランジスタ増幅回路の等価回路

第7章 電界効果トランジスタ

第 8 章　負帰還増幅回路

第 9 章　電力増幅回路

第 10 章　同調増幅回路

第 11 章　差動増幅回路と OP アンプ

第 12 章 OP アンプの基本応用回路

第 13 章 発 振 回 路

第 14 章 変調・復調回路

第1章
半導体の性質

半導体とは，銅のように電気をよく通す導体と，ゴムのように電気を通さない絶縁体の中間にある物質である．このような半導体から作られているものに，ダイオード，トランジスタ，電界効果トランジスタ（FET），集積回路（IC）などの半導体素子があり，ラジオ，テレビ等の家庭電化製品をはじめとして，自動車，電卓，パソコンなど広い分野で使用されている．

これら半導体素子の働きを理解するためには，まず半導体の性質を知ることが重要である．ここでは，半導体中で電気伝導に寄与する電子と正孔のふるまい，半導体の種類とその成り立ちについて学ぶ．

1・1　物質の構造と電気伝導

物質には銀，銅，白金などのように電気をよく通す物質と，石英，ガラス，雲母などのように電気を通さない物質がある．前者を**導体**（conductor），後者を**絶縁体**（insulator）という．

これに対して，トランジスタやダイオードなどに用いられるシリコン（Si），ゲルマニウム（Ge），セレン（Se）などは導体ほどではないが，ある程度の電気を通すことから**半導体**（semiconductor）といわれている．

これら物質の電気を通す度合いを比較するのに，**抵抗率**（resistivity）が用いられる．抵抗率とは断面積 $1\,\mathrm{m}^2$，長さ 1 m の導体の電気抵抗値をいい，単位には一般に〔Ω・m〕を用いる．

代表的な物質の抵抗率によって分類したのが**図1・1**である．半導体は約 $10^{-4} \sim 10^{6}$ Ω・m に位置しているが，これらの分類は厳密なものではなく，したがっ

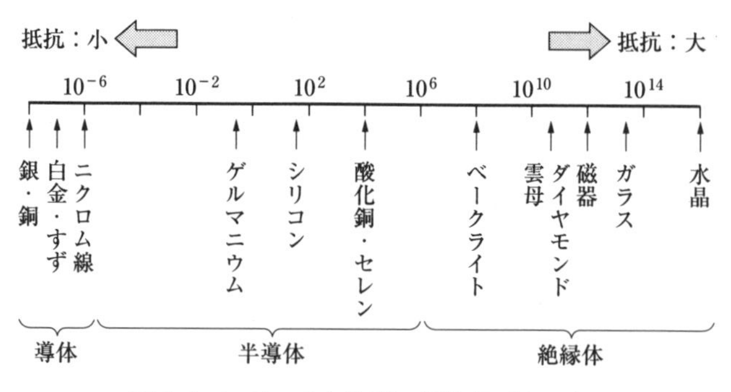

図 1･1　いろいろな物質の抵抗率〔Ω･m〕

て境界付近ではその区別は明確なものになっていない．では一体，なぜこのような抵抗値の差が生じるのだろうか．

物質を細かく分析していくと分子になるが，この分子をさらに分析すると原子の集まりになる．原子を詳しく調べると中央に原子核があり，その外部に原子核のもつプラスの電荷と同じ量のマイナスの電子が原子核を中心にして一定の軌道上を回っている．

電子の数によって原子はそれぞれ異なった性質をもっているが，これを**元素**(element) という．物質は原子の集まりで構成されているから，その違いはそれぞれの原子を構成している原子核と，これをとりまいている電子の数が異なっている点にあると考えてよい．すなわち，電子の数は元素によってそれぞれ決まっていて，その電子の数はその元素の原子番号と同じである．

シリコン (Si) の原子番号は 14 で，炭素 (C) やゲルマニウム (Ge) などと同じ第 4 族の元素である．その構造は，**図 1･2** (b) に示すように 14 個の電子がそれぞれ原子核のまわりの軌道を回転している．

このうち，一番外側を回っている 4 個の電子を**価電子** (valence electron) といい，他のシリコン原子と結晶をつくる場合や，他の原子と化合して分子をつくる場合に，相手の原子と結合する腕の役割をしている．また，この価電子は原子核からの距離が遠いため，原子核との吸引力が弱く，熱や光，電界などのエネルギーを加えると軌道を離れて自由に動きまわることができて，これを**自由電子** (free electron) という．これら各電子のもつエネルギーは各軌道ごとによって異なり，この様子を示したのが**図 1･3** である．原子単独の場合には

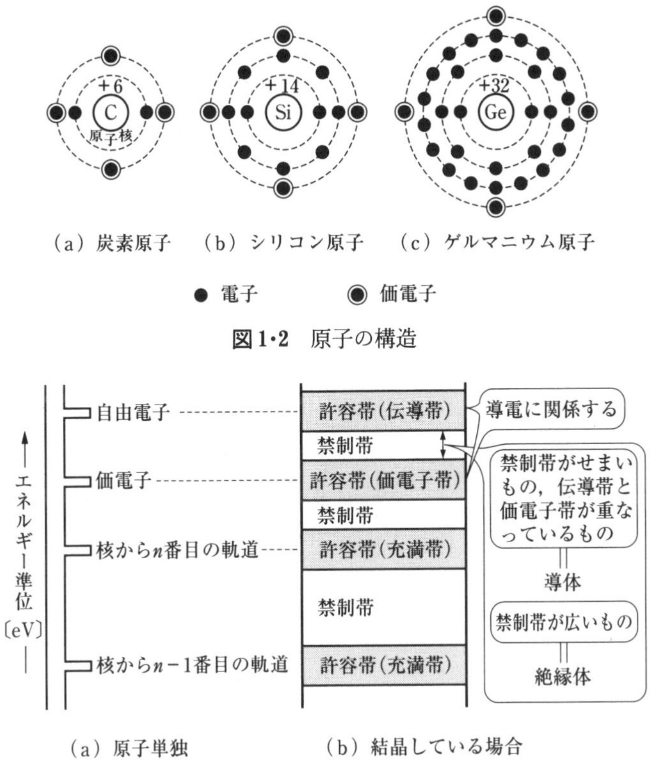

図1・2　原子の構造

図1・3　エネルギー準位図

図 (a) のように各軌道のエネルギー準位は単一の値であるが，原子が多数集まった結晶の場合には，多くの原子の軌道が交錯して図 (b) のようにある幅をもった帯（バンド）状になる．

電子はこのバンド部分のみに存在し，存在できるという意味で，これを**許容帯**と呼んでいる．また，許容帯のうち，価電子の存在できるところを**価電子帯** (valence band)，自由電子の存在するところを**伝導帯** (conduction band) という．一方これらの許容帯に対して，電子が存在することのできないところを**禁制帯** (forbidden band) という．

一般に，弱電界における物質の伝導現象は，価電子の存在する価電子帯と価電子帯から飛び出た自由電子の存在する伝導帯とのエネルギー差に関係することがわかっていて，この差を**エネルギーギャップ** (energy gap) ΔE という．

すなわち，外部エネルギーによってこのギャップを飛びこして自由電子が生じやすい物質ほど伝導率が良いことになり，いかに価電子が禁制帯を飛びこえやすいかによって伝導率が決まってくることになる．

1個の電子が1Vの電位差によって得るエネルギーを電子ボルト（$1\,\mathrm{eV} = 1.6\times10^{-19}\,\mathrm{J}$）という微小なエネルギーを測る単位として用いているが，代表的な半導体のエネルギーギャップΔEの値はシリコンで1.11 eV，ゲルマニウムで0.67 eVとなっている．

1·2　真性半導体

SiやGeは4価の元素であるから，隣り同士で4価の価電子を共有しあって結晶を形成し，実際の構造は**図1·4**に示すようにダイヤモンド構造をしている．これを平面的に表したのが**図1·5**(a)で，このような結合を**共有結合**という．

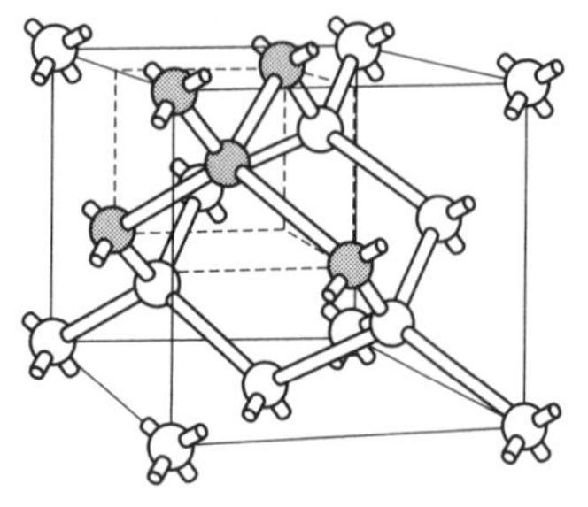

図1·4　ダイヤモンド形の構造

温度が低い場合には，共有結合された結晶では，電子が全く動けないので電気伝導は行われない．ところが半導体は価電子帯と伝導帯の間の禁制帯が狭いため，常温

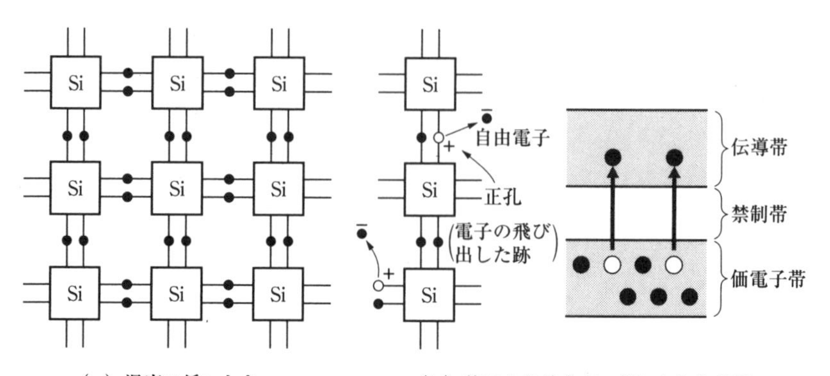

（a）温度の低いとき　　（b）熱により結合が一部こわれた状態

図1·5　シリコン結晶内の原子の結合

になれば熱振動により価電子帯から電子が飛び出して自由電子が生じる．この様子を示したのが図（b）で，負の電荷をもつ自由電子が抜けた跡は正の電荷をもつことになり，この孔を**正孔**（hole，**ホール**）と呼んでいる．

正孔が価電子帯にできたこのような状態で外部から電圧を加えると，自由電子はプラス側に吸引され，一方，価電子帯の正孔には次々と電子が飛びこんで正孔の位置はマイナス側に移って行く．つまり，正孔は電子と反対方向に移動していくことになる．したがって，電荷を運ぶもの，すなわち電流を流す役目をするのは伝導帯においては電子が，価電子帯においては正孔が行っていることになる．

この電子と正孔を**キャリア**（carrier = 運ぶものの意）と呼んでいるが，不純物を含まない Si や Ge の単結晶内では自由電子の数と正孔の数は等しく，余分なキャリアはない．このような半導体を**真性半導体**（intrinsic semiconductor）または，**I 形半導体**という．

なお，トランジスタや IC などの半導体素子を作るのに必要なシリコンの真性半導体の純度は，「テン・ナイン」あるいは「イレブン・ナイン」と呼ばれ，きわめて高純粋の結晶が要求される．

1･3　不純物半導体（n 形半導体と p 形半導体）

Si，Ge の 4 価の真性半導体の中に原子価が 5 価のひ素（As），りん（P），アンチモン（Sb）などをごく微量まぜて結晶をつくると，**図 1･6** に示すように 5 個の価電子のうち 4 個は Si の価電子と共有結合するが，残りの電子 1 個は余分になる．この余った電子，すなわち過剰電子は真性半導体のような共有結合による強力な結合力はなく，常温程度の熱エネルギーで伝導帯に入り込み，自由電子となることができる．

この過剰電子はエネルギー的に価電子帯よりも伝導帯に近い禁制帯に位置していて，このエネルギー準位を**ドナー準位**といい，過剰電子を生じさせる元素を**ドナー**（donor）と呼んでいる．このドナー原子は過剰電子を失うと正電荷を得たことになり，陽イオンとなる．

なお，ドナー準位にできた正孔は価電子帯にできる正孔と異なり，禁制帯に

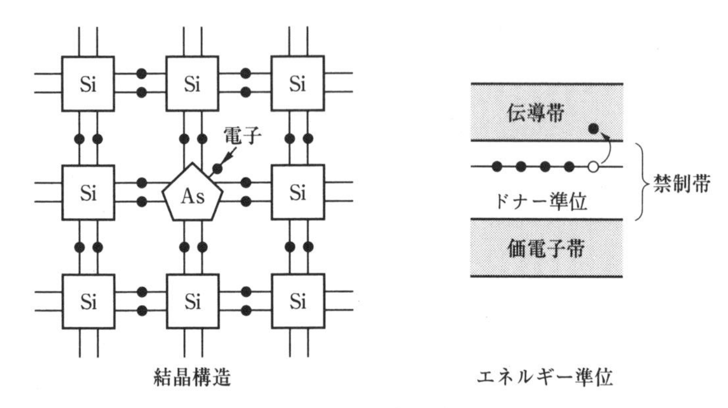

図1·6　n形半導体

あるため電子が入り込むことができず，キャリアとしての作用をすることができない．つまり，キャリアの働きは電子だけが行うことになる．

このようにしてできた半導体をキャリアが電子（負の電荷）であることから**n形半導体**（negative = 負の頭文字）と呼んでいる．

一方，4価の真性半導体の中に不純物として3価の元素アルミニウム（Al），またはガリウム（Ga），ホウ素（B），インジウム（In）をごく微量入れて結晶をつくると，3価の元素は価電子が3個しかないため，**図1·7**のように正孔ができてしまう．このように正孔を生じさせるような元素を**アクセプタ**（acceptor）という．この正孔のエネルギー準位は**アクセプタ準位**と呼ばれていて，ドナー準位とは逆に価電子帯のすぐそばの禁制帯に位置しているので，正孔には価電

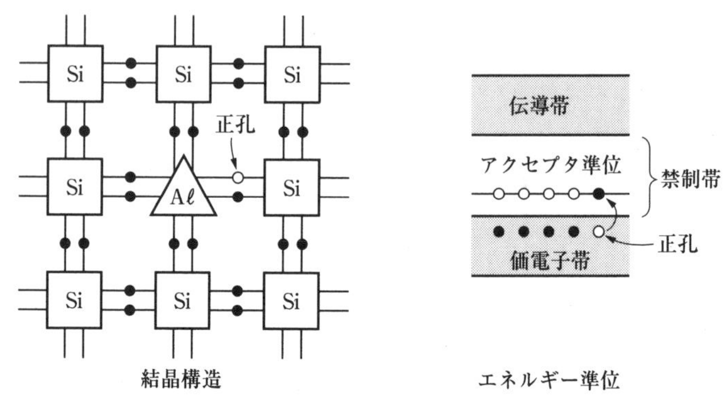

図1·7　p形半導体

子帯の電子が飛びこみやすくなっている．そして，電子が飛びこんだアクセプタは陰イオンとなる．

このようにしてできた半導体をキャリアが正孔（正の電荷）であることから**p 形半導体**（positive = 正の頭文字）と呼んでいる．

1·4 多数キャリアと少数キャリア

n 形半導体では Si の結晶の間を動くのはほとんどが電子であるが，真性半導体のところで述べたように，正孔も周囲の自由電子に比べてかなり小さな割合であるが発生する．そして，この正孔は周囲の電子によって埋められるが，新たに正孔が発生するため，n 形半導体にもごくわずかな正孔が存在することになる．これらの正孔は，電子が**多数キャリア**（majority carrier）と呼ばれるのに対して**少数キャリア**（minority carrier）と呼ばれる．

p 形半導体の場合も同様で，大多数の正孔の中にごくわずかな電子が存在する．この場合，正孔が多数キャリアで電子が少数キャリアとなる．以上のことをまとめると，**表 1·1** のようになる．

表 1·1 多数キャリアと少数キャリア

半導体の種類	電流の担い手		不純物元素
	多数キャリア	少数キャリア	
n 形半導体	自由電子	自由正孔	ドナー （5 価の原子）
p 形半導体	自由正孔	自由電子	アクセプタ（3 価の原子）
真性半導体	同数のため区別せず		な し

第1章　演習問題

1　長さ 100 m，直径 2 mm の軟銅線の抵抗を求めよ．ただし，温度を 20 ℃ として，この温度における抵抗率を $1.724 \times 10^{-8}\,\Omega\cdot\mathrm{m}$ とする．

2　ある銅線の中を 1 A の電流が流れているとき，通過する自由電子の数は毎秒何個になるか．ただし，電子 1 個のもつ電荷は 1.6×10^{-19} C とする．

3　各設問に従ってカッコ内に適当な言葉や数値を記入して文章を完成させよ．

(1)　シリコンなど（ ① ）価の（ ② ）に（ ③ ）価の不純物，例えば（ ④ ）をごく微量まぜて結晶を作ると，（ ⑤ ）1 個が（ ⑥ ）できなくなり，常温程度の熱エネルギーで結晶中を自由に動き回る（ ⑦ ）ができる．このときの不純物を（ ⑧ ），このような半導体を（ ⑨ ）といい，多数キャリアは（ ⑩ ），少数キャリアは（ ⑪ ）となる．

一方，（ ⑫ ）のシリコンに（ ⑬ ）価の不純物，例えば（ ⑭ ）をごく微量まぜて結晶を作ると，（ ⑮ ）が不足して（ ⑯ ）が生じる．このときの不純物を（ ⑰ ），このような半導体を（ ⑱ ）といい，多数キャリアは（ ⑲ ），少数キャリアは（ ⑳ ）となる．

(2)　一般に，弱電界における物質の伝導現象は，価電子の存在する（ ① ）とそこから飛び出た（ ② ）の存在する（ ③ ）との差に関係することがわかっていて，この差を（ ④ ）という．半導体中では，電流を流す役目は（ ⑤ ）においては電子が，（ ⑥ ）においては正孔が行っている．

第2章

pn接合ダイオードとその特性

真性半導体の一方からドナー不純物を，他方からアクセプタ不純物を混入するとpn接合ダイオードを構成することができる．このpn接合は，各種半導体素子を構成する上で基礎となるからその特性を十分理解しておく必要がある．ここでは，pn接合ダイオードの動作原理と基本特性について学ぶ．

2･1 pn 接 合

純粋なシリコン結晶中への不純物の混入は，高温炉の中に純粋なシリコン結晶を置き，そこに不純物を含んだ蒸気を吹き込むという方法をとっている．このため，一般に不純物を混入するとはいわず，不純物を**拡散**(diffusion)するといういい方をしている．

真性半導体の一方からドナー不純物を拡散し，他方からアクセプタ不純物を拡散すると，1つの半導体結晶中にn形半導体の領域とp形半導体の領域とを形成することができて，このような構造を**pn接合**(pn junction)という．したがって，p形とn形の半導体が単に機械的に接触しているのではなくて，原子構造的に結合している状態となる．この両端に電極を付ければ**pn接合ダイオード**となり，**図2･1**はその原理的なモデルを示している．

このとき，図(a)に示すようにp形部にはアクセプタイオン⊖とホールが，n形部にはドナーイオン⊕と電子が対になっていて，接合ができた瞬間動くことができるキャリアとしてのp形のホールとn形の電子は互いに拡散し合い，接合面を乗り越える．拡散し合う途中，ホールと電子は互いに吸引し合って再

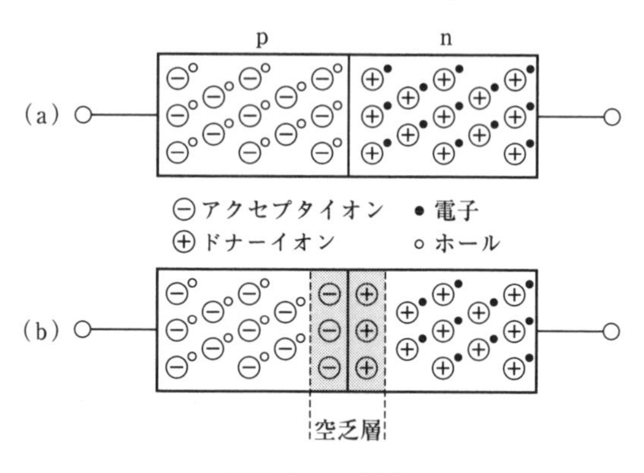

図2･1　pn接合

結合しキャリアは消滅してしまう．その結果，図(b)のように接合面を中心とした近傍では，移動できるキャリアが欠乏した不動のアクセプタイオンとドナーイオンだけとなる．

このようなキャリアの欠乏した領域を**空乏層**(depletion layer)と呼び，ある一定の厚みに落ち着く．なぜなら，**図2･2**に示すように，空乏層に残ったアクセプタイオン⊖とドナーイオン⊕で内部電界Eを発生し，電位障壁ϕを形成するからである．

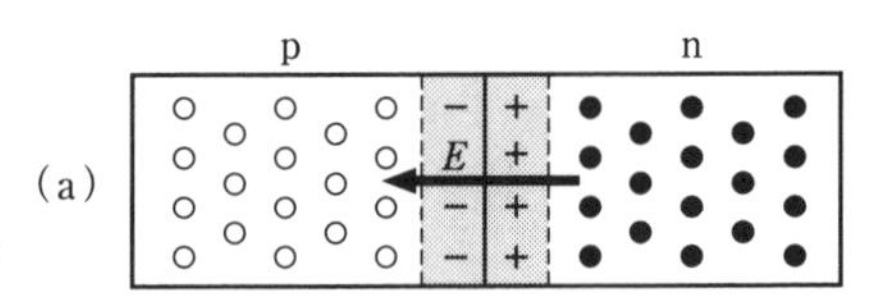

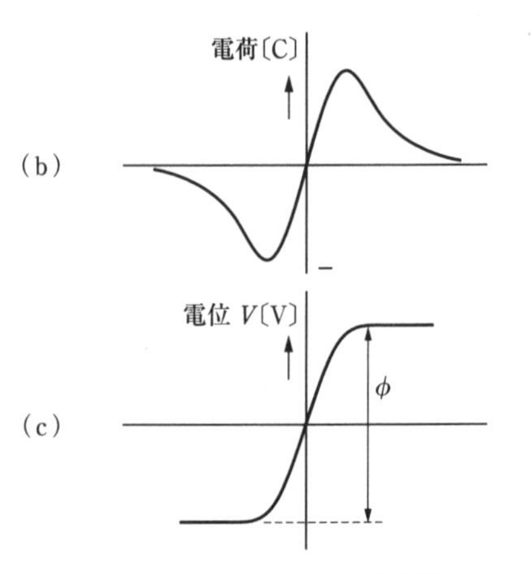

図2･2　pn接合の内部電界

図2･3(a)はダイオードの働きに関係するキャリアとして，ホールと電子だけを抜き出したものである．pn接合面のp形の方には⊖の電位障壁ができるため，n形の電子は接合面を突き抜けてp形の方へ流れこむことができない．また同様に，n形の方には⊕の電位障壁ができるため，p形のホールはn形の方へ流入することができない．

次に図(b)のようにp側にマイナス，n側にプラスの電圧を加えた場合，

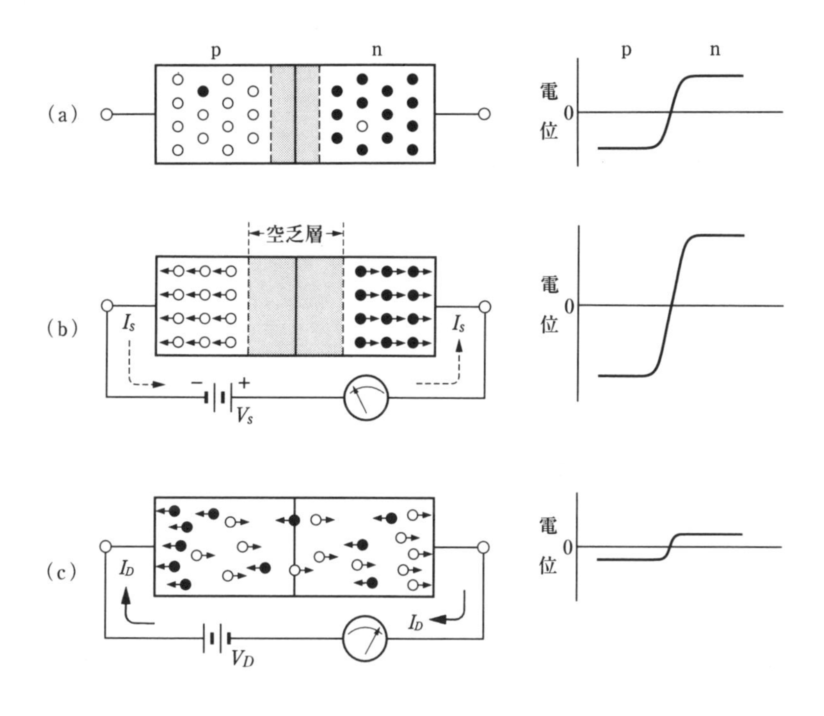

図2・3　pn 接合の動作原理

ホールは p 形の電極の方に，電子は n 形の電極の方にそれぞれ引き寄せられて，接合部付近にはキャリアが不足してしまって，電流はほとんど流れない状態になる．その結果，空乏層の幅も図 (a) の状態より広がる．

次に図 (c) のように p 側にプラス，n 側にマイナスの電圧を加えると，接合面の電位障壁がなくなって電子は p 形の方へ，ホールは n 形の方へ侵入していく．一方，電池の両電極からは，次々に電子とホールが補給されるので，電流はいつまでも流れ続けることになる．

このように pn 接合ダイオードは電圧の加え方によってある方向では電流は多く流れ，反対方向にはほとんど電流が流れない．このことを**整流作用**といい，図 (c) の電源電圧 V_D を**順方向電圧**，このときの電流 I_D を**順方向電流**という．また，図 (b) の V_S を**逆方向電圧**，少数キャリアによってきわめて微小ではあるが，このとき流れる電流 I_S を**逆方向電流**という．

2・2 pn 接合ダイオードの電圧-電流特性

図 2・4(a) に示すように，pn 接合に金属電極を設けてそこからリード線を引き出したものが pn 接合ダイオードで，その図記号を図 (b) に示す.

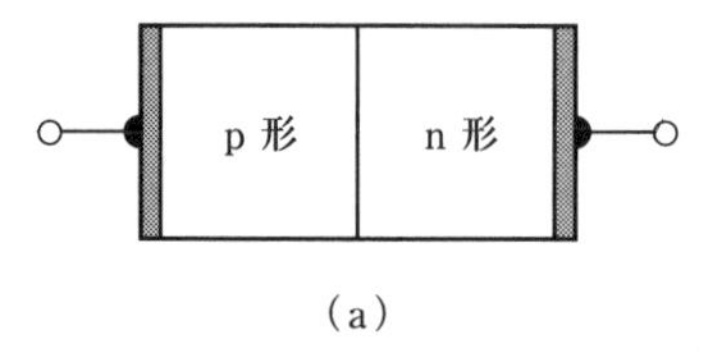

(a)

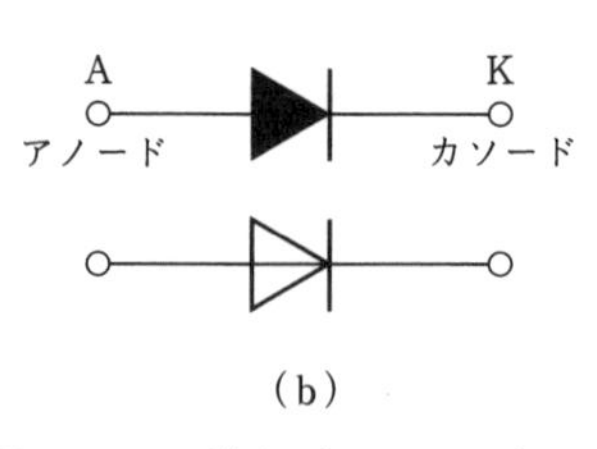

(b)

図 2・4 pn 接合ダイオードとその記号

図 2・5 は，実際のダイオードの電圧-電流特性を示していて，順方向電圧を加えると小さい電圧で大きな電流が流れる．電流が流れ始める電圧は Si ダイオードが 0.5～0.7 V，Ge ダイオードが 0.2～0.4 V で，Si ダイオードの方が電圧が大きくなっている.

一方，逆方向に電圧を印加した場合には，少数キャリアによる微小な逆方向電流が流れ，その大きさは Si ダイオードで

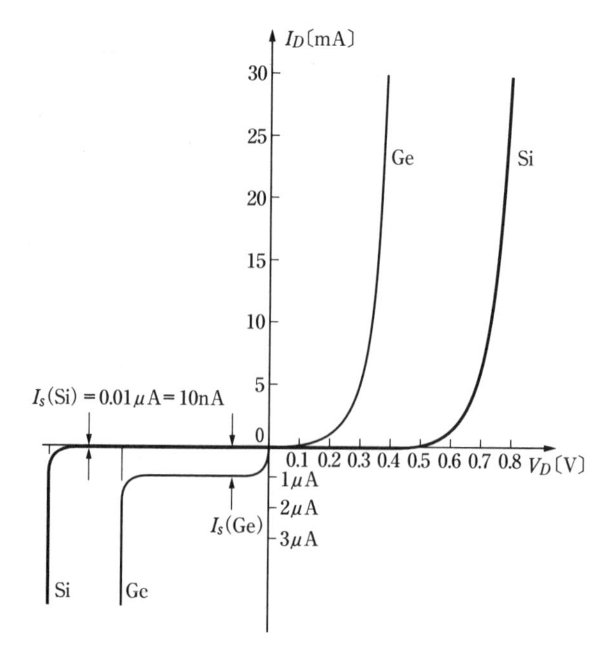

図 2・5 ダイオードの電圧-電流特性

nA オーダ，Ge ダイオードで μA オーダとなる．さらに，逆方向電圧を大きくしていくと急激に電流が増加するが，これは次に述べるツェナ現象と雪崩現象によって起こるもので，この電圧がダイオードの逆耐電圧となる．すなわち，これ以上の逆電圧を印加するとダイオードは破壊する．

ダイオードの端子電圧 V_D と流れる電流 I_D との間の理論的な関係式は，

$$I_D = I_S(e^{qV_D/kT} - 1) \qquad (2\cdot1)$$

によって与えられる．ここで，I_S は同図に示すように逆方向電圧が印加されたときの飽和電流値，q（$= 1.6\times10^{-19}$ C）は電子の電荷，k（$= 1.38\times10^{-23}$J/K）はボルツマン定数，T は絶対温度〔K〕である．

Si ダイオードの場合，常温（$T = 300$ K，27 ℃）で端子電圧が 0.6 ～ 0.7 V 以上であれば，$I_D \fallingdotseq I_S e^{qV_D/kT}$ となって大きな電流が流れ，逆に $V_D < 0$ では $I_D = -I_S$ となり，印加電圧の大きさに関係なく微小な逆方向電流 I_S が流れる．

ダイオードは順方向に電流が流れるが，わずかながら抵抗値をもっている．このダイオードの順方向抵抗は電圧-電流特性の勾配から求めることができて，**図 2·6** から明らかなように電流の大きさによって異なってくる．電圧 V_D を ΔV_D だけ微小変化させたとき，電流 I_D が ΔI_D 変化したとすれば，このときの抵抗値 r_d は $\Delta V_D/\Delta I_D$ から求めることができて，この r_d を**交流抵抗**または**動抵抗**といい，次式によって計算することができる．

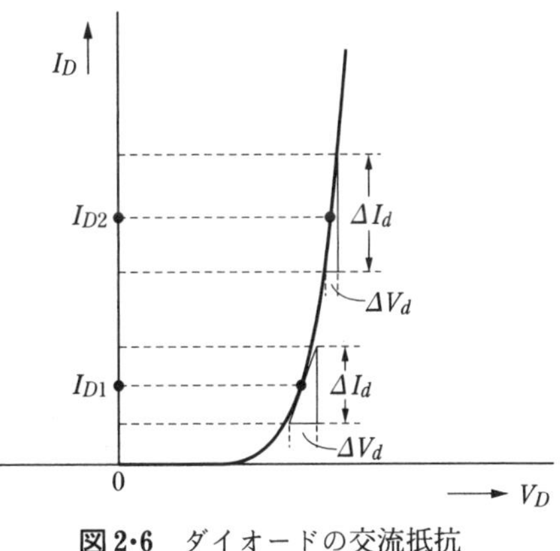

図 2·6　ダイオードの交流抵抗

$$r_d \fallingdotseq \frac{26}{I_D〔\text{mA}〕} 〔\Omega〕 \qquad (2\cdot2)$$

すなわち，1 mA の電流が流れていれば，交流抵抗は 26 Ω となる．

【**例題 2·1**】常温におけるダイオードの順方向抵抗，すなわち交流抵抗が式（2·2）で与えられることを示せ．

（解）　$\dfrac{q}{kT}=\dfrac{1.6\times10^{-19}}{1.38\times10^{-23}\times300}\fallingdotseq\dfrac{1}{0.026}$

したがって，式(2･1)は，$I_D=I_S(e^{V_D/0.026}-1)$となる．Siダイオードで順方向電圧が0.6～0.7V以上であれば，$e^{0.6/0.026}\gg1$であるから，$I_D\fallingdotseq I_S e^{qV_D/kT}$と考えてよい．

$$\therefore r_d=\frac{1}{dI_D/dV_d}=\frac{1}{I_S\dfrac{q}{kT}e^{qV_D/kT}}\fallingdotseq\frac{1}{I_D}\cdot\frac{kT}{q}=\frac{0.026}{I_D〔\mathrm{A}〕}=\frac{26}{I_D〔\mathrm{mA}〕}〔\Omega〕$$ ▩

2･3　簡単なダイオード回路

図2･5に示したダイオードの電圧-電流特性で，次の点に注意しなければならない．

①　電圧，電流の関係が曲線になっている．

②　順方向でも，ある程度の電圧を加えなければほとんど電流は流れない．

図2･7はダイオードと抵抗を直列に接続した回路で，この回路に流れる電流や各部の電圧を調べてみよう．ダイオードの電圧-電流特性は非線形であるからオームの法則は適用できないが，キルヒホッフの法則は適用できる．

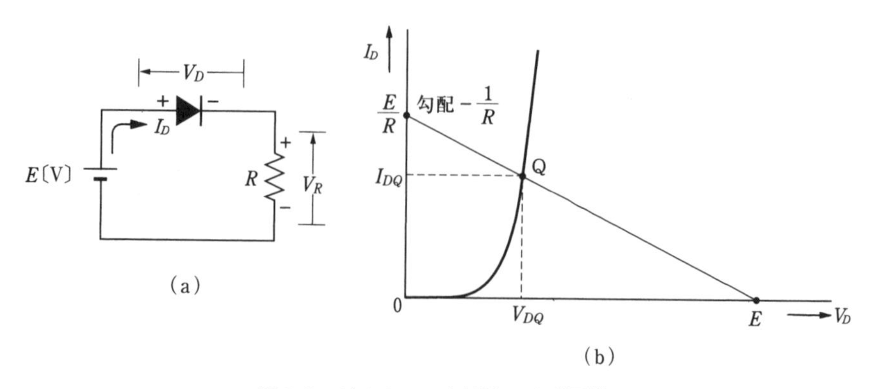

図2･7　ダイオードと抵抗の直列回路

いま，電源電圧をE〔V〕，ダイオードと抵抗の端子電圧をそれぞれV_D，V_R，回路に流れる電流をI_D〔A〕とすれば，キルヒホッフの第2法則より次式が成立する．

$$E = V_D + V_R = V_D + RI_D \tag{2・3}$$

上式をグラフに表すと，図 (b) に示す勾配 $-1/R$ の直線となり，V_D と I_D はこの直線上の値をとらなければならない．一方，V_D と I_D は式 (2・1) で決まる V_D－I_D 特性曲線上にあり，両式は同時に成立しなければならない．したがって，図 (b) に示す勾配 $-1/R$ の直線と V_D－I_D 特性曲線との交点 Q における V_{DQ} と I_{DQ} が求める端子電圧と回路電流で，この交点 Q を**動作点** (operation point) という．

【例題 2・2】 図の回路で，$E = 4$ V，$R = 80\,\Omega$ のときの V_D と I_D を作図によって求めよ．ただし，V_D－I_D 特性は図 (b) とする．

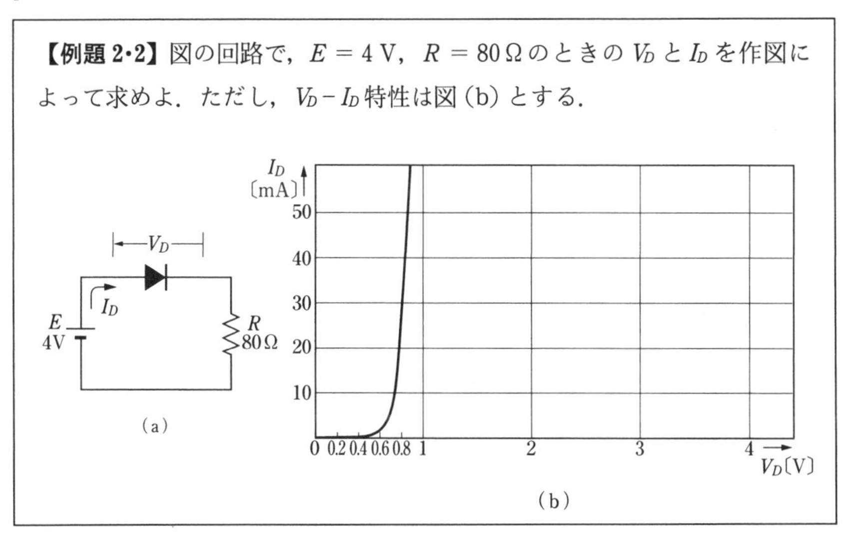

(a)　　　　　　　　(b)

(解)　$V_D = E = 4$ V と $I_D = E/R = 4/80 = 50$ mA の点を結んで V_D－I_D 特性との交点を求めると，$V_{DQ} = 0.8$ V，$I_{DQ} = 40$ mA が得られる．

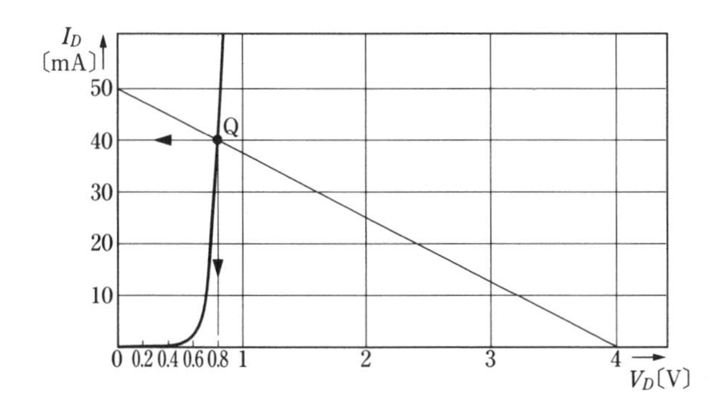

2・4　定電圧ダイオード

2・3節で述べたように，ダイオードの逆方向電圧を次第に大きくしていくと，ある電圧のところで急激に電流が増加するが，これには2つの理由が考えられる．その1つは，逆電圧の増加によって接合部の電界が強くなり，価電子帯の電子がこの電界からエネルギーを得て伝導帯に上がり，多量の自由電子と正孔の対ができて逆電流が流れる**ツェナ効果**（Zener effect）であり，もう1つは，接合部の逆電界で加速された自由電子と正孔が空乏層内の原子に衝突して，自由電子と正孔の対を発生させて逆電流が流れる**雪崩現象**である．

この電流の増加現象はダイオードには好ましくないが，これを積極的に利用して，逆方向電圧を加えて一定電圧を得る目的で作られたのが**ツェナダイオード**（Zener diode）または**定電圧ダイオード**である．ツェナダイオードの電圧-電流特性とその図記号を**図2・8**に示す．

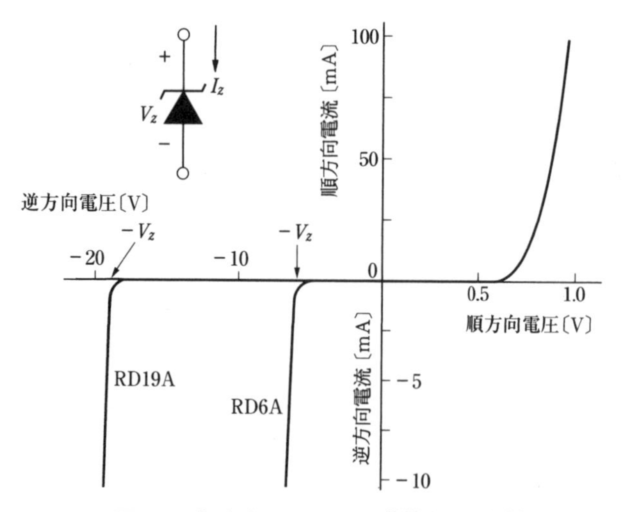

図2・8　定電圧ダイオードの特性とその記号

V_Zは**ツェナ電圧**と呼ばれていて，その値は数V〜数十Vのものが最も一般的である．

【例題 2・3】 図の定電圧ダイオード回路において，負荷電圧 V_L を 10 V に維持するための負荷抵抗 R_L と負荷電流 I_L の範囲を求めよ．ただし，I_Z の最大値を 32 mA とする．

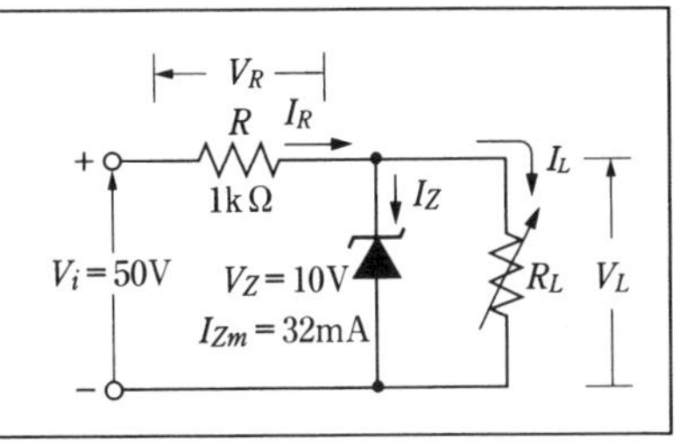

（解） 定電圧ダイオードがオン状態，すなわち逆方向電流が流れているとき，$V_L = V_Z = 10\text{ V}$ であるから，

$$V_L = V_Z = \frac{R_L}{R+R_L}V_i,\quad R_L = \frac{RV_Z}{V_i - V_Z} = \frac{1\,000\times 10}{50-10} = 250\ \Omega$$

このとき，抵抗 R の両端の電圧 V_R と電流 I_R は

$$V_R = V_i - V_Z = 50-10 = 40\text{V},\quad I_R = \frac{V_R}{R} = \frac{40}{1\,000} = 40\text{ mA}$$

負荷抵抗 R_L に流れる電流の最小値 $I_{L\min}$ は

$$I_{L\min} = I_R - I_{Zm} = 40-32 = 8\text{ mA}$$

したがって，R_L の最大値 $R_{L\max}$ は

$$R_{L\max} = \frac{V_Z}{I_{L\min}} = \frac{10}{0.008} = 1.25\text{ k}\Omega$$

ゆえに，負荷電圧 V_L を 10 Vに維持する R_L の範囲は 250 Ω～1. 25 kΩ，I_L の範囲は 8～40 mA となる．

2・5　発光ダイオード

発光ダイオード（Light Emitting Diode : **LED**）は，主にガリウムひ素（GaAs），ガリウムりん（GaP）などの半導体を材料としてpn接合を構成したもので，pn接合付近で正孔と電子が互いの領域に入って衝突して再結合するときのエネルギーで発光する．

LEDはわずかな順方向電流を流すことで赤，緑，黄などの色で発光させることができる．このため，表示用ランプとして身近な機器に広く使用されている．LEDの発光出力は順方向電流の大きさで決まるが，過大に電流を流すと破損するので，電流制限用の抵抗を接続する．LEDの順方向電圧は約 1.5～2 V，順方向電流は約 10 mA 前後のものが最も一般的である．

【例題 2･4】 図の回路で LED の順方向電圧が 1.7 V，順方向電流が 11 mA であった．このときの抵抗 R の値を求めよ．

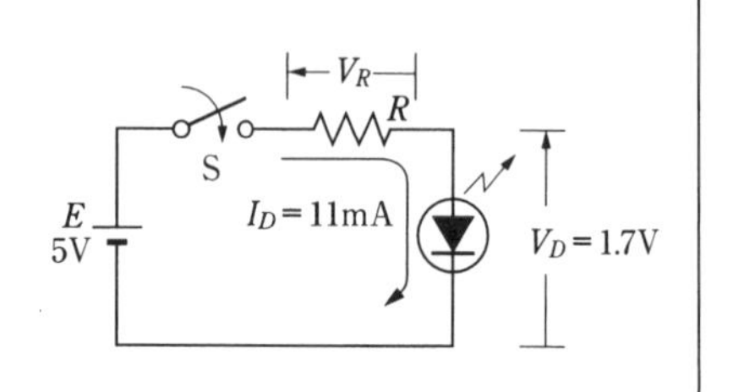

（解） 回路方程式，$E = RI_D + V_D$ より

$$R = \frac{E - V_D}{I_D} = \frac{5 - 1.7}{0.011} = 300\ \Omega$$

第2章　演 習 問 題

1 図 2･7 の回路で，$E = 2.8$ V，$R = 80$ Ωのときの V_{DQ} と I_{DQ} を求めよ．ただし，ダイオードの V_D–I_D 特性は**図問 2･1** とする．

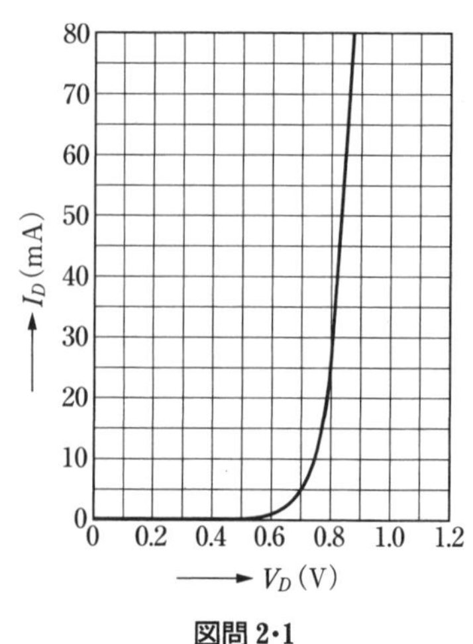

図問 2･1

2 **図問 2･2** の回路で，V_L，V_R，I_Z および P_Z を計算せよ．同様に，$R_L = 3$ kΩ のときの各値を計算せよ．ただし，ツェナーダイオードの許容損失 P_{ZM} を 30 mW とする．

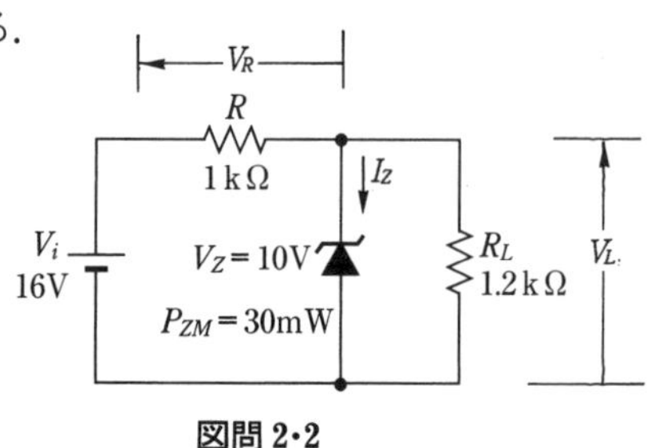

図問 2･2

3 **図問 2・3** (a) は入力 A または B のいずれかが H (5 V) のとき，出力 Y が H (約 4.3 V) となる OR 動作，図 (b) は入力 A そして B がともに H (5 V) のとき，出力 Y が H (5 V) となる AND 動作をする．それぞれの論理の原理動作を説明せよ．

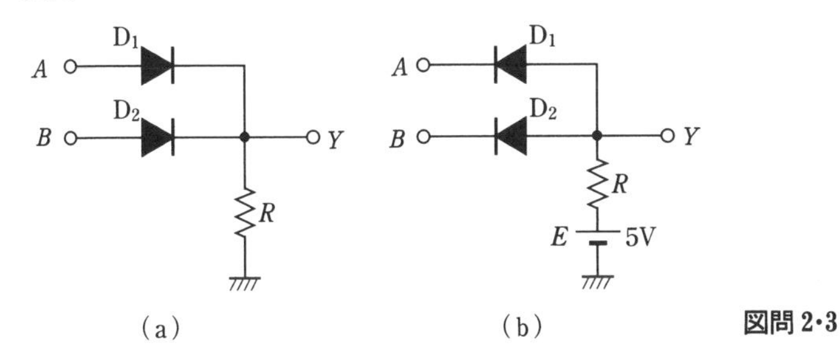

図問 2・3

4 **図問 2・4** は入力パルス波形の形を保ち，入力波形をある基準レベルに固定させて出力できる回路で，**クランプ回路**または**直流再生回路**と呼んでいる．出力波形 v_o を示して，その回路動作を説明せよ．ただし，時定数 CR は入力波形の周期より十分大きいものとする．

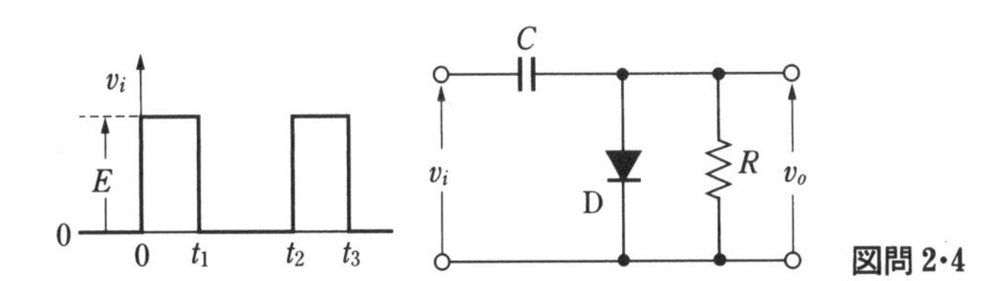

図問 2・4

5 **図問 2・5** (a)，(b) および (c) は交流を直流に変換するときの整流回路を示している．トランスの一次側に正弦波 e を加えたとき，抵抗 R の両端に現れる波形の概形を示して，それぞれの動作原理を説明せよ．

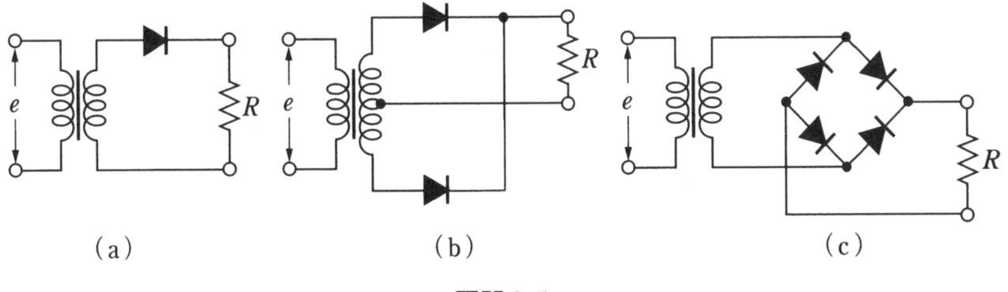

図問 2・5

第3章

トランジスタの基本回路

トランジスタはICやLSIの基本となる重要な半導体素子で，コレクタ，ベース，エミッタと呼ばれる3つの電極をもっている．このため，電圧の加え方や電流の流れ方はダイオードよりも複雑になるが，増幅，発振，スイッチング作用などの働きをさせることができる．このため，トランジスタは電子回路の主役となっている．

ここでは，トランジスタがpnp形とnpn形の2つの構造をもつこと，トランジスタの動作原理と名称，基本回路およびトランジスタの静特性について学ぶ．

3･1　トランジスタの種類と動作原理

トランジスタは**図3･1**(a)に示すように，非常に薄いn形の半導体を2つの

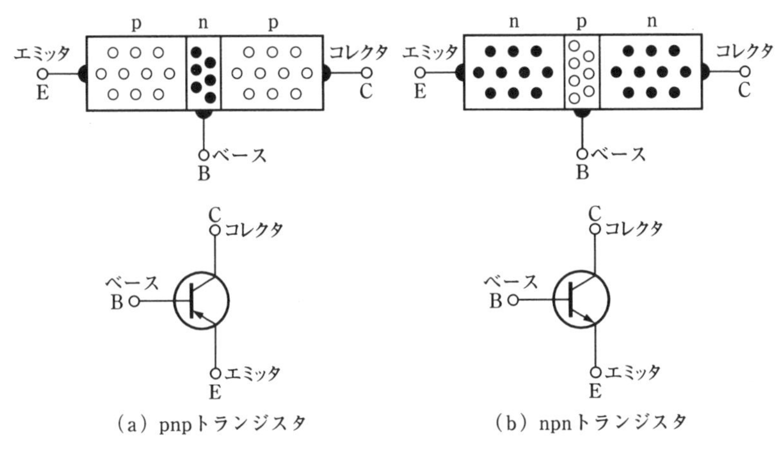

（a）pnpトランジスタ　（b）npnトランジスタ

図3･1　トランジスタの原理図とその記号

p形半導体の間にサンドイッチのように接合した構造になっている．これを**pnp トランジスタ**といい，これとは逆に図(b)のようにn形半導体の間にp形を挟み込んだものを**npn トランジスタ**という．それぞれの図記号を同図に示す．

トランジスタの中間に挟まれたn形またはp形の部分は，厚さ数μm程度でごく薄く，この部分を**ベース**(base：B)という．ベースの左側は電荷を運ぶキャリアを発射するということから**エミッタ**(emitter：E)と呼ばれ，右側の領域はキャリアを集める働きをすることから**コレクタ**(collector：C)と呼んでいる．なお，エミッタとコレクタはpnp形でともにp形，npn形でともにn形となっているが，エミッタはコレクタよりも不純物濃度が数百倍多く，またベースとの接合面積が小さいなど構造上異なっている．

トランジスタはダイオードと違って接合面を2つもっているから，その特性もダイオードより複雑となる．しかし，部分的にベースとエミッタ，コレクタとベースとに分けて考えれば，ダイオードと同様pn接合となっているので，考え方はpn接合の動作原理が基本となる．

いま，**図3•2**(a)に示すようにpnpトランジスタに電圧V_{CC}を加えると，**2•1**節で述べたようにダイオードの**逆方向電圧**に相当するから，電流はほとんど流れない．

次に，図(b)のようにエミッタ・ベース間に別の電圧V_{EE}を加えると，このpn接合部分は**順方向電圧**となるのでエミッタ領域のホールがベース領域に注入される．ベースを通過するとき，ホールの一部は電子と再結合してベース電流となるが，ベースの幅は十分狭いので残りの大部分はコレクタ領域に入る．そしてコレクタに入り込んだホールは，ベース・コレクタ間に加えられている電圧V_{CC}の電界によって吸収され，コレクタ電流となる．

図(c)はこのときのトランジスタの各部を流れる電流の様子を示したもので，コレクタに流れる電流はエミッタ電流の約98～99％，エミッタからベースに流れる電流は1～2％程度で，大部分がコレクタに流れることを示している．したがって，エミッタ電流I_E，ベース電流I_B，コレクタ電流I_Cの間には次式の関係が成立する．

$$I_E = I_B + I_C \tag{3•1}$$

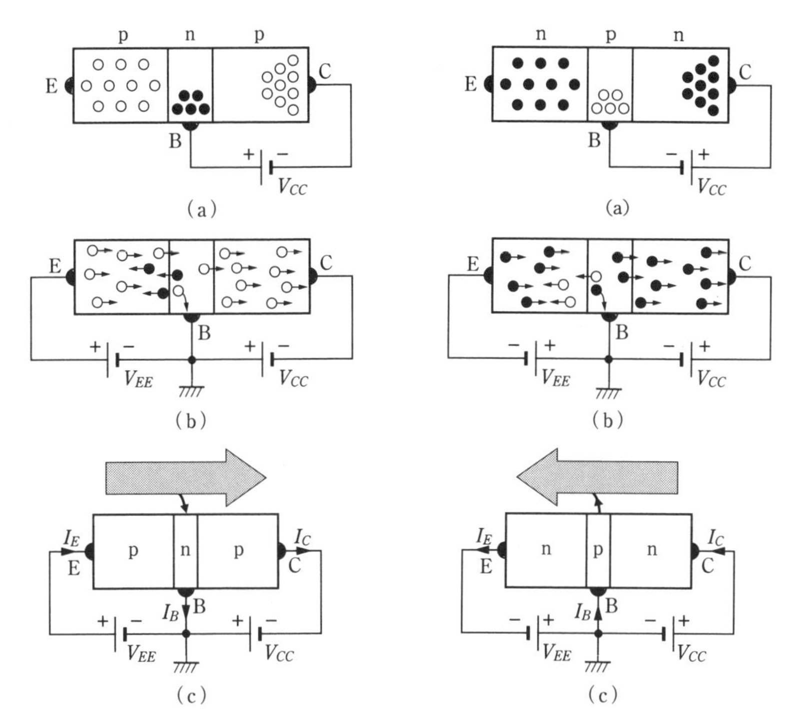

図 3·2　pnp トランジスタの動作原理　　**図 3·3**　npn トランジスタの動作原理

図 3·3 に示す npn トランジスタの動作原理も，各電極間に加わる電圧の向きが逆になること，キャリアとしてのホールと電子の役割が入れ代わるだけで，同様に説明することができて，式 (3·1) も成立する．

次に，**図 3·4** (a) に示す npn トランジスタの動作原理について考えてみよう．いま，ベース・エミッタ間の電圧 V_{BB} を 0 と考えれば，コレクタ・ベース間の pn 接合部分は逆方向電圧となるので電流はほとんど流れないが，電圧 V_{BB} を加えるとベース・エミッタ間は順方向電圧となるので，エミッタ領域の電子はベース領域に注入される．ベースを通過するとき電子の一部はホールと再結合してベース電流となるが，ベースの幅は十分狭いので残りの大部分はコレクタ領域に注入される．そしてコレクタに入り込んだ電子は，コレクタ・エミッタ間に加えられている電圧 V_{CC} の電界によって吸収され，コレクタ電流となり，同様に式 (3·1) が成立する．図 (b) の pnp トランジスタの場合も同様

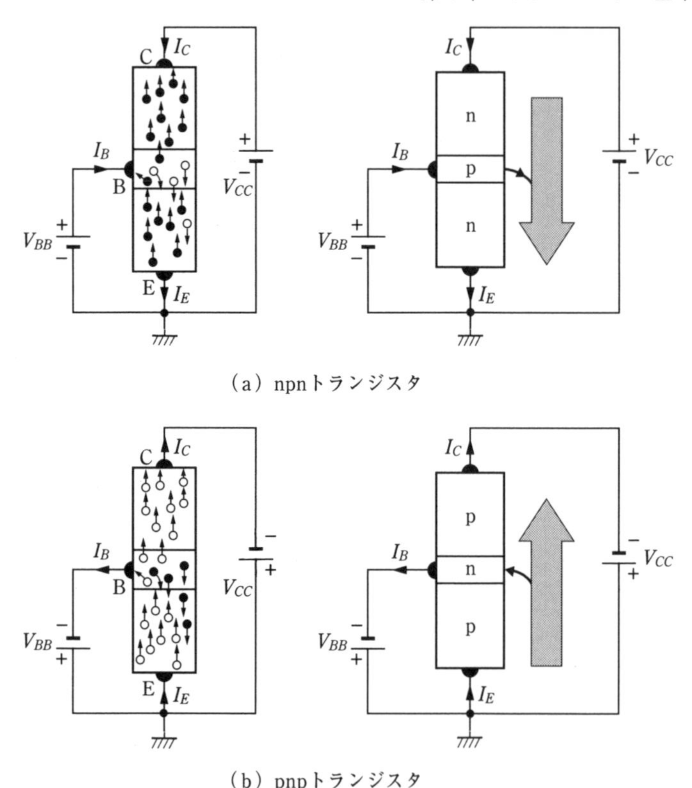

図3･4　npnとpnpトランジスタの動作原理

に説明することができる．

3･2　トランジスタの名称

トランジスタの名称は，日本工業規格の「個別半導体デバイスの形名」(JIS C 7012) に基づいて，**表3･1**のように定められている．

第1項の数字は半導体の種別，第2項の文字は電子機械工業会に登録された半導体製品を示すSemiconductor (半導体) の頭文字S，第3項の文字は半導体素子の極性と構造および用途，第4項の数字は電子機械工業会に登録申請した順番による番号で11から始まっている．また第5項の文字は，変更した順

表 3・1　トランジスタの名称

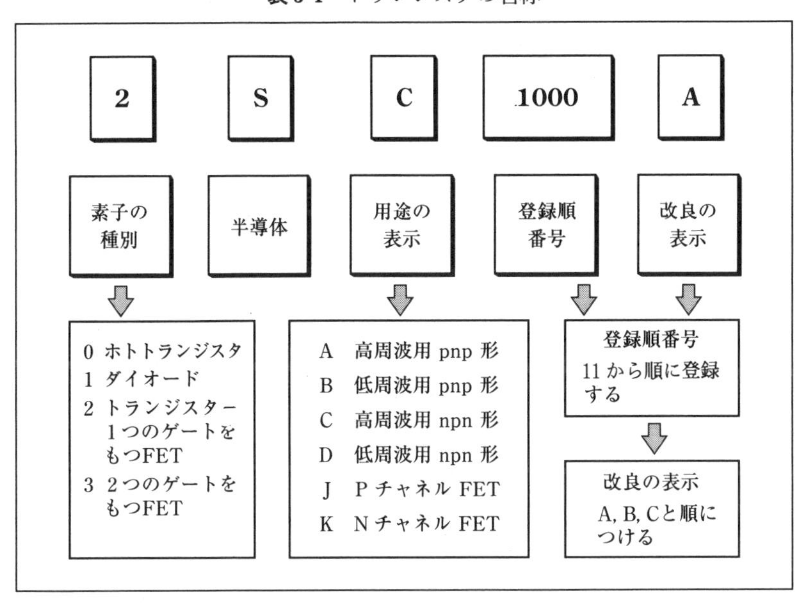

序に従って A，B，C，……，H までの文字を用いている．

3・3　トランジスタの基本回路と接地方式

トランジスタを動作させるためには直流電源が必要となる．同時にトランジスタの入力側に増幅したい信号源を接続し，出力側に何らかの負荷を接続して出力電圧または電流を取り出してやらなければならない．したがって，トランジスタを使用する場合に，これらの電源や信号源をどのような形で接続するかということがまず最初に問題となる．

電子回路はある共通電位（ほとんどの場合アース電位）を基準として，どのような電圧を加えたときどのような動作をするか，という立場で議論することが多い．トランジスタ回路の場合，3 つの端子のうちどれをアースに接続するかによって，**図 3・5** に示すように**ベース接地回路**，**エミッタ接地回路**および**コレクタ接地回路**の 3 方式がある．

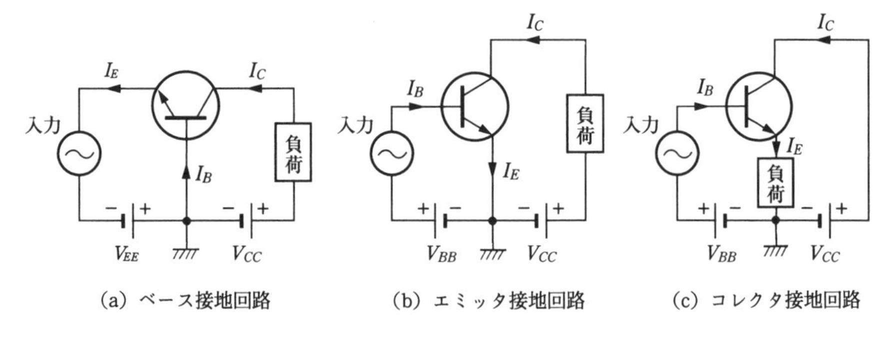

(a) ベース接地回路　(b) エミッタ接地回路　(c) コレクタ接地回路

図3･5　トランジスタの接地方式（npn形）

> **【例題3･1】** 図3･5で，npnトランジスタをpnpトランジスタに置き換えたときの各接地方式の回路と各電流の向きを示せ.

（解） 図に示すように，すべての電源を逆向きに接続する．したがって各電流は全て逆方向に流れる.

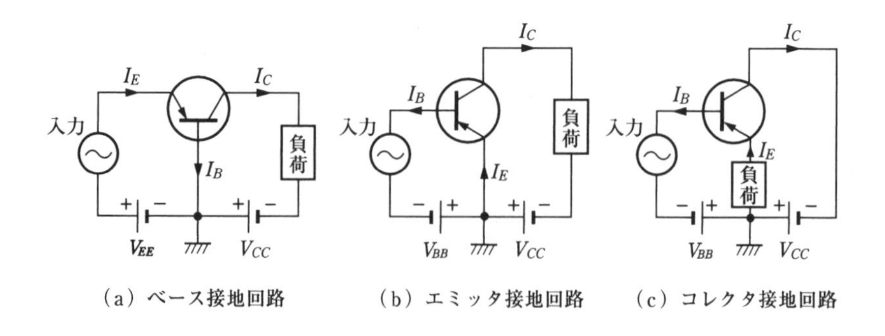

(a) ベース接地回路　(b) エミッタ接地回路　(c) コレクタ接地回路

■

図3･5のコレクタ接地の場合，電源の直流的なアース点と信号系の交流的なアース点であるコレクタとが互いに一致していないことに注意しよう．接地回路の呼び方は，あくまでも交流的な意味での接地電極によって決まるから，信号分に対する電源の内部抵抗は極めて小さく，交流的にショートと考えればコレクタ接地の意味が理解できよう.

3・4　ベース接地回路とエミッタ接地回路の電流増幅率

トランジスタの最大の特徴は，入力側の小さなベース電流の変化で出力側のコレクタ電流を大きく変化させることができる点にある．この電流の増幅作用をベース接地回路とエミッタ接地回路について調べてみよう．

(1)　ベース接地回路

図3・6のベース接地回路において，入力側のエミッタ・ベース間の電圧 V_{BE} を少し変化させてエミッタ電流 I_E を ΔI_E だけ変化させると，この影響によりコレクタ電流 I_C も ΔI_C だけ変化する．このとき，ΔI_E と ΔI_C の比をとって次式を定義する．

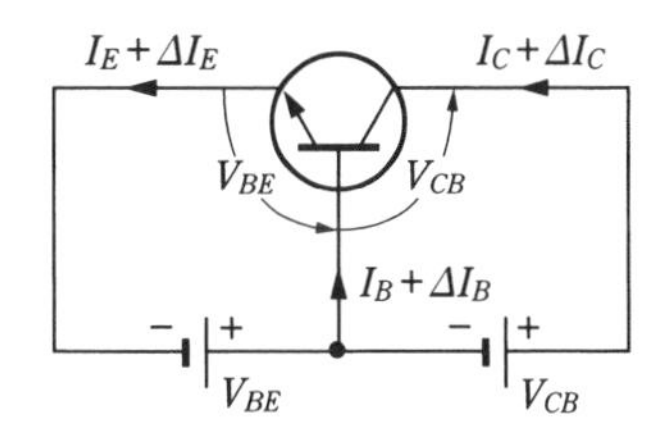

図3・6　ベース接地回路

$$\alpha=\frac{\Delta I_C}{\Delta I_E}=h_{fb} \qquad (3・2)$$

この α を**ベース接地の小信号電流増幅率**といい，量記号 h_{fb} を用いることもある．なお，直流電流の比，

$$\frac{I_C}{I_E}=h_{FB} \qquad (3・3)$$

を**直流電流増幅率**といい，量記号 h_{FB} を用いて h_{fb} と区別している．

一般に，接合形トランジスタの $\alpha(=h_{fb})$ は $0.95\sim0.995$ でつねに1より小さいから，ベース接地回路には電流を増幅する作用はない．

(2)　エミッタ接地回路

図3・7のエミッタ接地回路において，エミッタ・ベース間の電圧 V_{BE} を少し変化させると，ベース電流 I_B も ΔI_B だけ変化する．その結果エミッタ電流とコレクタ電流も ΔI_E，ΔI_C だけ変化する．このとき次式のように ΔI_B と ΔI_C の比を β で表し，これを**エミッタ接地の小信号電流増幅率**といい，

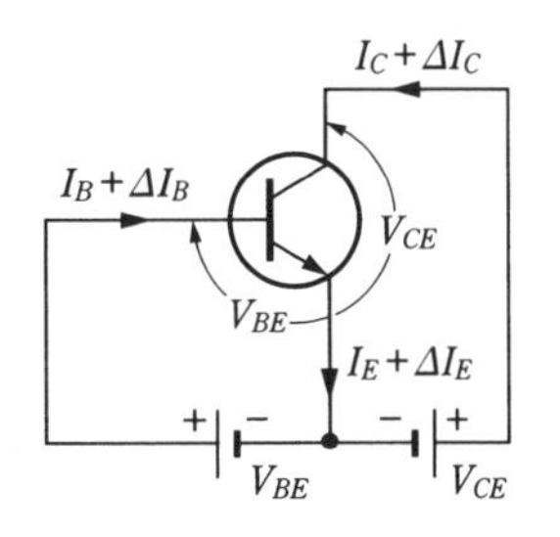

図3・7　エミッタ接地回路

次式のように量記号 h_{fe} を用いることもある.

$$\beta = \frac{\Delta I_C}{\Delta I_B} = h_{fe} \tag{3・4}$$

なお，直流電流の比，

$$\frac{I_C}{I_B} = h_{FE} \tag{3・5}$$

を**直流電流増幅率**といい，量記号 h_{FE} を用いて h_{fe} と区別している.

【例題 3・2】 小信号電流増幅率 α と β の間に次式の関係が成立することを示せ.

$$\beta = h_{fe} = \frac{\Delta I_C}{\Delta I_B} = \frac{\alpha}{1-\alpha} \tag{3・6}$$

（解）

$$\beta = h_{fe} = \frac{\Delta I_C}{\Delta I_B} = \frac{\Delta I_C}{\Delta I_E - \Delta I_C} = \frac{\Delta I_C / \Delta I_E}{1 - \Delta I_C / \Delta I_E} = \frac{\alpha}{1-\alpha}$$ ■

式 (3・6) で，仮に $\alpha = 0.995$ とすれば $\beta = 199$ となる．このことは，入力側のベース電流にある変化が生ずると，その 199 倍の変化が出力側のコレクタ電流に現れることを意味している．すなわち，わずかなベース電流の変化で大きなコレクタ電流を変化させることができて，このことを**トランジスタの電流増幅作用**という.

3・5 トランジスタの静特性

トランジスタに負荷抵抗など何も接続しない状態でエミッタ，ベースおよびコレクタにそれぞれ直流電圧を加えたとき，各端子に流れる直流電流および各端子間の直流電圧の関係を**静特性** (static characteristics) といい，この電圧と電流の関係をグラフに表したものをトランジスタの**静特性曲線** (static characteristic curve) という.

一般にエミッタ接地回路が多く用いられるので，トランジスタの特性は通常エミッタ接地の静特性で表している．エミッタ接地の静特性測定回路を**図 3・8** に示す.

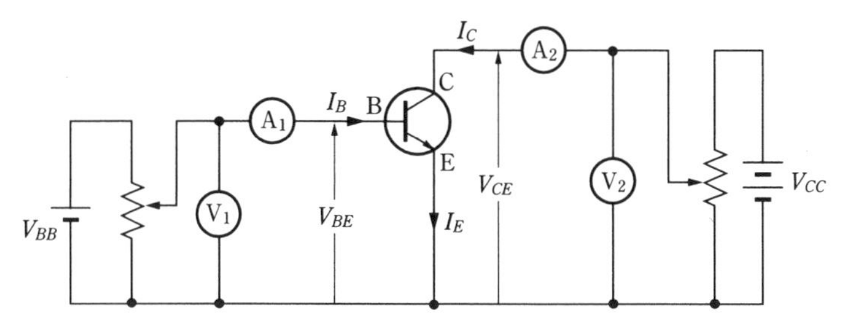

図 3•8　エミッタ接地静特性測定回路

トランジスタの静特性には,

① 入力特性 (V_{BE} - I_B 特性 : V_{CE} 一定)

② 電流伝達特性 (I_B - I_C 特性 : V_{CE} 一定)

③ 出力特性 (V_{CE} - I_C 特性 : I_B 一定)

④ 電圧帰還特性 (V_{CE} - V_{BE} 特性 : I_B 一定)

の 4 つがある. 中でも, 入力特性と出力特性はトランジスタ回路の設計において大変重要である.

(1) 入力特性

図 3•8 の測定回路において, コレクタ・エミッタ間の電圧 V_{CE} を一定にして, ベース・エミッタ間の電圧 V_{BE} の変化に対するベース電流 I_B の変化を調べると, **図 3•9** (b) のような特性が得られる. これを**入力特性** (V_{BE} - I_B 特性 : V_{CE} 一定)

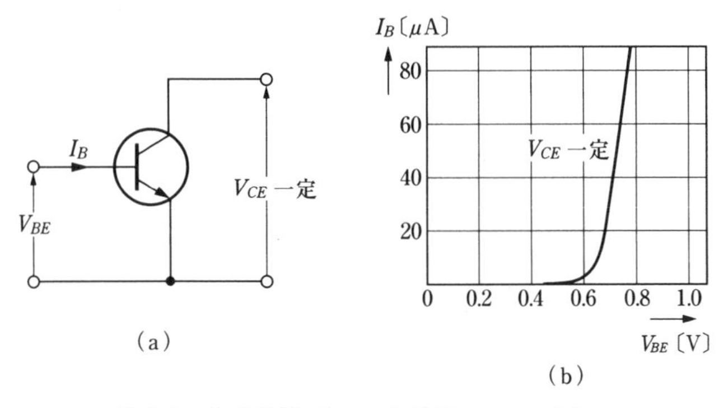

図 3•9　入力特性 (V_{BE} - I_B 特性 : V_{CE} 一定)

という．ベース・エミッタ間には順方向の電圧が加わっているので，その間の抵抗は小さく，pn 接合ダイオードの順方向における電圧-電流特性ときわめてよく似た特性が得られる．

図 3･10 (a) に示すように，ベース・エミッタ間に増幅したい交流信号 v_i と直流電圧 V_{BB} を重畳，すなわち $V_{BE} = V_{BB} + v_i$ の電圧を加えると，ベースに流れる電流 I_B は，V_{BE} - I_B 特性から図 (b) のように作図によって求めることができる．

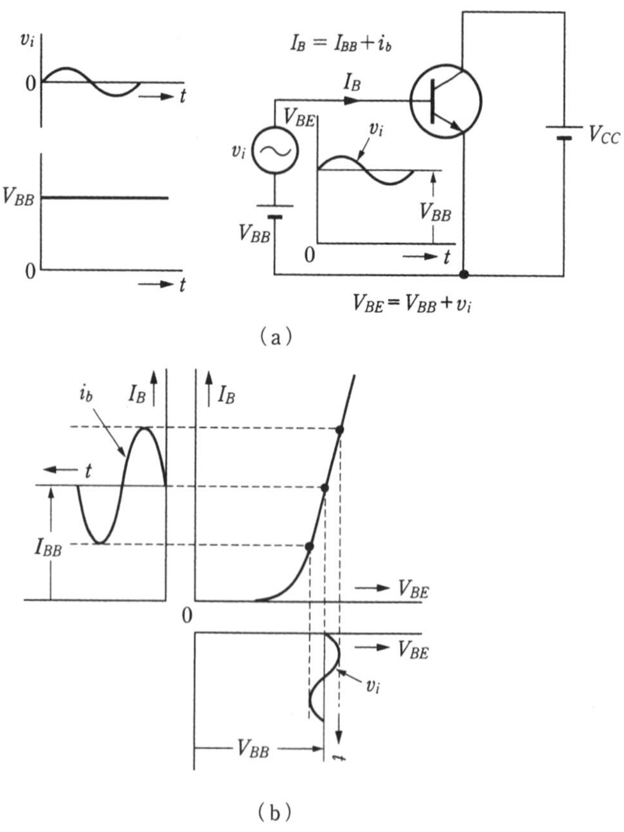

図 3･10　入力信号電圧によるベース電流の変化

(2)　電流伝達特性

コレクタ・エミッタ間の電圧 V_{CE} を一定にして，ベース電流 I_B を流すとコレクタ電流I_Cが流れる．このときのI_BとI_Cの関係をグラフに表したものが**図3・11**(b)に示す**電流伝達特性**（I_B-I_C特性：V_{CE}一定）である．

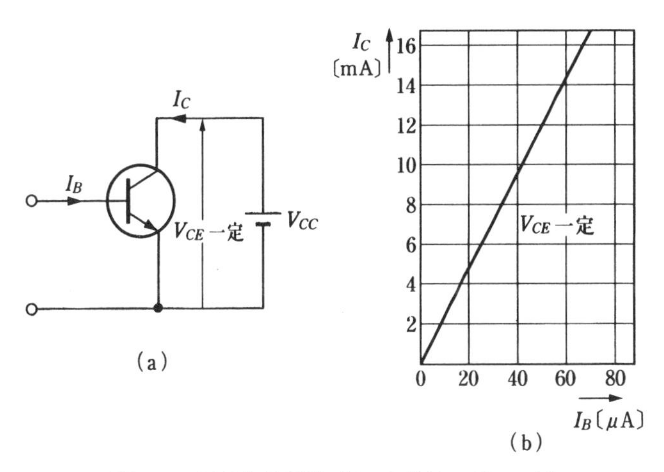

図3・11　電流伝達特性（I_B-I_C特性：V_{CE}一定）

ベースに直流電流I_{BB}と信号電流i_bを重畳した$I_B = I_{BB} + i_b$の電流が流れると，コレクタ電流I_CはI_B-I_C特性から**図3・12**(b)のように，作図によって求めることができる．

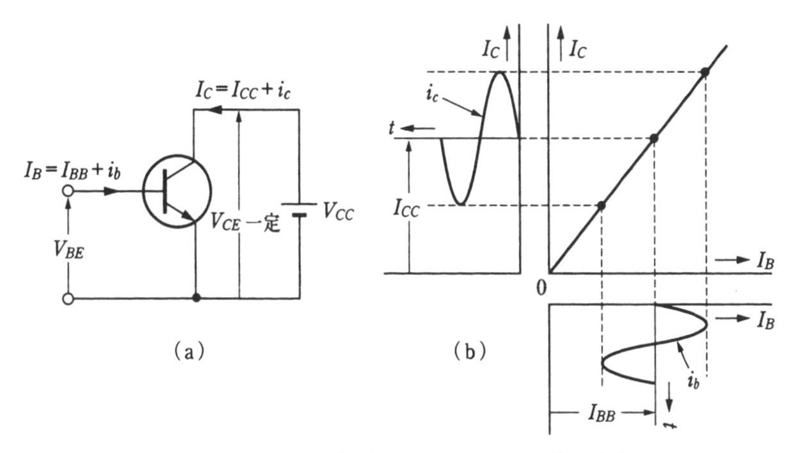

図3・12　ベース電流によるコレクタ電流の変化

直流電流増幅率 h_{FE} と小信号電流増幅率 h_{fe}

図3•12から，トランジスタのベースに直流電流 I_{BB} と交流信号電流 i_b を重畳した電流 I_B を流すと，コレクタ電流 I_C は直流電流 I_{CC} と交流信号電流 i_c が重畳したものとなる．このとき，前節で述べたようにベース直流電流 I_{BB} とコレクタ直流電流 I_{CC} の比が直流電流増幅率 h_{FE}，ベース信号電流 i_b（ベース電流 I_B の変化分 ΔI_B）とコレクタ信号電流 i_c（コレクタ電流 I_C の変化分 ΔI_C）との比が小信号電流増幅率 h_{fe} であった．

図3•13に示すように，I_B–I_C 特性が原点0から直線であれば，直流電流増幅率 h_{FE} と小信号電流増幅率 h_{fe} は同じ値になるが，曲線部分に入ると h_{FE} と h_{fe} とは等しくならない．しかし，小信号を取り扱う範囲においては $h_{fe} \fallingdotseq h_{FE}$，同様に $h_{fb} \fallingdotseq h_{FB}$ と考えて差しつかえない．

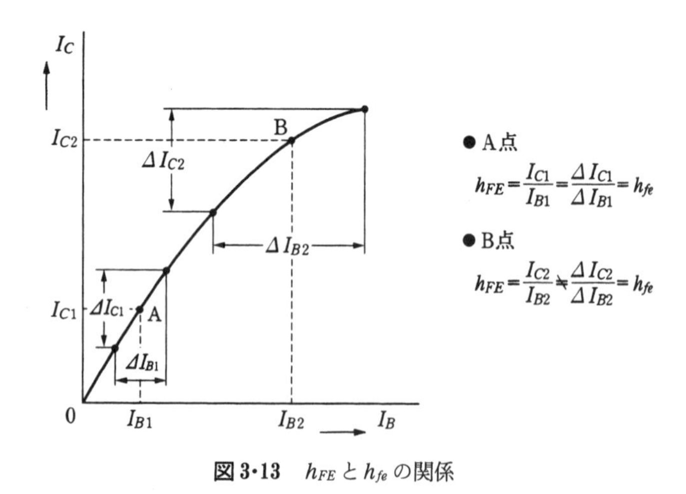

図3•13　h_{FE} と h_{fe} の関係

(3)　出力特性

ベース電流 I_B を一定にして，コレクタ・エミッタ間の電圧 V_{CE} の変化に対するコレクタ電流 I_C の変化を調べると，**図3•14**(b)に示すような**出力特性**（V_{CE} – I_C 特性：I_B 一定）が得られる．

この特性から，V_{CE} が0～0.5V付近まで I_C は急激に増加するが，約0.5～1V以上になるとほとんど I_C は変化しないことがわかる．このことは，出力抵

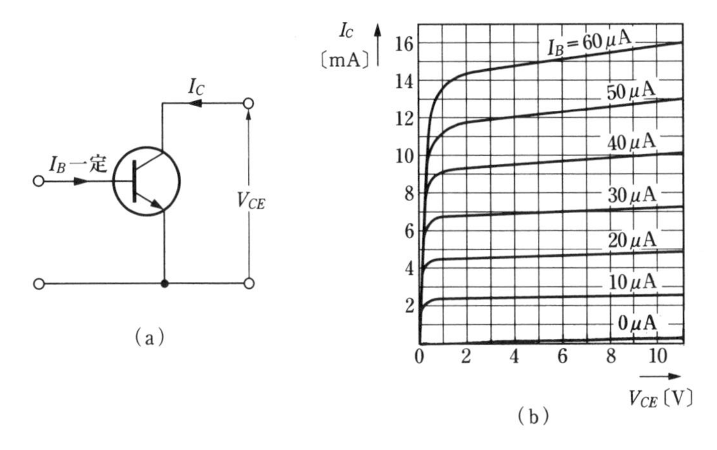

図 3・14　出力特性（V_{CE}－I_C 特性：I_B 一定）

抗が大きいことを意味していて，トランジスタの増幅作用は V_{CE} が増加しても I_C がほとんど変化しないこの領域で行われる．

出力特性と電流伝達特性の関係

図 3・15 (a) の出力特性と直線 A とで交わる点 a，b，c，d のそれぞれの I_B と I_C の値は，コレクタ・エミッタ間の電圧 V_{CE} ＝ 8 V のときの I_B と I_C の関係

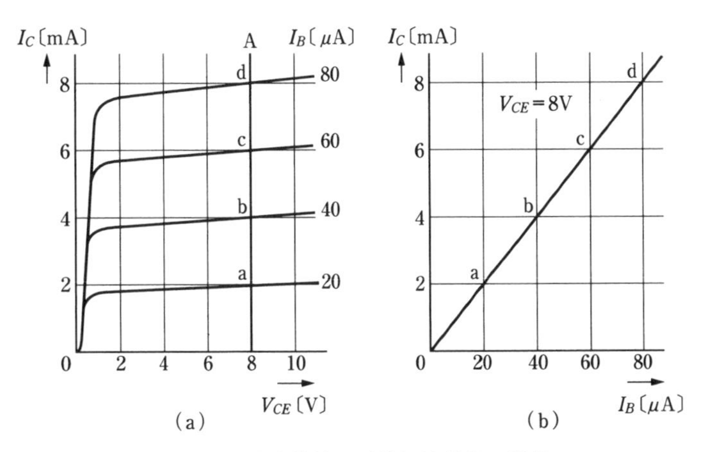

図 3・15　出力特性と電流伝達特性の関係

を表している．この関係を横軸をI_B，縦軸をI_Cにしてグラフに表すと，図(b)のような$V_{CE}=8\,\mathrm{V}$のときのI_B-I_C特性が求められる．すなわち，電流伝達特性は出力特性から作図によって得られることがわかる．

> **【例題3･3】** 図3･14(b)に示す出力特性から，$V_{CE}=5\,\mathrm{V}$一定のときの電流伝達特性を作図せよ．

(解)　図(a)の出力特性で$V_{CE}=5\,\mathrm{V}$の垂線を引いて，I_BとI_Cを読み取れば，図(b)の電流伝達特性が得られる．

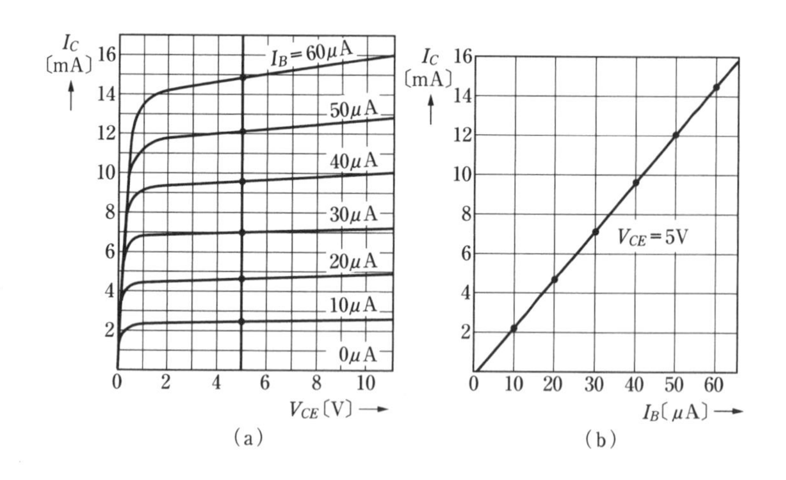

(4)　電圧帰還特性

ベース電流I_Bをパラメータとして，コレクタ・エミッタ間の電圧V_{CE}の変化に対するベース・エミッタ間の電圧V_{BE}の変化を表したのが**図3･16**に示す**電圧帰還特性**である．

この特性曲線の傾き$\Delta V_{BE}/\Delta V_{CE}$($I_B$一定)の大小は，出力の電圧変化が入力側にどれだけもどってくるかを示していて，同図からも明らかなようにV_{BE}はV_{CE}の影響をほとんど受けない．このことは，トランジスタの入力が出力の影響をほとんど受けないことを意味している．

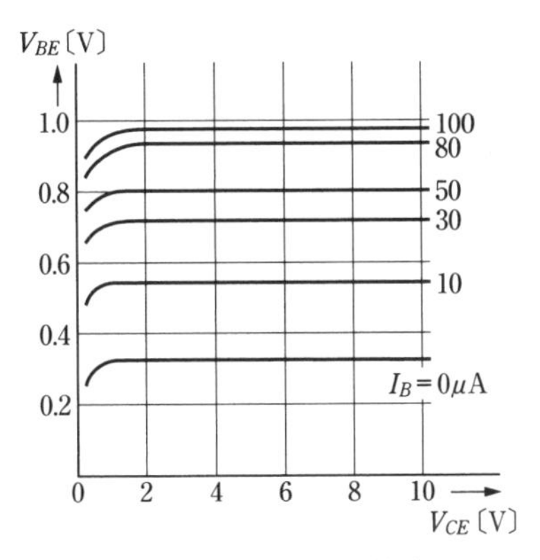

図 3・16　電圧帰還特性

以上のように，静特性には入力特性，電流伝達特性，出力特性，電圧帰還特性の 4 つがあるが，これらの特性をまとめて**図 3・17** のように示すことができ

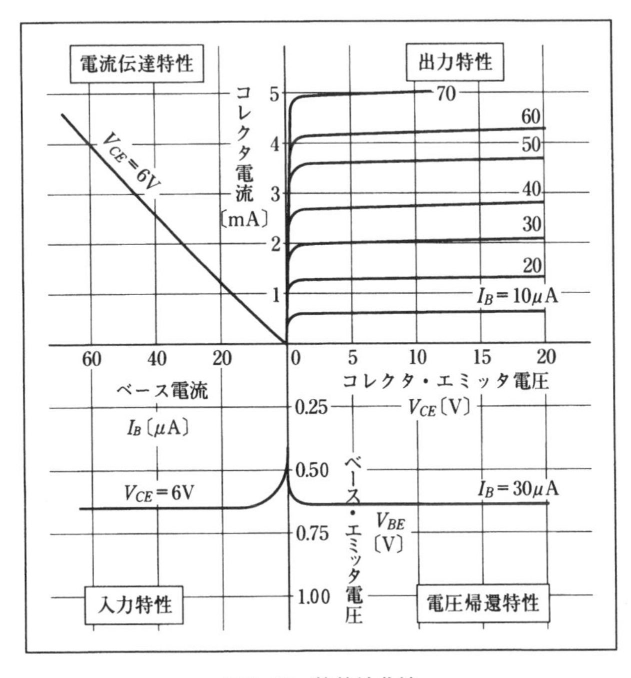

図 3・17　静特性曲線

る.

図3・18は小信号用トランジスタとして代表的な2 SC 1815の静特性曲線を示している.

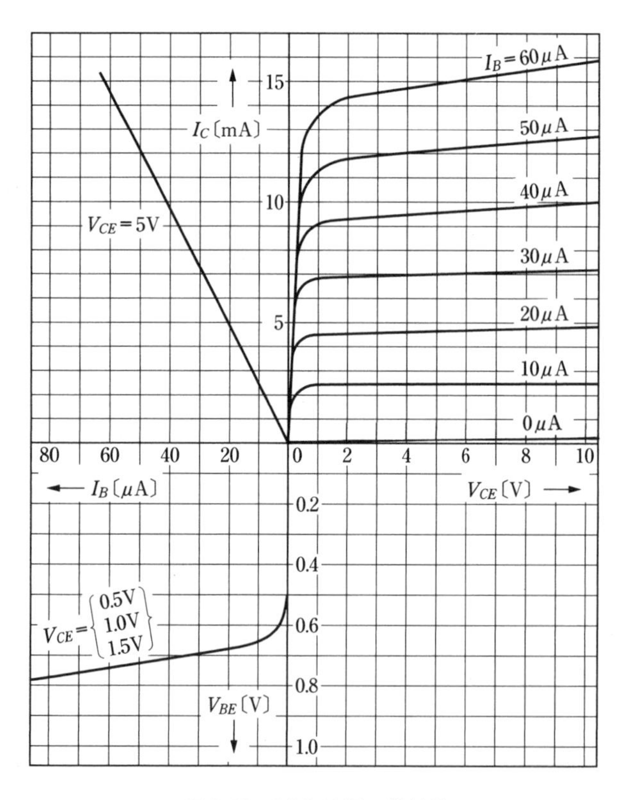

図3・18　2 SC 1815の静特性

第4章

トランジスタの電圧増幅作用

トランジスタの重要な働きの一つに増幅作用がある．増幅とは，入力側に加えられた微弱な信号を大きくして出力側に取り出すことで，このためにはトランジスタの各端子に適切な直流電圧を加えなければならない．

ここでは，トランジスタの静特性を用いた電流増幅作用，電流の変化を電圧の変化として取り出すための抵抗とコンデンサの働き，また静特性と負荷線を用いて電圧増幅作用を理解し，入力信号と出力信号との波形関係について学ぶ．

4･1　バイアス電圧と動作点

3章の電流増幅率のところで述べたように，トランジスタに増幅作用を行わせるには，**図4･1**に示すような直流電源 V_{BB} と V_{CC} が必要であった．直流電源 V_{BB} をベースバイアス電源または単にバイアス電源といい，バイアス電源 V_{BB} によってトランジスタのベース・エミッタ間に加わる直流電圧 $V_{BE}=V_{BB}$〔V〕を**ベースバイアス電圧**または単に**バイアス電圧**という．

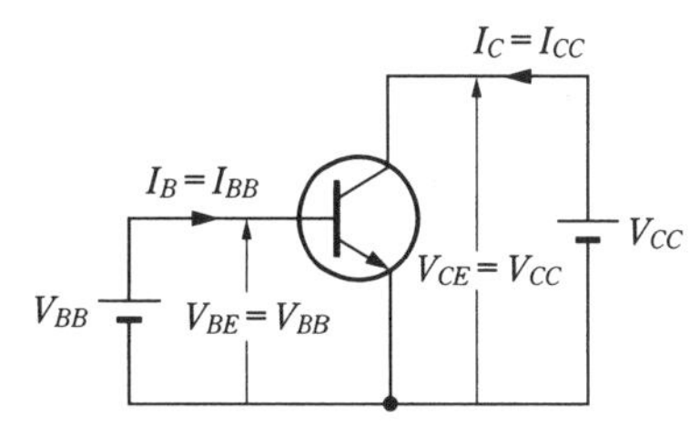

図4･1　バイアス電圧

次に，**図4･2**に示すように増幅したい入力信号電圧 v_i をベース・エミッタ間に加えると，トランジスタの静特性のところで示したように，図(b)の V_{BE}－I_B 特性および図(c)の I_B－I_C 特性に従って I_B は点 $Q_B(I_{BB})$ を中心に，I_C は点 $Q_C(I_{CC})$ を中心にそれぞれ変化する．このバイアス電圧 $V_{BE}=V_{BB}$〔V〕によっ

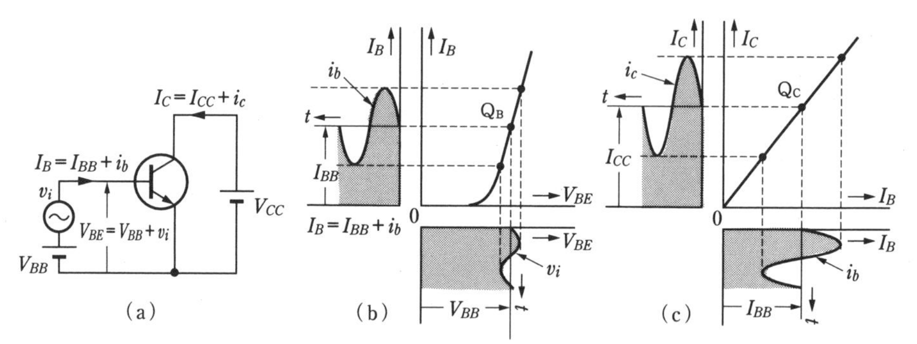

図4･2　入力信号電圧v_iを加えたときのベース電流とコレクタ電流の変化

て決まる点Q_Bを**ベース電流I_Bの動作点**，また点Q_Cを**コレクタ電流I_Cの動作点**という．

4･2　電流増幅作用

エミッタ接地回路のトランジスタはわずかなI_Bの変化（入力側）で数百倍ものI_Cの変化（出力側）をさせることができる．**図4･3**のI_B－I_C特性をもつトランジスタはI_Bの変化によって200倍の大きさでI_Cを変化させることができ

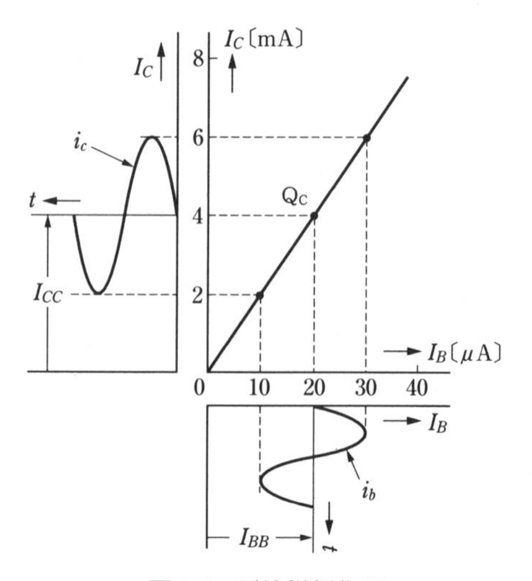

図4･3　電流増幅作用

るから，このトランジスタの h_{fe} は200ということになる．

このように，**「入力側の小さい電流の変化に比例して，出力側の電流が大きく変化する」**ということが，トランジスタ増幅作用の基本となる．

トランジスタ回路全体の電流増幅作用を表す目安として，**電流増幅度**（current amplification）という用語を用い，量記号 A_i で表す．**図4·4** において回路への入力信号電流を i_i，出力信号電流を i_o とすると，電流増幅度 A_i は次式のように定義できる．

$$A_i = \frac{\text{出力信号電流}}{\text{入力信号電流}} = \frac{i_o}{i_i} \quad \text{〔倍〕} \tag{4·1}$$

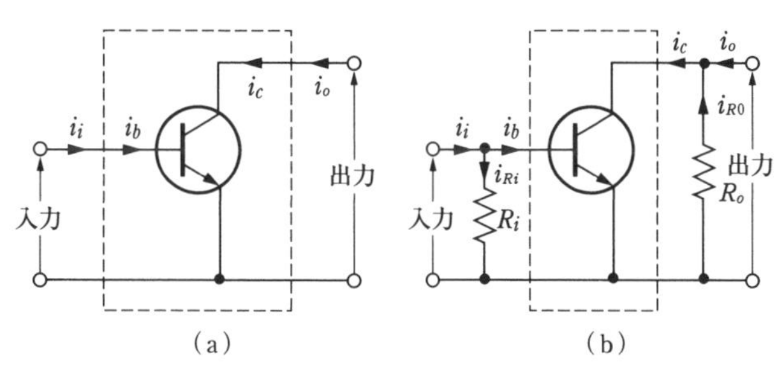

図4·4　電流増幅度 A_i の計算

I_B の変化分 i_b と I_C の変化分 i_c との比を小信号電流増幅率 h_{fe} ということはすでに述べたが，$i_i = i_b$，$i_o = i_c$ となる場合は，回路の電流増幅度 A_i と h_{fe} は等しくなる．ところが図(b)のように一般に $i_i \neq i_b$，$i_o \neq i_c$ であるから A_i と h_{fe} は等しくならない．

4·3　電圧増幅作用

出力信号電流（$i_o = i_c$）を出力信号電圧 v_o として取り出すには，**図4·5** に示すようにコレクタ回路に抵抗 R_C を接続すればよい．すると，抵抗 R_C には直流分 I_{CC} と交流信号分 i_c を含んだコレクタ電流 I_C が流れ，R_C の両端には次式のように直流分 $R_C \cdot I_{CC}$ と信号分 $R_C \cdot i_c$ の和の電圧 V_R が生じる．

$$V_R = R_C \cdot I_C = R_C(I_{CC} + i_c) = \underbrace{R_C I_{CC}}_{\text{直流分}} + \underbrace{R_C i_c}_{\text{交流分}} \tag{4·2}$$

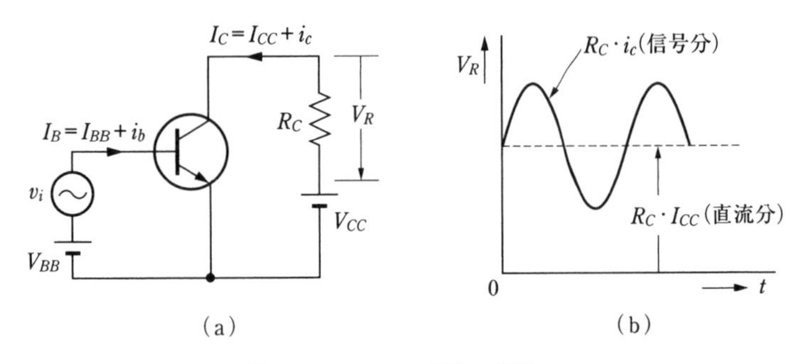

図4・5 コレクタ回路の抵抗 R_C

次に，直流分と交流分を含んだ電圧 V_R から信号分 $R_C \cdot i_c$ のみを取り出すには，**図4・6** (a) のようにコンデンサ C を接続すればよい．すると，このコンデンサ C によって直流分 $R_C \cdot I_{CC}$ は阻止され，図 (b) の信号分 $R_c \cdot i_c$ だけが出力信号電圧 v_o として取り出すことができる．

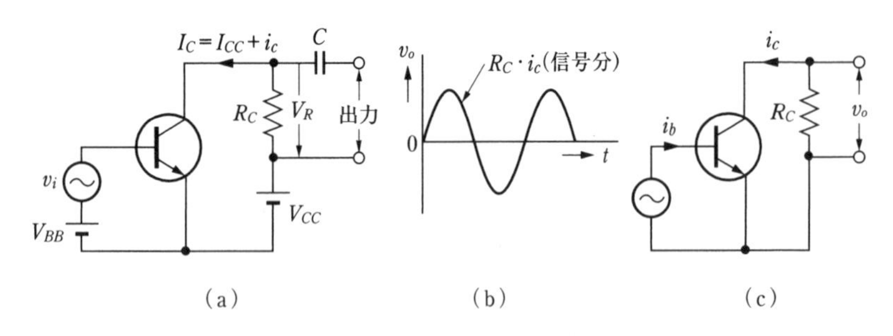

図4・6 コンデンサ C の働き

入力信号を加えたときの信号分 (交流) のみについて考えるとき，厳密な回路解析を必要としない限り，一般に次のような条件で信号分に対する回路を考えて差し支えない．

① コンデンサ C は，信号 (交流) に対する抵抗 (容量リアクタンス) が無視できるような十分大きい容量のコンデンサを用いる．したがって，コンデンサ C は直流に対してはほぼ無限大の抵抗，信号に対しては短絡 (ショート) と考えてよい．

② 直流電源 V_{BB} や V_{CC} の信号 (交流) に対する抵抗 (内部インピーダンス) は非常に小さいので，信号に対しては短絡状態と考えてよい．

ここで，②についてはすでにコレクタ接地回路のところでも述べた．

以上のことから，図(a)の回路の信号分のみに対する回路は図(c)のように表すことができる．すなわち，信号分のみに対する回路で考えると，出力信号電圧 v_o は R_C の両端から取り出しても，**図4・7**(a)のように取り出しても全く同じ出力が得られ，これより図(b)の回路を得る．

一般にエミッタ接地回路の場合は，抵抗 R_C の両端を出力端子としないで，コレクタ・エミッタ間（コレクタ・アース間）を出力端子として，図(b)のように表示している．このため，エミッタ（アース）端子を入力と出力の共通端子として使用できるという利点がある．

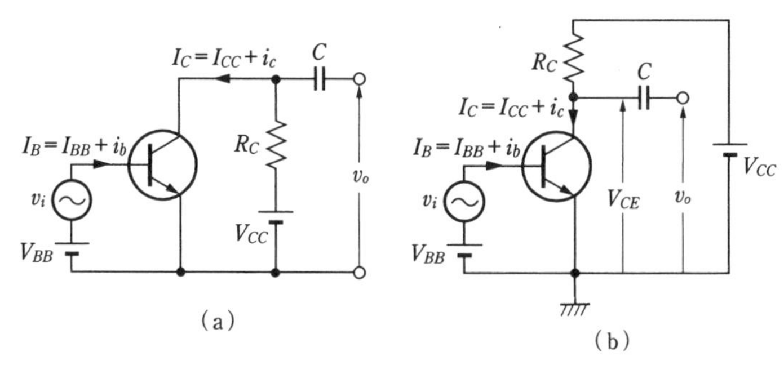

図4・7 出力信号電圧の取り出し方

図(b)において，入力信号電圧 v_i と出力信号電圧 v_o との比を**電圧増幅度**(voltage amplification)といい，量記号 A_v を用い，次式で定義する．

$$A_v = \frac{\text{出力信号電圧}}{\text{入力信号電圧}} = \frac{v_o}{v_i} \quad 〔倍〕 \tag{4・3}$$

電力増幅作用

トランジスタは，電流増幅作用と電圧増幅作用が同時に行われる素子であるから，電力増幅素子であるともいえる．**図4・8**に示すように入力信号電力 p_i と出力信号電力 p_o との比を**電力増幅度**(power amplification) A_p といい，次式で定義する．

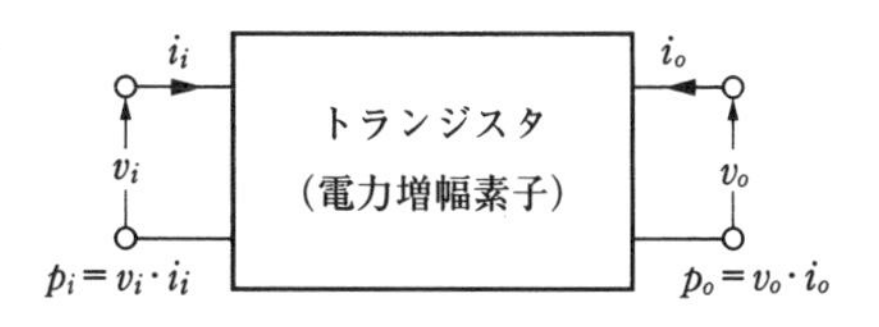

図4・8 電力増幅素子

$$\left.\begin{array}{l} A_p = \dfrac{\text{出力信号電力}}{\text{入力信号電力}} = \dfrac{p_o}{p_i} = \dfrac{v_o i_o}{v_i i_i} \quad \text{〔倍〕} \\ \therefore A_p = A_i \cdot A_v \end{array}\right\} \qquad (4\cdot4)$$

なお，具体的な電子回路の電流増幅度，電圧増幅度および電力増幅度などの計算方法については**6**章で学ぶ.

4•4　負　荷　線

トランジスタに電圧増幅作用をさせるには，コレクタ電流I_Cの変化を電圧の変化として取り出す抵抗R_Cをコレクタ回路に接続すればよかった．このとき，

① I_Cの変化によって，コレクタ・エミッタ間の電圧V_{CE}はどのように変化するか

② 出力信号電圧v_oはどのような大きさになるのか

などについて知る必要がある.

ここで，**図4•9** (a) の回路でコレクタ電流I_Cとコレクタ・エミッタ間の電圧V_{CE}の関係について調べてみよう．電源電圧V_{CC}と抵抗R_Cおよびトランジスタとの直列回路にキルヒホッフの法則を適用すると，$V_{CE} = V_{CC} - R_C \cdot I_C$の関係が成立する．したがって，$V_{CC} = 12$ V，$R_C = 1.5$ kΩであるから，

ⓐ $I_C = 0$　　のとき$V_{CE} = 12$ V

ⓑ $I_C = 2$ mA のとき$V_{CE} = 9$ V

ⓒ $I_C = 4$ mA のとき$V_{CE} = 6$ V

ⓓ $I_C = 6$ mA のとき$V_{CE} = 3$ V

ⓔ $I_C = 8$ mA のとき$V_{CE} = 0$ V

となる．このI_CとV_{CE}の関係を出力特性に記入したのが図 (b) で，点 a と点 e を結んだ図 (c) の直線を**負荷線** (load linc) と呼んでいる．すなわち，負荷線は以下の 2 点間を結ぶことによって得られる.

負荷線の引き方

・$V_{CE} = 0$ となるときのI_C値……$I_C = \dfrac{V_{CC}}{R_C}$

・$I_C = 0$ となるときのV_{CE}値……$V_{CE} = V_{CC}$

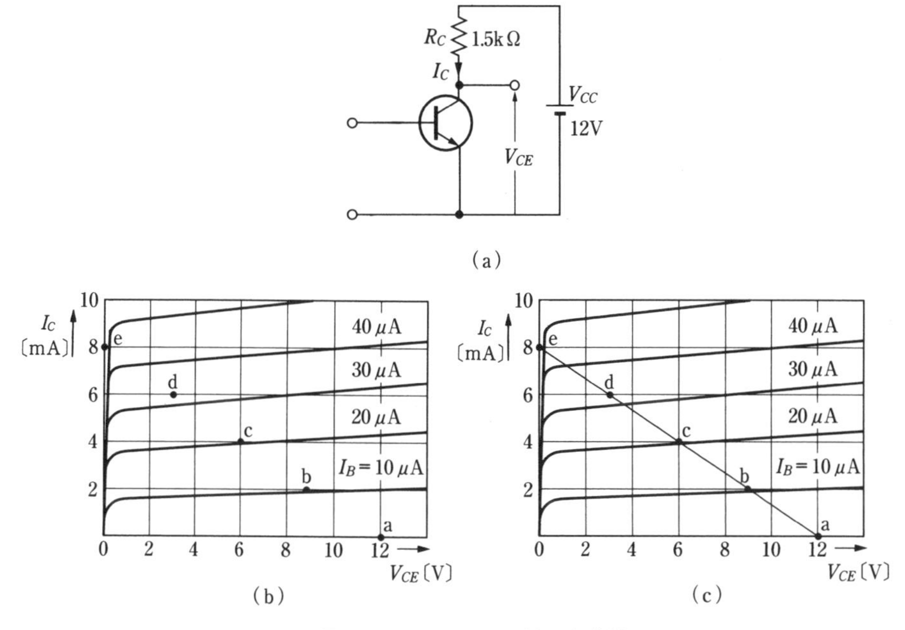

図 4·9 I_C と V_{CE} の関係と負荷線

なお，電源電圧 V_{CC} を一定にして抵抗 R_C を大きくすれば負荷線の勾配は小さくなり，逆に R_C を小さくすると勾配は大きくなる．

【例題 4·1】 図 (a) の回路で，抵抗 R_C が 1 kΩ と 2 kΩ のときの負荷線を図 (b) に記入せよ．また，図 (c) の負荷線 A，B に対する抵抗 R_C と電源電圧の値を求めよ．

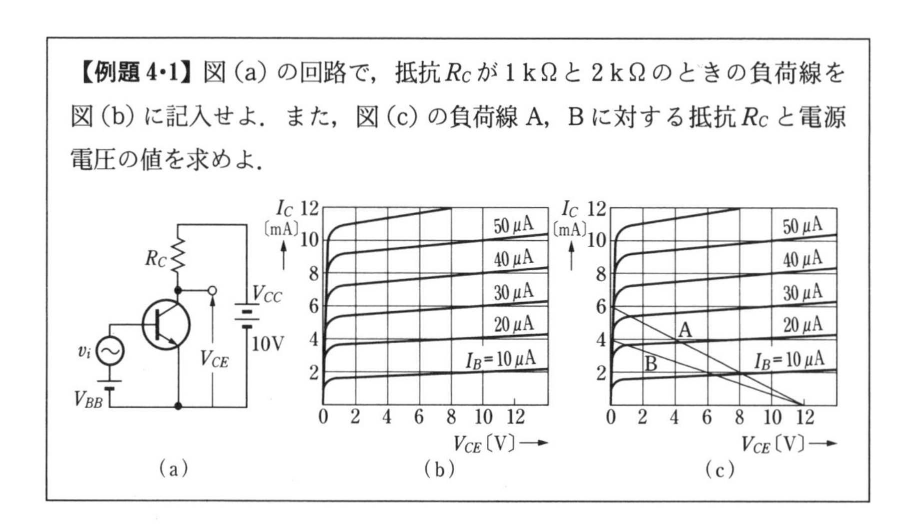

（解） $R_C = 1\,\mathrm{k\Omega}$のとき，$I_C = \dfrac{V_{CC}}{R_C} = \dfrac{10}{1} = 10\,\mathrm{mA}$

$R_C = 2\,\mathrm{k\Omega}$のとき，$I_C = \dfrac{10}{2} = 5\,\mathrm{mA}$

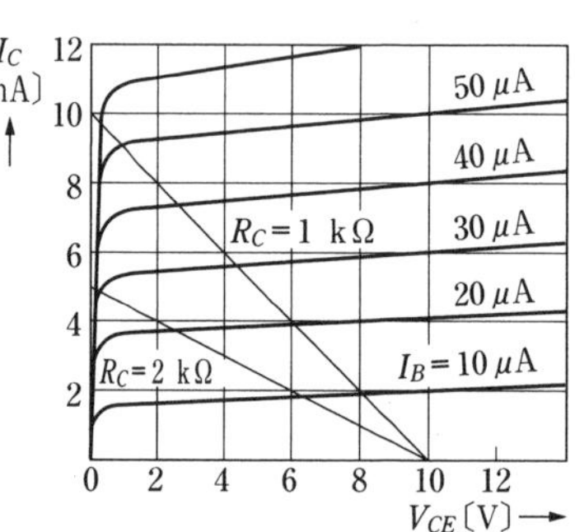

ゆえに図の負荷線となる．図(c)より，電源電圧V_{CC}は12 Vであるから

$$R_{CA} = \frac{V_{CC}}{I_C} = \frac{12}{6} = 2\,\mathrm{k\Omega}$$

$$R_{CB} = \frac{12}{4} = 3\,\mathrm{k\Omega}$$

コレクタ電流I_Cとコレクタ・エミッタ間の電圧V_{CE}の関係は，負荷線を引くことによって簡単に知ることができる．**図4・10**に示すように，バイアス電圧V_{BB}に重畳して入力信号電圧v_iを加えたとき，コレクタ電流I_Cが図(b)のように変化したとする．このときコレクタ・エミッタ間の電圧V_{CE}がどのように変

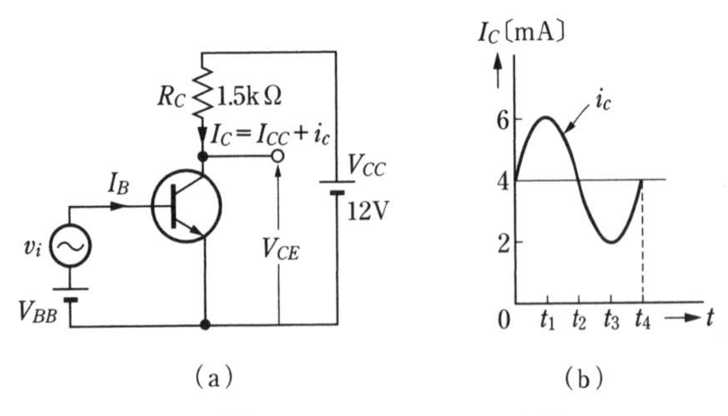

図4・10 v_iによるI_Cの変化

化するかは，**図4・11**に示す負荷線から簡単に求めることができる．すなわち

ⓐ $t = 0$のとき，$I_C = 4\,\mathrm{mA}$ → $V_{CE} = 6\,\mathrm{V}$

ⓑ $t = t_1$のとき，$I_C = 6\,\mathrm{mA}$ → $V_{CE} = 3\,\mathrm{V}$

ⓒ $t = t_2$のとき，$I_C = 4\,\mathrm{mA}$ → $V_{CE} = 6\,\mathrm{V}$

ⓓ $t = t_3$のとき，$I_C = 2\,\mathrm{mA}$ → $V_{CE} = 9\,\mathrm{V}$

ⓔ $t = t_4$のとき，$I_C = 4\,\mathrm{mA}$ → $V_{CE} = 6\,\mathrm{V}$

の関係より，コレクタ・エミッタ間電圧V_{CE}は6 Vを中心に3 Vから9 Vまで

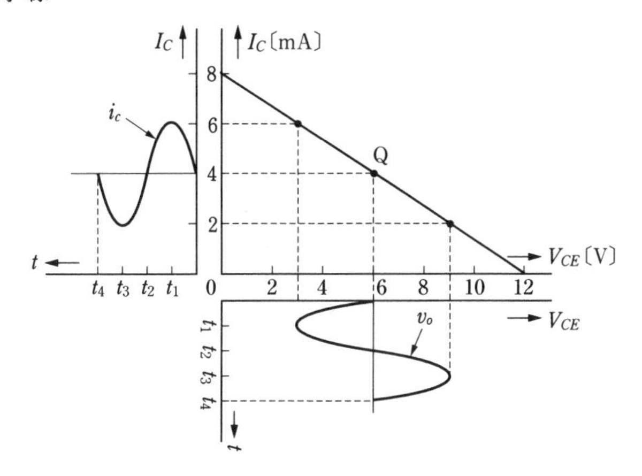

図 4・11 負荷線と出力電圧 v_o

変化しているから，出力信号電圧 v_o は最大値 3 V の正弦波になることがわかる．同図から，I_C と V_{CE} は負荷線上の点 Q を中心に変化しているから，この点 Q が動作点となる．

入力信号電圧 v_i と出力信号電圧 v_o の波形関係

図 4・12 はバイアス電圧 V_{BB} に重畳して入力信号電圧 v_i を加えたときのベー

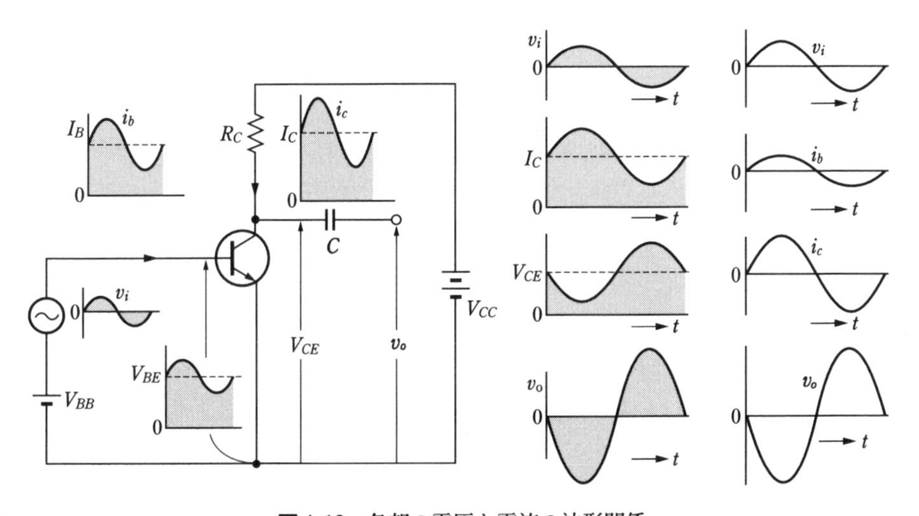

図 4・12 各部の電圧と電流の波形関係

ス電流 I_B の信号分 i_b，コレクタ電流 I_C の信号分 i_c，コレクタ・エミッタ間の電圧 V_{CE} の信号分，すなわち出力信号電圧 v_o の波形関係を示している．同図より，入力信号電流 i_b と出力信号電流 i_c は同相となるが，入力信号電圧 v_i と出力信号電圧 v_o は互いに位相が $180°$ 異なっている．このように入力波形と出力波形の位相が逆になることを**位相反転**，または**逆位相**という．

すなわち，入力信号電圧 v_i が増加するとベース電流 I_B も増加し，その結果コレクタ電流 I_C が増加する．すると，コレクタ・エミッタ間電圧 V_{CE} が減少するから入力とは逆に出力信号電圧 v_o も減少することになる．これとは反対に入力信号電圧 v_i が減少するとベース電流 I_B も減少し，コレクタ電流 I_C も減少する．すると，コレクタ・エミッタ間電圧 V_{CE} が増加するから入力とは逆に出力信号電圧 v_o も増加することになる．

ベース接地回路とコレクタ接地回路の入出力電圧波形

エミッタ接地回路では，入力波形と出力波形が逆位相になることがわかった．では，ベース接地回路とコレクタ接地回路では，どのような位相関係になるかを考えてみよう．

図 4･13 (a) に示すベース接地回路において，入力信号電圧 v_i が増加すると正常なエミッタ・ベース間の負のバイアス電圧を減少させるように働く．したがって，コレクタ電流は減少するから負荷抵抗 R_C の電圧降下も減少し，コレクタ・ベース間電圧はその分だけ増加する．すなわち，入力信号電圧が増加すれば出力電圧 v_o も増加する．

逆に入力信号電圧 v_i が減少すると，エミッタ・ベース間の正常な負のバイアス電圧を増加させるように働くからコレクタ電流は増加し，負荷抵抗 R_C の電圧降下も増加して，コレクタ・ベース間電圧はその分だけ減少する．すなわち，入力信号電圧が減少すれば出力電圧 v_o も減少するから，ベース接地回路の入力波形と出力波形は同位相になる．

次に，図 (b) のコレクタ接地回路で入力信号電圧 v_i が増加するとベース・エミッタ間電圧は増加して，コレクタ電流は増加する．したがって，エミッタ電流は増加するから負荷抵抗 R_E の電圧降下も増加し，出力電圧 v_o は増加する．逆に，入力信号電圧が減少すればエミッタ電流は減少して負荷抵抗 R_E の電圧

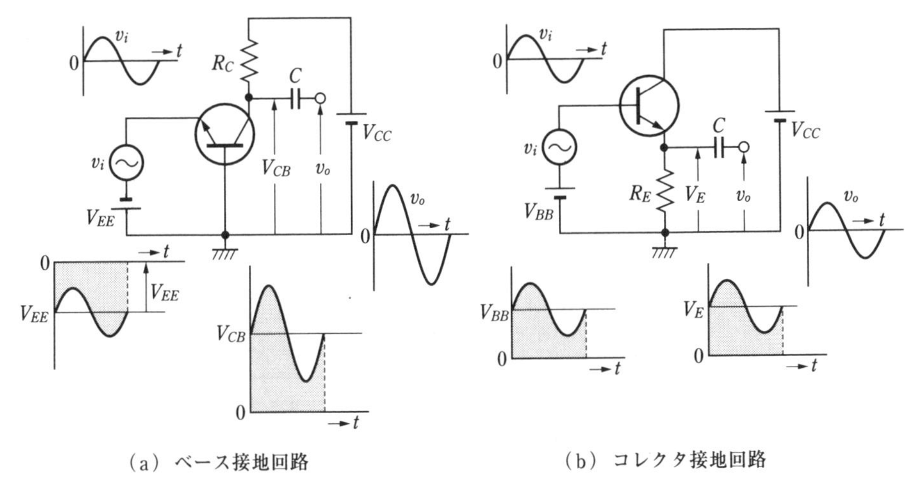

（a） ベース接地回路　　　　（b） コレクタ接地回路

図 4・13　ベース接地回路とコレクタ接地回路の入出力波形

降下も減少し，出力電圧 v_o は減少する．すなわち，コレクタ接地回路もベース接地回路と同様，入出力波形は同位相になる．なお，後述するようにコレクタ接地回路には電圧増幅作用はない．

【例題 4・2】 図 (a) の回路と図 (b)，(c) を参照して，次の文章のブランクに適当な語句または数値を記入せよ．

(1)　図 (a) の回路で，電源電圧 V_{CC} を（ ① ）〔V〕，負荷抵抗 R_C を（ ② ）〔kΩ〕として入力側に v_i = （ ③ ）$\sin\omega t$〔V〕の入力信号電圧を加えた．

(2)　（ ④ ）電圧 $V_{BE} = V_{BB}$ = （ ⑤ ）〔V〕を与えると，図 (b) の（ ⑥ ）特性，図 (c) の（ ⑦ ）特性と（ ⑧ ）から各（ ⑨ ）はベース電流 I_B は（ ⑩ ）〔μA〕，コレクタ電流は（ ⑪ ）〔mA〕，コレクタ・エミッタ間電圧 V_{CE} は（ ⑫ ）〔V〕の点にあることがわかる．

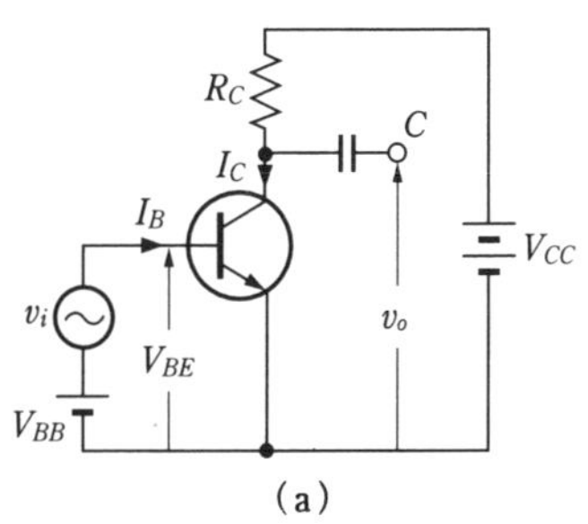

(a)

(3)　コンデンサ C によって（ ⑬ ）を阻止して V_{CE} の変化分，すなわち出力

信号電圧 v_0 を最大値（ ⑭ ）〔V〕として取り出している．したがって，電圧増幅度 A_V は（ ⑮ ）倍となる．

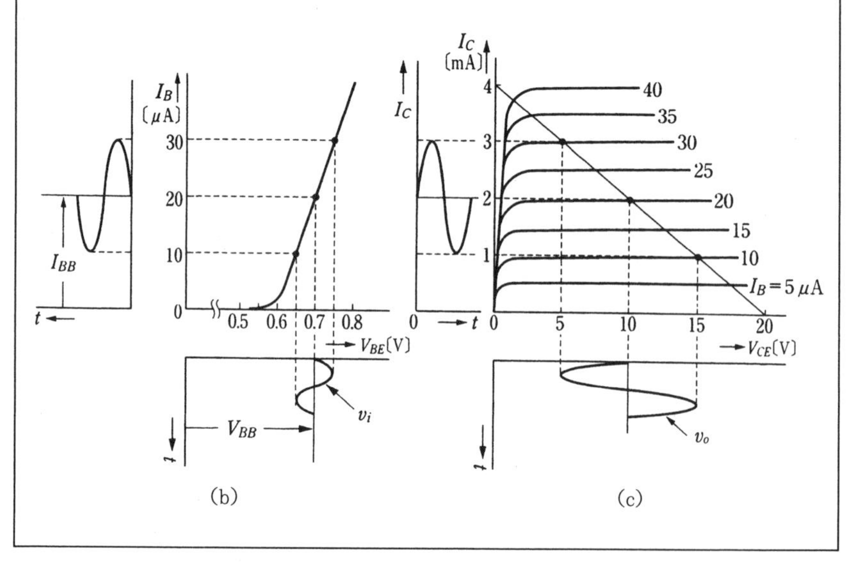

（b）　　　　（c）

（解） ①　20　②　5　③　0.05　④　バイアス　⑤　0.7
⑥　入力または $V_{BE}-I_B$　⑦　出力または $V_{CE}-I_C$　⑧　負荷線
⑨　動作点　⑩　20　⑪　2　⑫　10　⑬　直流分
⑭　5　⑮　100

第5章 トランジスタのバイアス回路

トランジスタ回路は，トランジスタ自身を動作させるためのエネルギーを供給する直流回路と，入力信号を増幅して伝送する交流回路とから構成されていると考えることができる．トランジスタを動作させるために直流電圧を供給することをバイアスを与えるといい，そのための直流回路を**バイアス回路**という．

ここでは，代表的なバイアス回路として，固定バイアス回路，自己（電圧帰還）バイアス回路，電流帰還バイアス回路の設計と動作について，また回路の安定の度合いを表す安定係数と交流負荷線について学ぶ．

5･1 直流回路と交流回路

トランジスタ回路で扱われる電圧と電流は，4章で学んだように直流分と交流分（信号分）が重畳していた．トランジスタ回路を正常に動作させるためには，この直流分が重要な役割を担っていて，実際に使われている複雑な電子回路を解析するときは，直流分に対する回路と交流分に対する回路とに分けて考えると理解しやすくなる．トランジスタ回路の動作点は直流回路によって決定され，この直流分に対する回路を一般に**バイアス回路**（bias circuit）と呼んでいる．

図5･1（a）は最も多く用いられているエミッタ接地増幅回路の実用回路を示していて，これを直流分と交流分に対する回路に分けて考えると，図（b），（c）のようになる．

エミッタ抵抗 R_E にコンデンサ C_E が接続されているが，このコンデンサを**バ**

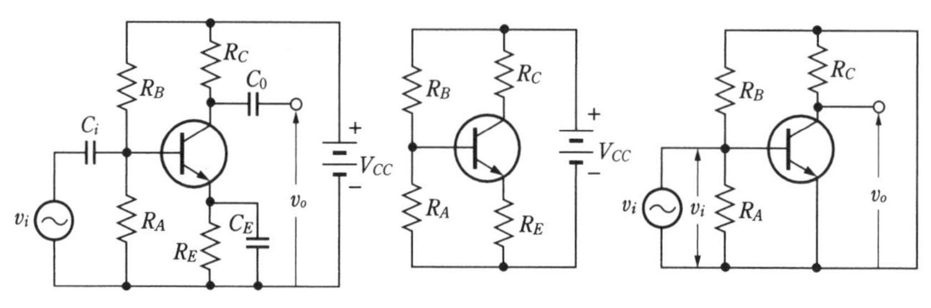

（a）エミッタ接地増幅回路　（b）直流分に対する回路　（c）交流分に対する回路

図5･1　トランジスタ回路の直流回路と交流回路

イパスコンデンサ（bypass condenser）といい，直流分に対してはほぼ無限大，交流分に対しては短絡と考えてよい程度の値が用いられている．また，コンデンサ C_i, C_o も同様の値が用いられ，これらを**結合（カップリング）コンデンサ**（coupling condenser）という．なお，コンデンサ C_o の働きについてはすでに述べたが，C_E, C_i の働きについては後述する．図（b）のバイアス回路はこれから学ぶ**電流帰還バイアス回路**（current feedback bias circuit）として知られていて，最も基本的で重要な回路である．そのほか代表的なものとして，固定バイアス回路，自己（電圧帰還）バイアス回路などがある．

5･2　固定バイアス回路

これまでトランジスタを動作させるのに，**図5･2**（a）のようにベース・バイアス電源 V_{BB} とコレクタ電源 V_{CC} の2個の直流電源を必要とする**2電源方式**で

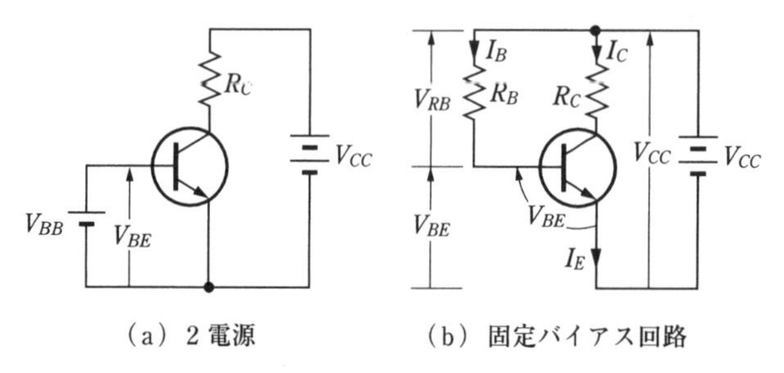

（a）2電源　（b）固定バイアス回路

図5･2　2電源方式と固定バイアス回路

あった．ところが2個の電源を使用するのは不経済であるし，直接ベース・エミッタ間にバイアス電圧をかけるので，その電圧をかけすぎてトランジスタをこわすおそれがある．

バイアス電圧 V_{BB} は通常1V以下，電源電圧 V_{CC} は数Vから数10Vの電圧を加えるから V_{CC} を抵抗で分圧して V_{BB} を代用し，電源電圧 V_{CC} 1個で供給する**1電源方式**のバイアス回路が一般的である．電源電圧 V_{CC} の電圧を抵抗 R_B で降圧して，バイアス電圧 V_{BE} を得る図(b)の回路を**固定バイアス回路**(fixed bias circuit)という．

抵抗 R_B にはベース電流 I_B が流れるから，R_B による電圧降下 V_{RB} は $V_{RB} = R_B \cdot I_B$ である．

また，$V_{CC} = V_{RB} + V_{BE}$ より，バイアス電圧 V_{BE} は次式となる．

$$V_{BE} = V_{CC} - V_{RB} = V_{CC} - R_B I_B \qquad (5･1)$$

したがって，ベース・バイアス抵抗の値 R_B は次式により求めることができる．

$$R_B = \frac{V_{CC} - V_{BE}}{I_B} \qquad (5･2)$$

通常，**シリコントランジスタの V_{BE} の値は0.6～0.7V**と考えて差し支えない．

【例題5･1】 図5･2の固定バイアス回路で $V_{CC} = 9$ V，$I_C = 3$ mA とするとき，R_B の値を求めよ．ただし，$h_{FE} = 150$，$V_{BE} = 0.6$ V とする．

(解) $\dfrac{I_C}{I_B} = h_{FE}$，$I_B = \dfrac{I_C}{h_{FE}} = \dfrac{3}{150} = 0.02$ mA

$$R_B = \frac{V_{CC} - V_{BE}}{I_B} = \frac{9 - 0.6}{0.02} = 420\ \text{k}\Omega$$

(注意) バイアス回路の計算で，電圧は〔V〕，抵抗は〔kΩ〕，電流は〔mA〕の単位に統一して計算すると便利である．

【例題5･2】 図5･2の固定バイアス回路で $V_{CC} = 9$ V，$R_C = 1$ kΩ，I_B の動作電流を20μAとする．このとき，I_C，V_{CE}，V_{BE} および R_B の値を求めよ．ただし，トランジスタの入力特性を図(a)，出力特性を図(b)とする．

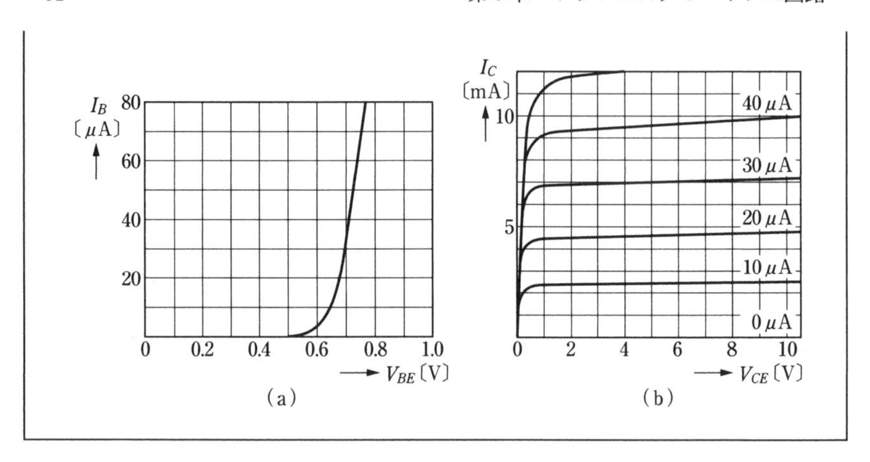

（解）　負荷線と $I_B = 20\,\mu$A 一定の出力特性との交点 Q が動作点となるから，$I_C = 4.6$ mA，$V_{CE} = 4.4$ V，また入力特性から $V_{BE} = 0.68$ V を読み取ることができる．

$$R_B = \frac{V_{CC} - V_{BE}}{I_B} = \frac{9 - 0.68}{0.02} = 416\ \text{k}\Omega$$

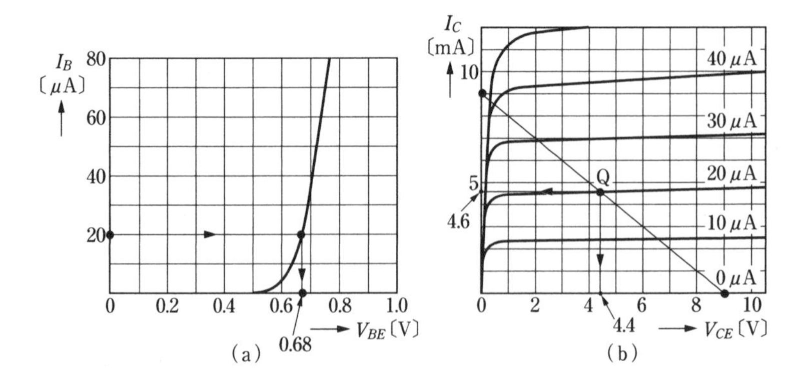

5･3　自己（電圧帰還）バイアス回路

図 5･3 に示すように，コレクタ・エミッタ間の電圧 V_{CE} をベース・バイアス抵抗 R_B で降下することにより順方向のバイアス電圧 V_{BE} を得る回路を**自己バイアス回路**（self bias circuit）または**電圧帰還バイアス回路**という．

同図より，ベース・エミッタ間の順方向バイアス電圧 V_{BE} は，電源電圧 V_{CC}

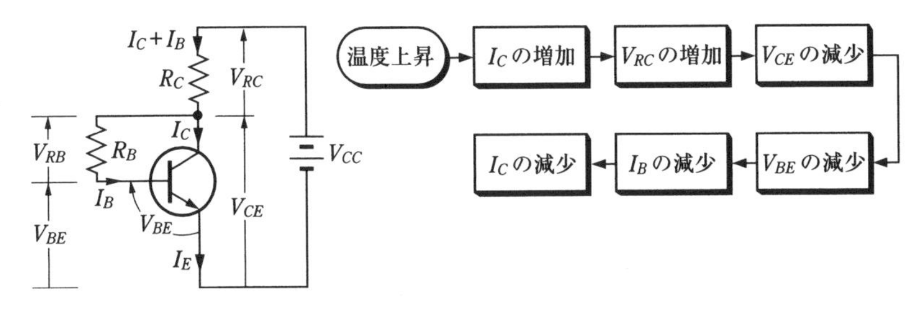

図5・3　自己バイアス回路（電圧帰還バイアス回路）

からコレクタ抵抗R_Cの電圧降下V_{RC}とベース・バイアス抵抗R_Bでの電圧降下V_{RB}を差し引いたものである．すなわち，

$$V_{BE}=V_{CC}-(V_{RC}+V_{RB}) \tag{5・3}$$

$$V_{RC}=R_C\cdot I_E=R_C(I_B+I_C) \tag{5・4}$$

$$V_{RB}=R_B\cdot I_B \tag{5・5}$$

の関係が成立するから，ベース・バイアス抵抗R_Bは次式によって求めることができる．

$$R_B=\frac{V_{CC}-R_C(I_C+I_B)-V_{BE}}{I_B} \tag{5・6}$$

また，ベース電流I_Bはコレクタ電流I_Cと比べて十分小さいから，I_Bを無視すれば，

$$R_B\fallingdotseq\frac{V_{CC}-R_CI_C-V_{BE}}{I_B} \tag{5・7}$$

を用いてもよい．したがって，電源電圧V_{CC}，コレクタ抵抗R_CおよびV_{BE}，I_B，I_Cの各動作点が決まれば，式(5・6)よりベース・バイアス抵抗R_Bを計算することができる．

> **【例題5・3】**図5・3の自己バイアス回路で，$V_{CC}=12\,\text{V}$，$R_C=3\,\text{k}\Omega$のとき，$I_C=2\,\text{mA}$にするにはR_Bの値をいくらにすればよいか．ただし，$V_{BE}=0.7\,\text{V}$，トランジスタのh_{FE}は160とする．

（解）　$I_B=\dfrac{I_C}{h_{FE}}=\dfrac{2}{160}=0.0125\,\text{mA}$

$$R_B = \frac{V_{CC} - R_C I_C - V_{BE}}{I_B} = \frac{12 - 3 \times 2 - 0.7}{0.0125} = 424\ \mathrm{k\Omega}$$ ■

次に，温度上昇に伴う電圧帰還バイアス回路の動作を図5•3で考えてみよう．一般に温度が上昇すると，コレクタ電流 I_C が増加するからコレクタ抵抗 R_C の両端の電圧 V_{RC} も増加する．したがって，コレクタ・エミッタ間の電圧 V_{CE} が減少し，ベース・エミッタ間の電圧 V_{BE} も減少するから，ベース電流 I_B が減少してコレクタ電流 I_C も減少する．つまり，電圧帰還バイアス回路は温度が上昇してコレクタ電流 I_C が増加すると，バイアス電圧 V_{BE} が減少してコレクタ電流 I_C が増加するのを妨げる方向に働くことになる．

このように，出力側（I_C）の変化を入力側（V_{BE}）に帰還させ，出力側の変化を抑えるような働きを**負帰還**（negative feedback）と呼んでいる．すなわち，コレクタ側の I_C の変化を入力側の V_{BE} に電圧帰還させていることから，電圧帰還バイアス回路という名が付けられている．

5•4　電流帰還バイアス回路

図5•4 は，すでに図5•1で示した電流帰還バイアス回路で，最も広く用いられているバイアス回路である．この回路は，図5•2の固定バイアス回路のベース・アース間にバイアス抵抗 R_A とエミッタ抵抗 R_E を接続したものである．

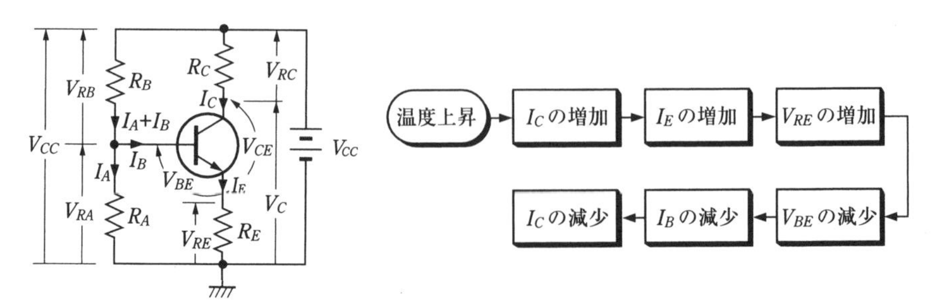

図5•4　電流帰還バイアス回路

このバイアス回路は，電源電圧 V_{CC} をバイアス抵抗 R_B と R_A で分圧した電圧 V_{RA} とエミッタ抵抗 R_E による電圧降下 V_{RE} とによりバイアス電圧 V_{BE} を得る回路である．したがって，バイアス電圧 V_{BE} は $V_{BE}=V_{RA}-V_{RE}$ となる．

各電流 I_E, I_C, I_B の流れ方は固定バイアス回路と同じであるが，もうひとつ重要な役目をする電流ループ I_A があり，この I_A を**ベースブリーダ電流**，抵抗 R_B と R_A を**ベースブリーダ抵抗**という．エミッタ抵抗 R_E は後述するように，バイアスを安定にする働きがあるので**安定抵抗**とも呼ばれている．

抵抗 R_A，R_B，R_E の電圧降下をそれぞれ V_{RA}，V_{RB}，V_{RE} とすれば，次式のような関係が成立する．

$$V_{RA}=R_A\cdot I_A=V_{BE}+V_{RE} \tag{5・8}$$

$$V_{RB}=R_B(I_A+I_B)=V_{CC}-V_{RA} \tag{5・9}$$

$$V_{RE}=R_E\cdot I_E=R_E(I_B+I_C) \tag{5・10}$$

したがって，R_A，R_B および R_E は次式によって求めることができる．

$$R_A=\frac{V_{RA}}{I_A}=\frac{V_{RE}+V_{BE}}{I_A} \tag{5・11}$$

$$R_B=\frac{V_{CC}-V_{RA}}{I_A+I_B}=\frac{V_{CC}-V_{RE}-V_{BE}}{I_A+I_B} \tag{5・12}$$

$$R_E=\frac{V_{RE}}{I_E}=\frac{V_{RE}}{I_B+I_C} \tag{5・13}$$

なお，一般に V_{RE} の大きさは V_{CC} の 10～20%程度に，ベースブリーダ電流 I_A は I_B の 10 倍程度以上 ($I_A\geqq 10\,I_B$) を目安に選ばれる．R_C の算出は第 5 章の演習問題 ***4***，***6*** を参照のこと．

【例題 5・4】 図 5・4 の電流帰還バイアス回路で，$V_{CC}=9$ V，$V_{BE}=0.6$ V，$I_C=2$ mA，$I_B=20\,\mu$A のとき，バイアス抵抗 R_B，R_A，R_E の値を求めよ．ただし，$I_A=200\,\mu$A，$V_{RE}=0.9$ V とする．

(解) $$R_A=\frac{V_{RA}}{I_A}=\frac{V_{RE}+V_{BE}}{I_A}=\frac{0.9+0.6}{0.2}=\frac{1.5}{0.2}=7.5\ \mathrm{k\Omega}$$

$$R_B=\frac{V_{CC}-V_{RA}}{I_A+I_B}=\frac{V_{CC}-V_{RE}-V_{BE}}{I_A+I_B}=\frac{9-0.9-0.6}{0.2+0.02}=\frac{7.5}{0.22}=34.1\ \mathrm{k\Omega}$$

$$R_E=\frac{V_{RE}}{I_E}=\frac{V_{RE}}{I_B+I_C}=\frac{0.9}{0.02+2}=0.446\ \mathrm{k\Omega}=446\ \Omega$$

■

【例題 5・5】 図 5・4 の電流帰還バイアス回路で，$V_{CC}=12$ V，$R_A=10$ kΩ，$R_B=47$ kΩ，$R_C=4.7$ kΩ，$R_E=1$ kΩのとき，I_B，I_C および V_{CE} の動作点の値を求めよ．ただし，$V_{BE}=0.7$ V，$h_{FE}=180$ とする．

（解） 図 (a) の入力側の回路は図 (b) のように書くことができて，B–B′ 間に**テブナンの定理**を適用して，$V_{CC}=0$ としたときの抵抗 R_o と開放電圧 V_o を求めれば図 (c) のように表すことができる．R_o と V_o は，

$$R_o=\frac{R_AR_B}{R_A+R_B}=\frac{10\times 47}{10+47}=8.25\ \mathrm{k\Omega}$$

$$V_o=\frac{R_A}{R_A+R_B}V_{CC}=\frac{10}{10+47}\times 12=2.11\ \mathrm{V}$$

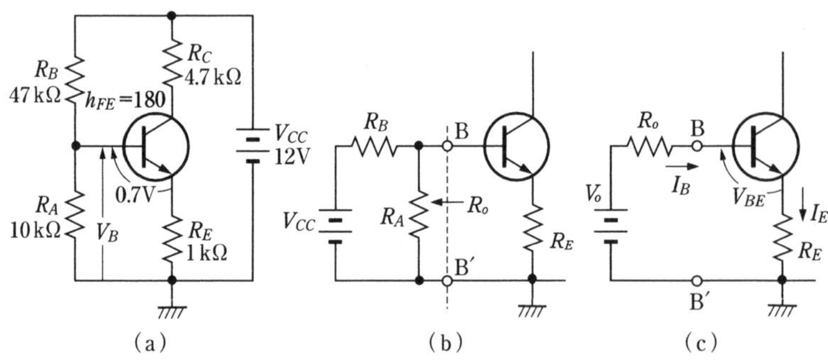

図 (c) の回路より，

$$V_o-V_{BE}=R_oI_B+R_EI_E=R_oI_B+(1+h_{FE})I_BR_E$$

$$\therefore I_B=\frac{V_o-V_{BE}}{R_o+(1+h_{FE})R_E}$$

$$=\frac{2.11-0.7}{8.25+(1+180)\times 1}=\frac{1.41}{189.25}=7.45\ \mu\mathrm{A}$$

$$I_C=h_{FE}I_B=180\times 0.00745=1.34\ \mathrm{mA}$$

$$V_{CE}=V_{CC}-(R_C+R_E)I_C=12-(4.7+1)\times 1.34=4.36\ \mathrm{V}$$

（別解） ベース電流 I_B を無視して，R_B と R_A に流れる電流を等しいとすれば，図 (a) の V_B は，

$$V_B=\frac{R_A}{R_A+R_B}V_{CC}=\frac{10}{10+47}\times 12=2.11\ \mathrm{V}$$

$$V_{RE} = V_B - V_{BE} = 2.11 - 0.7 = 1.41\ \mathrm{V}$$

$$I_E = \frac{V_{RE}}{R_E} = \frac{1.41}{1} \fallingdotseq I_C = 1.41\ \mathrm{mA}$$

$$I_B = \frac{I_C}{h_{FE}} = \frac{1.41}{180} = 7.83\ \mu\mathrm{A}$$

$$V_{CE} = V_{CC} - (R_C + R_E)I_C = 12 - (4.7 + 1) \times 1.41 = 4.0\ \mathrm{V}$$

テブナンの定理から求めた値と別解で求めた値は比較的一致していることがわかる．ただし，h_{FE}の値によって多少ずれてくることに注意しよう． ■

次に，温度上昇に伴う電流帰還バイアス回路の動作を図5•4で考えてみよう．

温度が上昇すると，コレクタ電流I_Cは増加するからエミッタ電流I_Eも増加する．したがって，エミッタ・アース間電圧V_{RE}が増加してベース・エミッタ間電圧V_{BE}を減少させるから，ベース電流I_Bが減少して増加しようとするコレクタ電流を抑える方向に働くことになる．すなわち，エミッタ抵抗R_Eはバイアスを安定化する働きがあり，電流帰還バイアス回路は電圧帰還バイアス回路と同様，負帰還作用があることがわかる．

5•5 コレクタ電流の温度による変化と安定係数

トランジスタのコレクタ電流は周囲温度の上昇にともなって増加し，その結果動作点が変化する．

この原因には，以下の点が考えられる．

① コレクタ遮断電流I_{CBO}の温度による変化

② ベース・エミッタ間電圧V_{BE}の温度による変化

③ 直流電流増幅率h_{FE}の温度変化

今日，ほとんど使用されなくなったGeトランジスタはI_{CBO}の温度変化が重要であったが，SiトランジスタではI_{CBO}よりもh_{FE}やV_{BE}の温度変化の影響が大きい．この温度による動作点の変動を抑えるため，一般のバイアス回路ではすでに述べたように電圧や電流の負帰還をかけてバイアスの安定化をはかっている．

コレクタ遮断電流I_{CBO}とI_{CEO}

コレクタ遮断電流とは，**図5・5**に示すように入力端子を開放にしたときコレクタに流れる直流電流のことで，1つはベース接地の場合のI_{CBO}，もう1つはエミッタ接地の場合のI_{CEO}である．

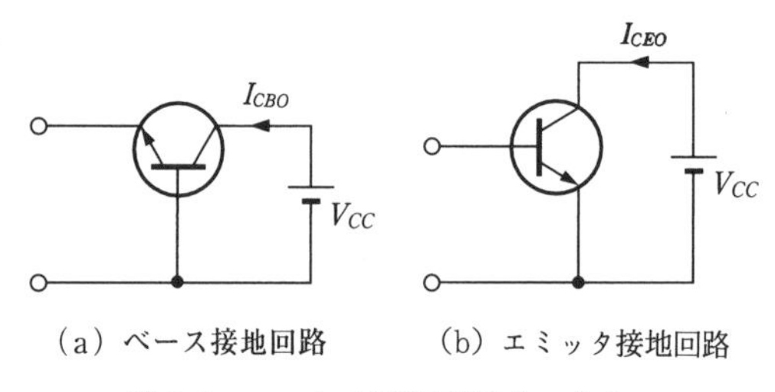

図5・5　コレクタ遮断電流I_{CBO}とI_{CEO}

コレクタ遮断電流は温度によってかなり変動し，コレクタ電流に大きな変化をもたらす．一般のトランジスタ規格表には，25℃におけるI_{CBO}の最大値が記載されているが，通常小信号用のGeトランジスタで0.5～5μA位，Siトランジスタで0.1～1nA位，電力増幅（パワー）用のGeトランジスタで100μA～5mA位，Siトランジスタで10μA～1mA位と考えてよい．

I_{CBO}はベース接地回路の電流であるから，ベース接地回路を構成した場合には**図5・6**(a)に示すような直流電流が流れ，次式が成立する．

$$I_C = h_{FB}I_E + I_{CBO} \tag{5・14}$$

ここで，h_{FB}は**3・4**節で述べたベース接地の直流電流増幅率αのことで，エミッタ接地回路で構成すると，図(b)に示すような電流I_{CEO}が流れる．

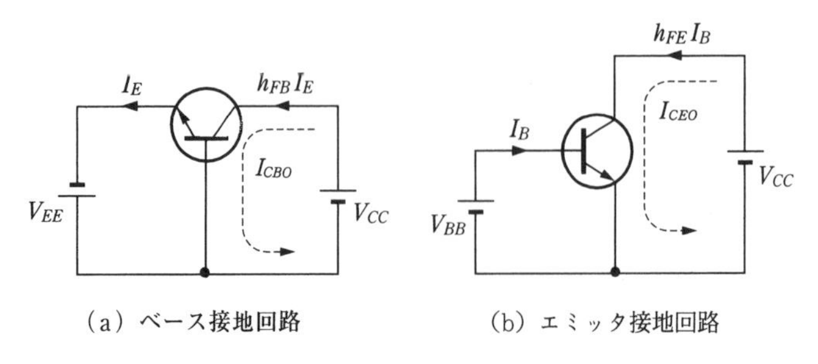

図5・6　増幅回路を構成したときのI_{CBO}とI_{CEO}

次に，I_{CBO} と I_{CEO} との関係を調べてみよう．式 (5・14) に式 (3・1) を代入して，

$$I_C = h_{FB}(I_B + I_C) + I_{CBO} \tag{5・15}$$

式 (3・6) を用いて I_C について解けば，次式が得られる．

$$I_C = \frac{h_{FB}}{1-h_{FB}} I_B + \frac{1}{1-h_{FB}} I_{CBO}$$

$$= h_{FE} I_B + (h_{FE}+1) I_{CBO} \tag{5・16}$$

上式は，図 (b) のエミッタ接地回路の電流方程式

$$I_C = h_{FE} I_B + I_{CEO} \tag{5・17}$$

にほかならない．すなわち，I_{CBO} と I_{CEO} の間には次式の関係が成立する．

$$I_{CEO} = (h_{FE}+1) I_{CBO} \tag{5・18}$$

すなわち，I_{CBO} はエミッタ接地で用いるとコレクタに (h_{FE} + 1) 倍になって現れることになり，温度が上昇して I_{CBO} が大きくなるとコレクタ電流に大きく影響することを意味している．したがって，I_{CBO} はできるだけ小さい方が望ましく，この値がトランジスタの良し悪しを決める目安の 1 つになっている．この I_{CBO} の温度による変動は，10℃上昇するごとに約 2 倍になり，Ge トランジスタではその影響が大きいので問題となっていた．しかし，通常 Si トランジスタは I_{CBO} が非常に小さいので，温度変化による影響は無視できて，V_{BE} と h_{FE} の変化だけを考慮すればよい．

コレクタ電流 I_C は I_{CBO}，V_{BE}，h_{FE} の関数と考えられるから，次式のように表すことができる．

$$I_C = f(I_{CBO},\ V_{BE},\ h_{FE}) \tag{5・19}$$

したがって，I_{CBO}，V_{BE}，h_{FE} などの微小変化 $\varDelta I_{CBO}$，$\varDelta V_{BE}$，$\varDelta h_{FE}$ によって，I_C の微小変化分 $\varDelta I_C$ は次式で与えられる．

$$\varDelta I_C = \frac{\partial I_C}{\partial I_{CBO}} \varDelta I_{CBO} + \frac{\partial I_C}{\partial V_{BE}} \varDelta V_{BE} + \frac{\partial I_C}{\partial h_{FE}} \varDelta h_{FE} \tag{5・20}$$

ここで $\partial I_C / \partial I_{CBO}$ は，I_{CBO} だけが変化した場合の I_{CBO} の増分に対する I_C の変化分の比である．これを I_{CBO} に対する安定係数といい，S_1 で表せば，

$$S_1 = \frac{\partial I_C}{\partial I_{CBO}} \tag{5・21}$$

同様にして，次式を定義する．

$$S_2=\frac{\partial I_C}{\partial V_{BE}},\quad S_3=\frac{\partial I_C}{\partial h_{FE}} \tag{5・22}$$

S_2 を V_{BE} に対する安定係数，**S_3 を h_{FE} に対する安定係数**といい，S_1，S_2，S_3 を用いれば，式(5・20)は次式のように表すことができる．

$$\varDelta I_C=S_1\varDelta I_{CBO}+S_2\varDelta V_{BE}+S_3\varDelta h_{FE} \tag{5・23}$$

すなわち，S_1，S_2，S_3 の各安定係数の値は小さいほど良いことになる．

【例題5・6】 図5・2に示す固定バイアス回路の安定係数 S_1，S_2，S_3 を求めよ．

（ヒント）

$$I_C=h_{FE}I_B+(1+h_{FE})I_{CBO} \tag{1}$$

$$V_{CC}=R_BI_B+V_{BE} \tag{2}$$

（解） 式(2)より

$$I_B=\frac{V_{CC}-V_{BE}}{R_B}$$

上式を式(1)に代入して

$$I_C=h_{FE}\frac{V_{CC}-V_{BE}}{R_B}+(1+h_{FE})I_{CBO}$$

$$\therefore S_1=\frac{\partial I_C}{\partial I_{CBO}}=1+h_{FE}$$

$$S_2=\frac{\partial I_C}{\partial V_{BE}}=-\frac{h_{FE}}{R_B}$$

$$S_3=\frac{\partial I_C}{\partial h_{FE}}=\frac{V_{CC}-V_{BE}}{R_B}+I_{CBO}$$

固定バイアス回路は，R_B が比較的大きいので，$|S_2|$ は小さくできるが，$S_1\fallingdotseq h_{FE}$ で非常に大きいので，実用回路としてあまり用いられない．■

【例題 5・7】 図 5・4 に示す電流帰還バイアス回路の安定係数 S_1, S_2 を求めよ.

（ヒント）

$$R_o = R_A /\!/ R_B = \frac{R_A R_B}{R_A + R_B} \tag{1}$$

$$V_o = \frac{R_A}{R_A + R_B} \cdot V_{CC} \tag{2}$$

$$I_C = h_{FE} I_B + (1 + h_{FE}) I_{CBO} \tag{3}$$

$$V_o = R_o I_B + V_{BE} + R_E I_E = R_o I_B + V_{BE} + R_E (I_B + I_C) \tag{4}$$

（解） R_o と V_o は例題 5・5 を参照. 式 (3) と式 (4) より,

$$I_{CBO} = \frac{1}{1 + h_{FE}} I_C - \frac{h_{FE}}{1 + h_{FE}} I_B$$

$$V_o - V_{BE} = R_E I_C + (R_o + R_E) I_B$$

両式から I_C について解くと,

$$I_C = \frac{\begin{vmatrix} I_{CBO} & -\dfrac{h_{FE}}{1 + h_{FE}} \\ V_o - V_{BE} & R_o + R_E \end{vmatrix}}{\begin{vmatrix} \dfrac{1}{1 + h_{FE}} & -\dfrac{h_{FE}}{1 + h_{FE}} \\ R_E & R_o + R_E \end{vmatrix}} = \frac{\begin{vmatrix} (1 + h_{FE}) I_{CBO} & -h_{FE} \\ V_o - V_{BE} & R_o + R_E \end{vmatrix}}{\begin{vmatrix} 1 & -h_{FE} \\ R_E & R_o + R_E \end{vmatrix}}$$

$$= \frac{(R_o + R_E)(1 + h_{FE}) I_{CBO} + h_{FE}(V_o - V_{BE})}{R_o + R_E + R_E h_{FE}}$$

$$S_1 = \frac{\partial I_C}{\partial I_{CBO}} = \frac{(1 + h_{FE})(R_E + R_o)}{(1 + h_{FE}) R_E + R_o} \fallingdotseq \frac{h_{FE}(R_E + R_o)}{h_{FE} R_E + R_o} = \frac{R_E + R_o}{R_E + \dfrac{R_o}{h_{FE}}}$$

$$S_2 = \frac{\partial I_C}{\partial V_{BE}} = \frac{-h_{FE}}{(1 + h_{FE}) R_E + R_o} \fallingdotseq \frac{-1}{R_E + \dfrac{R_o}{h_{FE}}} = -\frac{S_1}{R_E + R_o}$$

すなわち, S_1 を小さくなるように設計すれば $|S_2|$ も小さくなり, R_o が大きいほど $|S_2|$ を小さくすることができる. ▨

トランジスタの動作領域

図 5・7 (a) の回路でベース電流 I_B がゼロであれば, コレクタ電流 I_C もゼロとなり, コレクタ・エミッタ間電圧 V_{CE} と電源電圧 V_{CC} は同じ値 $V_{CE} = V_{CC}$ になりそうである. ところが, I_B がゼロであっても I_C はわずかに流れ, これがコレ

クタ遮断電流I_{CEO}であった．このときのコレクタ・エミッタ間電圧をV_{CEO}と表している．

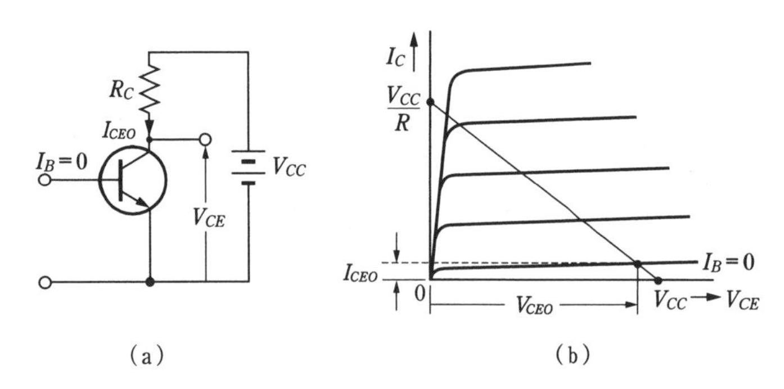

図5･7 I_{CEO}とV_{CEO}

次にベース電流を十分大きくしてみよう．**図5･8**(a)の回路で電源電圧10 V，コレクタ抵抗2 kΩであるから，仮に$V_{CE}=0$としてもコレクタ電流は5 mA以上流れることはない．すなわち，図(b)の負荷線からベース電流I_Bとコレクタ電流I_Cの関係を図示すると，ある値以上にベース電流を増加させてもコレクタ電流は増加しなくなる．このことを「**トランジスタが飽和**(saturation)**した**」といい，このときのコレクタ・エミッタ間電圧を$V_{CE(S)}$または$V_{CE(Sat)}$と表している．

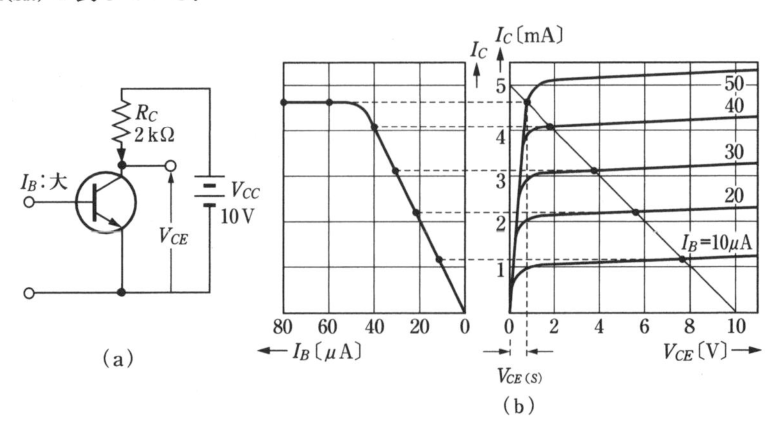

図5･8 トランジスタの飽和

一般に，**図 5･9** のように $I_B = 0$ の領域を**遮断領域**，$V_{CE(S)}$ の領域を**飽和領域**と呼び，点 A から点 B の領域を入力（I_B）と出力（I_C）が比例関係にあることから**線形領域**または**活性領域**と呼んでいる．

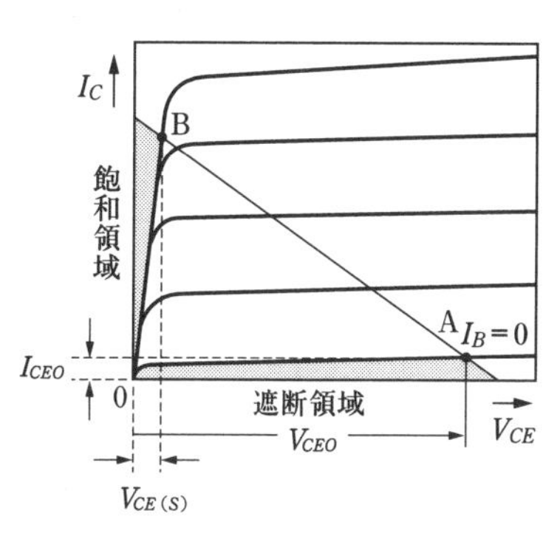

図 5･9　トランジスタの動作領域

5･6　バイアス回路への信号の加え方と取出し方

エミッタ接地増幅回路の入力信号はベース・エミッタ間に加えられるが，**図 5･10**（a）の固定バイアス回路で入力信号源 v_i を直接加えてしまうと，v_i の直流抵抗はほぼゼロと考えられるから，直流分に対してはベース・エミッタ間は短絡状態となってしまう．すなわち，バイアス電圧 V_{BE} はゼロとなってトランジスタは正常に動作しなくなる．そこで図（b）に示すように，直流分に対してはほぼ無限大，信号分（交流分）に対してはほぼ短絡と考えられるコンデンサ C_i を使用すれば，バイアス電圧は正常な値に保たれる．この C_i を結合（カップリング）コンデンサということはすでに述べた．

同様に，出力側で信号を取り出すときもバイアス回路への影響がないように，結合コンデンサ C_o を挿入して信号成分のみを取り出している．

電流帰還バイアス回路では，図（c）のようにエミッタ抵抗 R_E が挿入されているので，入力に加えられた信号電圧 v_i は，エミッタ抵抗 R_E で v_e だけ消費されてこれが損失となり，実際のトランジスタへの入力電圧 v_{be} は $v_{be} = v_i - v_e$ となって増幅度が低下してしまう．

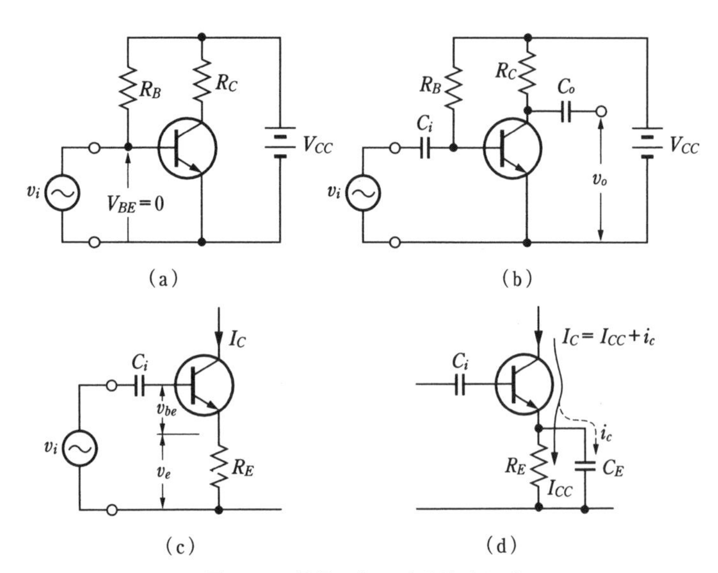

図5・10 信号の加え方と取出し方

そこで，エミッタ抵抗R_Eと並列にコンデンサC_Eを接続し，信号分に対する容量リアクタンスが無視できるような大容量のコンデンサを用いれば短絡状態となり，v_eをゼロにして増幅度を大きくすることができる．このC_Eを信号分を側路（バイパス）させることから，すでに述べたようにバイパスコンデンサと呼んでいる．

5・7 直流負荷線と交流負荷線

負荷線を引くことによりコレクタ電流I_Cとコレクタ・エミッタ間の電圧V_{CE}の関係が明らかになり，また最適な動作点を決めるのに負荷線は重要であった．

これまでのバイアス回路は単独で用いられることは稀で，コレクタの出力側になんらかの負荷，すなわち次段の回路が接続されるのが普通である．

図5・11 (a) に示すような固定バイアス回路の出力端に負荷R_Lを接続すると，この回路では直流に対する負荷R_{DC}と交流に対する負荷R_{AC}の両方を考える必要がある．R_{DC}により決まる負荷線を**直流負荷線** (DC load line)，R_{AC}により決まる負荷線を**交流負荷線** (AC load line) という．

直流に対しては，結合コンデンサ C_o のリアクタンスは無限大となるから，負荷抵抗 R_L は接続されていないものと見なせる．すなわち，図 (b) に示すように直流に対する負荷 R_{DC} は R_C のみとなる．ところが交流信号に対しては C_o のリアクタンスは非常に小さく短絡状態と考えられるから，交流に対する負荷 R_{AC} は図 (c) のように R_C と R_L の並列合成抵抗 $R_{AC} = R_C /\!/ R_L = R_C R_L/(R_C + R_L)$ となる．

次に，入力信号が加えられたときの動作を図 5･11 で考えてみよう．コレクタには直流分 I_{CC} に重畳して信号分 i_c が流れ，この信号分 i_c は交流に対する負荷である R_C と R_L に分流するから，i_c による電圧降下は $R_{AC} \times i_c$ となる．そして，コレクタ電流が i_c だけ増加すると $I_C = I_{CC} + i_c$ となり，V_{CE} は $R_{AC} \times i_c$ だけ減少するから $V_{CE} = V_C - R_{AC} \times i_c$ となる．またコレクタ電流が i_c だけ減少すると，$I_C = I_{CC} - i_c$ となり，V_{CE} は $R_{AC} \times i_c$ だけ増加するから $V_{CE} = V_C + R_{AC} \times i_c$ となる．すなわち，入力信号が加わると**図 5･12** に示すように動作点 Q を中心として P 点と R 点を結ぶ直線上を移動して動作することになる．この動作点 Q を通り P 点と R 点を結んだ直線が**交流負荷線**となる．

次に，**図 5･13** の電流帰還バイアス回路に負荷 R_L を接続した場合について考えてみよう．直流に対するコレクタ電流 I_C は $V_{CC} \to R_C \to$ コレクタ・エミッタ間 $\to R_E \to V_{CC}$ の経路を流れるから，$I_C \fallingdotseq I_E$ としてコレクタ・エミッタ間電圧 V_{CE} は $V_{CE} = V_{CC} - (R_C + R_E) \cdot I_C$ となる．すなわち，直流に対する負荷 R_{DC} は $R_{DC} = R_C + R_E$ となる．したがって，図 (b) に示す $V_{CE} = V_{CC}$ の点 A と $I_C = V_{CC}/(R_C + R_E)$ の点 B を結べば，直流負荷線が得られる．

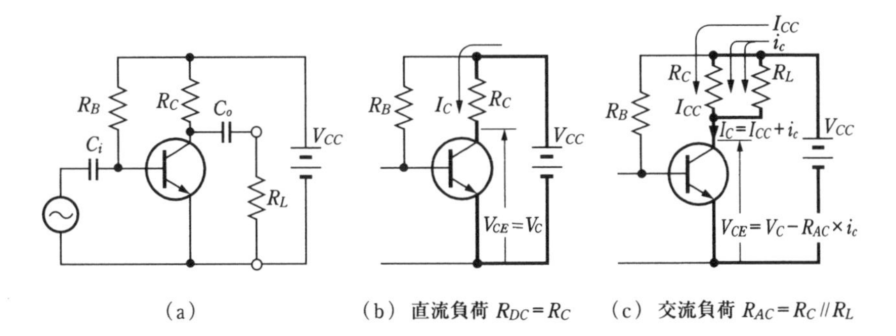

図 5･11 直流負荷と交流負荷

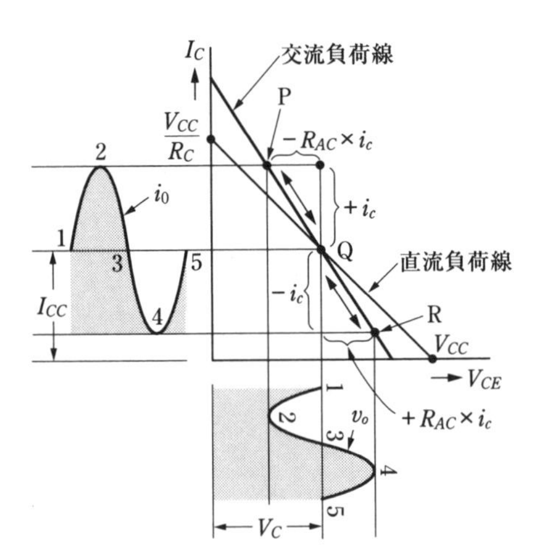

図 5・12　交流負荷線の引き方

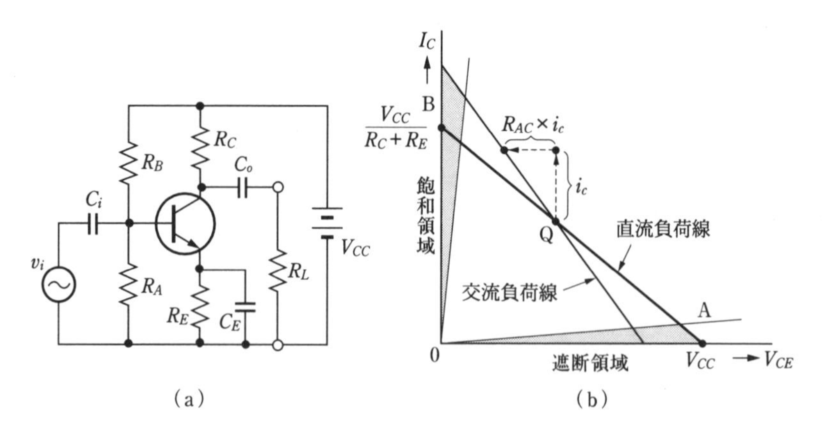

図 5・13　電流帰還バイアス回路の負荷線

交流に対しては，C_o と C_E のリアクタンスはほぼゼロと考えられるから，エミッタ抵抗 R_E は短絡状態となり，したがって交流負荷 R_{AC} は図 5・11 と同様，$R_{AC} = R_C /\!/ R_L = R_C R_L/(R_C + R_L)$ となる．なお，交流負荷線の引き方は図 5・12 の説明と同様である．

第5章　演習問題

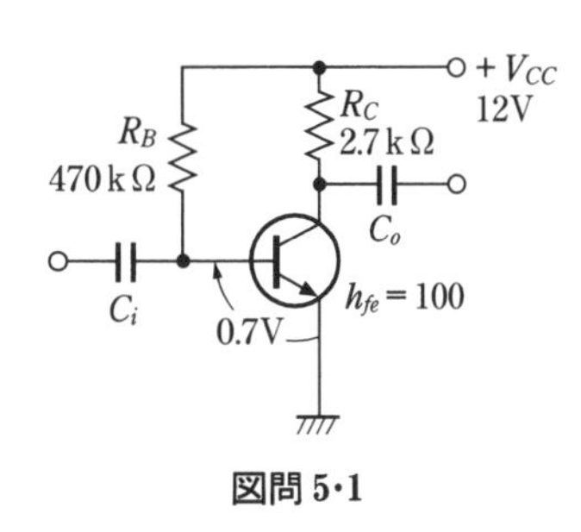

図問 5•1

1　**図問 5•1** の固定バイアス回路で，I_B, I_C および V_{CE} の動作点の値を計算せよ．ただし，$V_{BE}=0.7\,\mathrm{V}$，$h_{FE}=100$ とする．

2　図 5•2 の固定バイアス回路で，$V_{CC}=10\,\mathrm{V}$，$I_C=2\,\mathrm{mA}$，$V_{BE}=0.7\,\mathrm{V}$，$V_{CE}=V_{CC}/2$ として R_B, R_C を計算せよ．ただし，$h_{FE}=160$ とする．

3　図 5•3 の自己バイアス回路で，$V_{CC}=12\,\mathrm{V}$，$R_C=2\,\mathrm{k\Omega}$，$I_C=2.4\,\mathrm{mA}$ のときの R_B の値を求めよ．ただし，$V_{BE}=0.7\,\mathrm{V}$，$h_{FE}=120$ とする．また，I_B を考慮したときの R_B の値はいくらになるか．

4　図 5•4 の電流帰還バイアス回路で，$V_{CC}=12\,\mathrm{V}$，$I_C=1\,\mathrm{mA}$，$h_{FE}=100$ のとき，R_A, R_B, R_E および R_C の値を求めよ．ただし，V_{RE} は V_{CC} の 10%，$I_A=20\,I_B$，$V_{BE}=0.7\,\mathrm{V}$，$V_{CE}=V_{CC}/2$ とする．

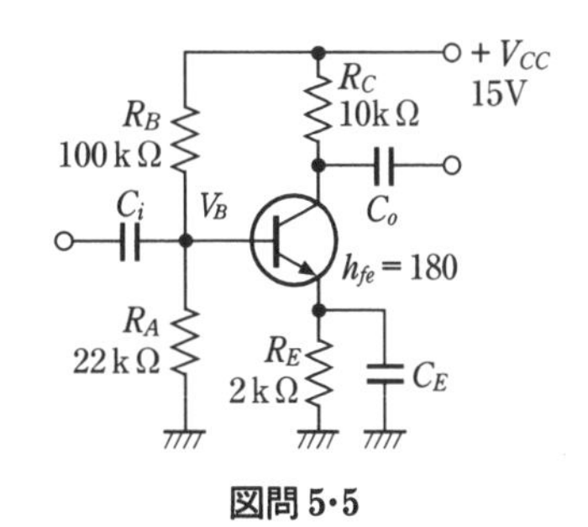

図問 5•5

5　**図問 5•5** の電流帰還バイアス回路において I_B, I_C, V_{CE} の動作点の値を計算せよ．ただし，$V_{BE}=0.7\,\mathrm{V}$，$h_{FE}=180$ とする．

6　電源電圧を 12 V，負荷抵抗が 1.5 kΩ のときの負荷線を**図問 5•6** (b) の出力特性に記入し，その中点を動作点として I_B, I_C, V_{CE} および図 (a) の入力特性から V_{BE} を読み取り，図 5•4 の電流帰還バイアス回路の R_A, R_B, R_E および R_C の値を求めよ．

ただし，V_{RE} は V_{CC} の 10 %，$I_A=10\,I_B$ に設定するものとする．

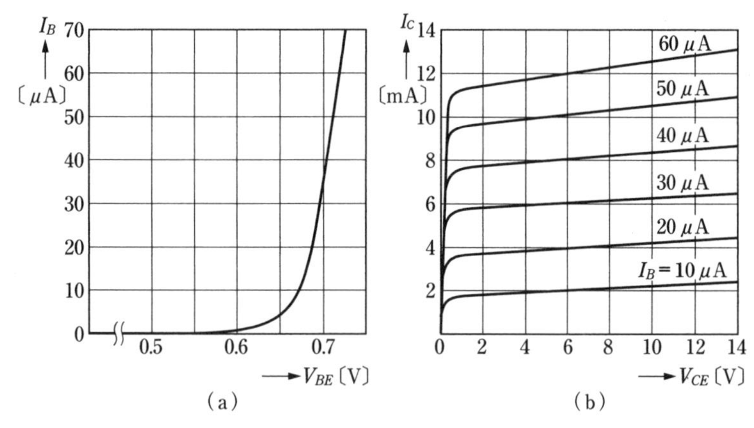

図問 5・6

7 電流帰還バイアス回路に負荷抵抗 R_L を接続した図 5・13 (a) の回路で負荷線が**図問 5・7** のとき，R_C と R_L の値を求めよ．ただし，R_E を 1 kΩ とする．

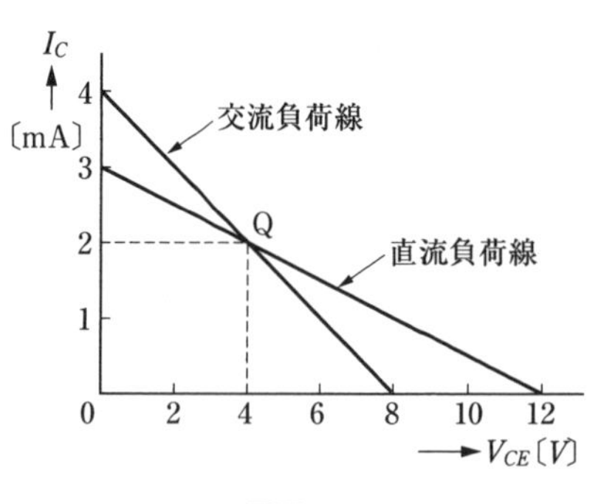

図問 5・7

第6章 トランジスタ増幅回路の等価回路

トランジスタ回路の電圧・電流増幅度は静特性を利用して作図によって求めることができた．しかし，これらを直接計算することができれば大変便利である．そのためには，***h* 定数**を用いたトランジスタの交流に対する等価回路を学ぶ必要がある．トランジスタで小信号の増幅作用を行わせるとき，静特性の利用範囲をよく見るとほぼ直線部分であることがわかる．h 定数とはこの利用範囲における静特性の直線部分の傾きを数値で表したもので，これには4つの定数がある．ここでは，h 定数を用いた等価回路からトランジスタ増幅回路の入出力抵抗，電圧・電流増幅度などの計算法について学ぶ．

6･1 トランジスタの *h* 定数（パラメータ）

トランジスタはベースB，エミッタE，コレクタCの3端子素子であるから，どれか1つの端子を入出力回路の共通端子として用いれば，トランジスタ回路を**図6･1**のように4端子網と考えることができる．この共通端子の選び方によって，それぞれベース接地，エミッタ接地，コレクタ接地と呼ばれること

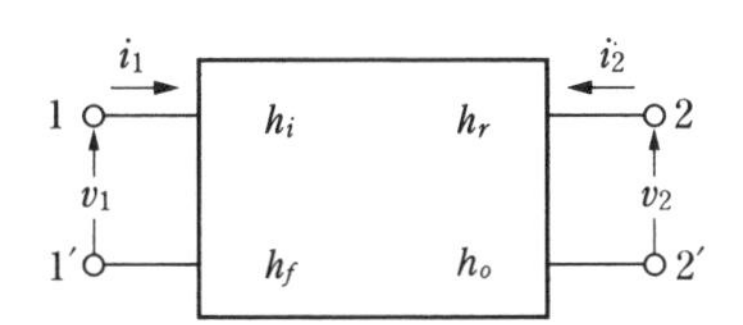

図6･1　4端子回路網

はすでに学んだ．

トランジスタ回路には適切なバイアス電圧が与えられ，この状態で入力信号を加えたとする．トランジスタは本来非線形素子であるが，小信号を増幅するときは静特性の直線範囲を使用するから線形素子とみなすことができる．このとき，入力電圧 v_1 と入力電流 i_1，出力電圧 v_2 と出力電流 i_2 の間には比例関係が成立し，次式のように表すことができる．

$$\left.\begin{aligned} v_1 &= h_i i_1 + h_r v_2 \\ i_2 &= h_f i_1 + h_o v_2 \end{aligned}\right\} \qquad (6\cdot1)$$

ここで，h_i，h_r，h_f，h_o の4つの定数を **h 定数（パラメータ）** といい，各 h 定数には次のような意味がある．

$$\left.\begin{aligned} h_i &= (v_1/i_1)_{v_2=0} : \text{出力端短絡のときの入力インピーダンス}\ [\Omega] \\ h_r &= (v_1/v_2)_{i_1=0} : \text{入力端開放のときの電圧帰還率}\ [\text{無名数}] \\ h_f &= (i_2/i_1)_{v_2=0} : \text{出力端短絡のときの電流増幅率}\ [\text{無名数}] \\ h_o &= (i_2/v_2)_{i_1=0} : \text{入力端開放のときの出力アドミタンス}\ [\text{S}] \end{aligned}\right\} \qquad (6\cdot2)$$

ここで，出力端を短絡あるいは入力端を開放とは，交流的に短絡，開放したりすることで，直流のバイアス電圧は当然加えられている．**図6･2** に示すように，**出力端を短絡**するには出力端に大容量のコンデンサを接続して測定周波数に対するリアクタンスが極めて小さくなるようにすれば，v_2 はゼロとみなすことができる．また，**入力端を開放**にするには，入力端子にインダクタンスを

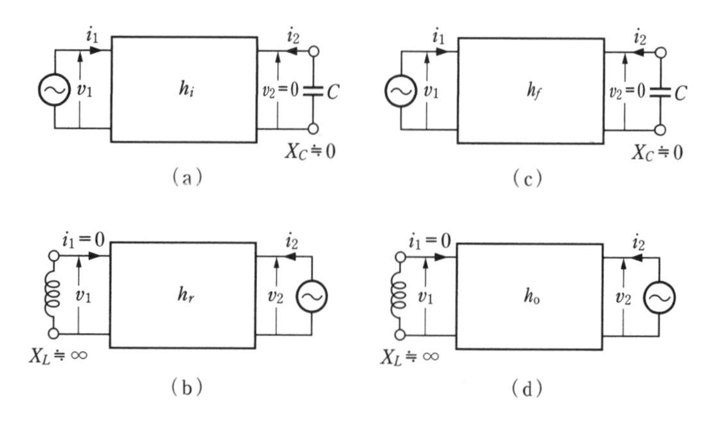

図6･2　h 定数の測定

接続して測定周波数に対するリアクタンスが極めて大きくなるようにすれば，i_1はゼロとみなすことができる．

入力信号の周波数があまり高くないトランジスタ増幅回路では，h定数による等価回路が最も広く用いられている．h定数がよく用いられる理由として，

① トランジスタの静特性と関連したパラメータである．

② パラメータの測定が容易である．

③ 回路解析上，比較的簡単な公式で表すことができる．

などを挙げることができる．

h_i，h_r，h_f，h_oについた添字i，r，f，oはそれぞれ，i : input（入力）impedance ; r : reverse（逆方向）voltage feedback ratio ; f : foward（順方向）current gain ; o : out（出力）admittance を意味していて，第2の添字として，e（emitter），b（base），c（collector）を用いている．すなわち，エミッタ接地の場合の式（6•1）は次式となる．

$$\left.\begin{aligned} v_1 &= h_{ie}i_1 + h_{re}v_2 \\ i_2 &= h_{fe}i_1 + h_{oe}v_2 \end{aligned}\right\} \tag{6•3}$$

hパラメータの測定条件は，直流バイアスとして$I_E = 1$ mA，$V_{CC} = 6$ V，測定周波数として270 Hzまたは1 kHz，室温として25℃を採用している．h定数は接地方式ならびに測定条件によって変わるから，トランジスタをどういう条件で動作させたときの値かを明記する必要がある．なお，h定数のhの文字は**hybrid（混成）**の頭文字で，次元の異なるパラメータが混在していることを意味している．

6•2 トランジスタの静特性とh定数

トランジスタのh定数は接地方式によって異なる値をとるが，ここではエミッタ接地の場合について考える．**図6•3**に示すように，あるバイアス条件における静特性の傾きはhパラメータを表している．例えば，第2象現のI_B–I_C特性のあるバイアス条件におけるI_Bの微小変化分$\varDelta I_B$とI_Cの微小変化分$\varDelta I_C$の比は，すでに学んだ小信号電流増幅率h_{fe}のことであるから，

$$\left(\frac{\Delta I_C}{\Delta I_B}\right)_{V_{CE}=一定} = h_{fe} \tag{6・4}$$

以下同様にして，

$$\left.\begin{aligned}\left(\frac{\Delta V_{BE}}{\Delta I_B}\right)_{V_{CE}=一定} &= h_{ie}\\ \left(\frac{\Delta V_{BE}}{\Delta V_{CE}}\right)_{I_B=一定} &= h_{re}\\ \left(\frac{\Delta I_C}{\Delta V_{CE}}\right)_{I_B=一定} &= h_{oe}\end{aligned}\right\} \tag{6・5}$$

ここで，エミッタ接地回路の入出力の電流，電圧を**図6・4**(a)のように決めれば，式(6・3)から，次式が得られる．

$$\left.\begin{aligned} v_{be} &= h_{ie}i_b + h_{re}v_{ce}\\ i_c &= h_{fe}i_b + h_{oe}v_{ce}\end{aligned}\right\} \tag{6・6}$$

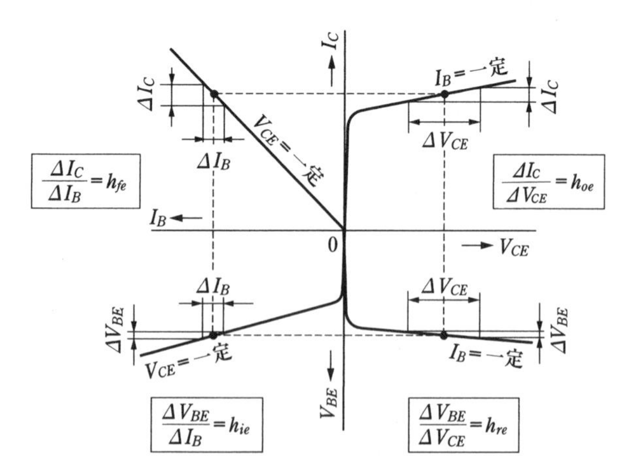

図6・3　静特性曲線とh定数

上式より，$h_{ie}i_b$ は入力電流 i_b が h_{ie} なる入力インピーダンスに流れたときの電圧降下を，$h_{re}v_{ce}$ は出力電圧 v_{ce} の一部が入力側に帰還される電圧源を，$h_{fe}i_b$ は出力側の定電流源を，$h_{oe}v_{ce}$ は出力電圧によって $1/h_{oe}$ という大きさの抵抗に流れる電流と考えれば，図(b)に示すトランジスタの h 定数等価回路が得られる．

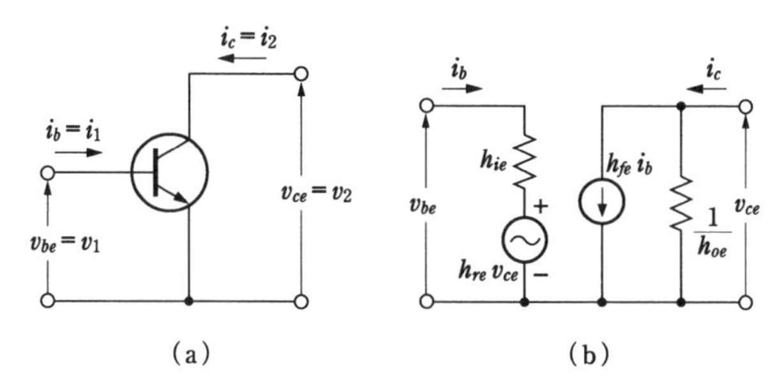

図 6・4　h 定数等価回路

図 6・5 はトランジスタ 2 SC 1815 の h 定数を示している．コレクタ電流 I_C の値によって h_{fe} はほぼ一定の値をとるが，他の h 定数は大きく変化することに注意しよう．

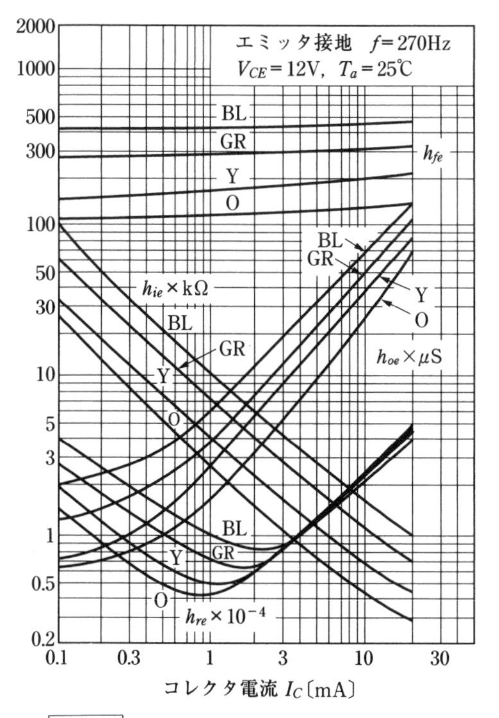

h_{fe} の値　O：70～140，Y：120～240
GR：200～400，BL：350～700

図 6・5　2 SC 1815 の h 定数

6・3　*h* 定数の接地変換

h 定数は接地方式によって異なった値をもつが，一般に発表されているのはエミッタ接地の h 定数である．しかし，接地方式によって他の h 定数が必要になる場合もある．

ここではエミッタ接地 h 定数を用いて，ベース接地とコレクタ接地の h 定数がどのようになるかを考える．エミッタ接地回路の v_1，i_1，v_2，i_2 をベース接地回路とコレクタ接地回路に記入すると，**図6・6** のようになる．

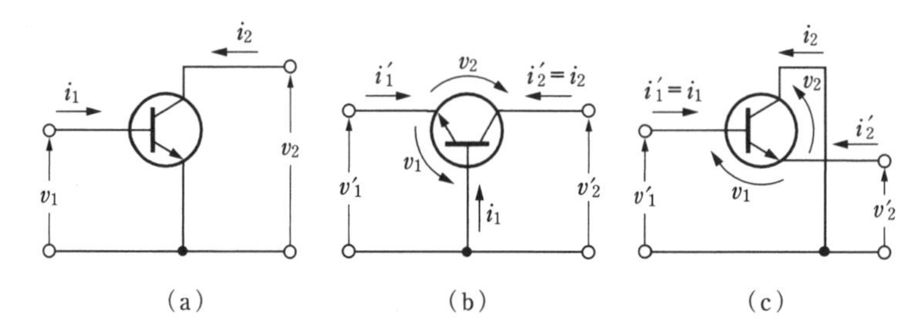

図6・6　h 定数の接地変換

図(b)のベース接地で $v_1=-v_1'$，$i_2=i_2'$，$v_2=v_2'-v_1'$，$i_1=-i_1'-i_2'$ の関係を用いれば，エミッタ接地の h 定数を用いたベース接地の h 定数 h_{ib}，h_{rb}，h_{fb} および h_{ob} は次式によって与えられる．

$$
\left.
\begin{aligned}
h_{ib} &= \frac{h_{ie}}{(1+h_{fe})(1-h_{re})+h_{ie}h_{oe}}, \quad h_{rb} = \frac{h_{ie}h_{oe}-h_{re}(1+h_{fe})}{(1+h_{fe})(1-h_{re})+h_{ie}h_{oe}} \\
h_{fb} &= -\frac{h_{ie}h_{oe}+h_{fe}(1-h_{re})}{(1+h_{fe})(1-h_{re})+h_{ie}h_{oe}}, \quad h_{ob} = \frac{h_{oe}}{(1+h_{fe})(1-h_{re})+h_{ie}h_{oe}}
\end{aligned}
\right\}
\tag{6・7}
$$

一般に $(1+h_{fe})(1-h_{re}) \fallingdotseq 1+h_{fe}$，$h_{ie}h_{oe} \ll 1$ であるから，$h_{ib} \fallingdotseq h_{ie}/(1+h_{fe})$，以下同様にして**表6・1** の変換公式が得られる．

表 6・1　エミッタ接地 h 定数による変換公式

ベース接地 h 定数		コレクタ接地 h 定数	
h_{ib}	$\dfrac{h_{ie}}{1+h_{fe}}$	h_{ic}	h_{ie}
h_{rb}	$\dfrac{h_{ie}h_{oe}}{1+h_{fe}}-h_{re}$	h_{rc}	$1-h_{re} \fallingdotseq 1$
h_{fb}	$-\dfrac{h_{fe}}{1+h_{fe}}$	h_{fc}	$-(1+h_{fe})$
h_{ob}	$\dfrac{h_{oe}}{1+h_{fe}}$	h_{oc}	h_{oe}

【例題 6・1】　図 6・6 (c) のコレクタ接地で $v_1 = v_1'-v_2'$，$i_1 = i_1'$，$v_2 = -v_2'$，$i_1+i_2 = -i_2'$ の関係から，表 6・1 のコレクタ接地 h 定数の変換公式を示せ．

（解）　与式と式 (6・3) から

$$v_1 = v_1'-v_2' = h_{ie}i_1'-h_{re}v_2'$$

$$v_1' = h_{ie}i_1'+(1-h_{re})v_2' \equiv h_{ic}i_1'+h_{rc}v_2'$$

$$\therefore\ h_{ic} = h_{ie},\ h_{rc} = 1-h_{re} \fallingdotseq 1 \quad (\because\ h_{re} \ll 1)$$

$$i_2 = -i_1'-i_2' = h_{fe}i_1'-h_{oe}v_2',\ i_1'+i_2' = -h_{fe}i_1'+h_{oe}v_2'$$

$$i_2' = -(1+h_{fe})i_1'+h_{oe}v_2' \equiv h_{fc}i_1'+h_{oc}v_2'$$

$$\therefore\ h_{fc} = -(1+h_{fe}),\ h_{oc} = h_{oe}$$

■

【例題 6・2】　あるトランジスタの h 定数を測定したところ，$h_{ie} = 4.2\times10^3\,\Omega$，$h_{re} = 6\times10^{-4}$，$h_{fe} = 140$，$h_{oe} = 30\times10^{-6}\,\mathrm{S}$ であった．このトランジスタのベース接地およびコレクタ接地の h 定数を求めよ．

（解）　表 6・1 の変換公式を用いて計算すると，次の表の値を得る．

	エミッタ接地	ベース接地	コレクタ接地
h_i	4.2 kΩ	30 Ω	4.2 kΩ
h_r	6×10^{-4}	2.9×10^{-4}	1
h_f	140	−0.993	−141
h_o	30 μS	0.21 μS	30 μS

■

6・4　*h* 定数による動作量の計算

増幅回路の能力や性能を表す量には，入力抵抗 R_i（入力インピーダンス Z_i），出力抵抗 R_o（出力インピーダンス Z_o），電流増幅度 A_i（電流利得），電圧増幅度 A_v（電圧利得）および電力増幅度 A_p（電力利得）がある.

これらの量は，**図6・7** に示すように信号源の内部抵抗 R_g や負荷抵抗 R_L の値によって異なり，信号源や負荷が接続された状態での値を**動作量**という.

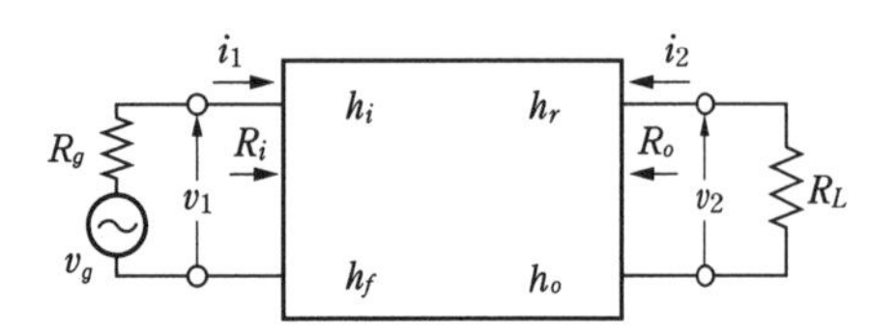

図6・7　増幅回路の動作量

入力抵抗 R_i は，出力端子に負荷抵抗 R_L を接続したときの入力端子間の電圧 v_1 と電流 i_1 の比から次式によって計算することができる.

$$R_i = \frac{v_1}{i_1} \quad [\Omega] \tag{6・8}$$

出力抵抗 R_o は，信号源の電圧 v_g をゼロにして負荷抵抗 R_L を接続したときの出力端子間の電圧 v_2 と電流 i_2 の比から計算することができる．すなわち，

$$R_o = \frac{v_2}{i_2} \quad [\Omega] \tag{6・9}$$

同様にして，**電流増幅度 A_i**，**電圧増幅度 A_v** および**電力増幅度 A_p** はそれぞれ以下の式によって計算することができる.

$$A_i = \frac{i_2}{i_1} \tag{6・10}$$

$$A_v = \frac{v_2}{v_1} \tag{6・11}$$

$$A_p = \frac{i_2{}^2 R_L}{i_1{}^2 R_i} = A_i{}^2 \frac{R_L}{R_i} \tag{6・12}$$

h 定数による各動作量の理論式とその近似式を**表 6・2** に示す．

表 6・2　h 定数による増幅回路の動作量

	理　論　式	近似式とその条件
入力抵抗 R_i	$h_i - \dfrac{h_r h_f}{h_o + 1/R_L}$	h_i　$h_r \ll 1$，$h_o \ll \dfrac{1}{R_L}$ または $R_L \fallingdotseq 0$
出力抵抗 R_o	$\dfrac{1}{h_o - \dfrac{h_r h_f}{h_i + R_g}}$	$\dfrac{1}{h_o}$　$R_g \gg h_i > h_r h_f$ または $R_g \fallingdotseq \infty$
電流増幅度 A_i	$\dfrac{h_f}{1 + h_o R_L}$	h_f　$h_o \cdot R_L \ll 1$ または $R_L = 0$
電圧増幅度 A_v	$\dfrac{-h_f R_L}{h_i + (h_i h_o - h_r h_f) R_L}$	$-\dfrac{h_f}{h_i} R_L$　$h_r \ll 1$　$h_o \ll \dfrac{1}{R_L}$
電力増幅度 A_p	$\left(\dfrac{h_f}{1 + h_o R_L}\right)^2 \dfrac{R_L}{h_i - \dfrac{h_r h_f}{h_o + 1/R_L}}$	$h_f^2 \dfrac{R_L}{h_i}$　$h_r \ll 1$　$h_o \ll \dfrac{1}{R_L}$

【例題 6・3】　表 6・2 の動作量の理論式を誘導せよ．

（解）　図 6・7 より

$$v_1 = h_i i_1 + h_r v_2 \quad \cdots\cdots\cdots(1)$$

$$i_2 = h_f i_1 + h_o v_2 \quad \cdots\cdots\cdots(2)$$

$$v_2 = -i_2 R_L \quad \cdots\cdots\cdots(3)$$

式 (2) を式 (3) に代入して，

$$v_2 = -(h_f i_1 + h_o v_2) R_L$$

$$v_2 = -\frac{h_f R_L}{1 + h_o R_L} i_1 \quad \cdots\cdots\cdots(4)$$

式 (4) を式 (1) に代入して，

$$v_1 = h_i i_1 + h_r \left(-\frac{h_f R_L}{1 + h_o R_L}\right) i_1 = \left(h_i - \frac{h_r h_f R_L}{1 + h_o R_L}\right) i_1$$

$$\therefore \quad \boldsymbol{R_i} = \frac{v_1}{i_1} = h_i - \frac{h_r h_f R_L}{1+h_o R_L} = h_i - \frac{h_r h_f}{h_o + \dfrac{1}{R_L}} \quad \cdots\cdots\cdots(5)$$

式(3)を式(2)に代入して，

$$i_2 = h_f i_1 + h_o(-i_2 R_L) \qquad \therefore \quad \boldsymbol{A_i} = \frac{i_2}{i_1} = \frac{h_f}{1+h_o R_L} \quad \cdots\cdots\cdots(6)$$

式(2)，(3)より，

$$-\frac{v_2}{R_L} = h_f i_1 + h_o v_2 \quad \cdots\cdots\cdots(7)$$

式(1)より，

$$i_1 = \frac{v_1 - h_r v_2}{h_i}$$

上式を式(7)に代入して，

$$-\frac{v_2}{R_L} = h_f \cdot \frac{v_1 - h_r v_2}{h_i} + h_o v_2$$

$$\therefore \quad \boldsymbol{A_v} = \frac{v_2}{v_1} = \frac{-h_f R_L}{h_i + (h_i h_o - h_f h_r) R_L} \quad \cdots\cdots\cdots(8)$$

A_p は式(5)，(6)より，

$$\boldsymbol{A_p} = \frac{i_2{}^2 R_L}{i_1{}^2 R_i} = A_i{}^2 \frac{R_L}{R_i} = \left(\frac{h_f}{1+h_o R_L}\right)^2 \frac{R_L}{h_i - \dfrac{h_r h_f}{h_o + \dfrac{1}{R_L}}} \quad \cdots\cdots\cdots(9)$$

R_o は右図より，

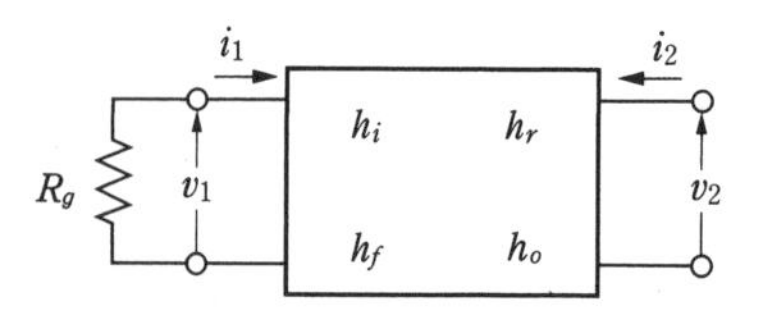

$$v_1 = -i_1 R_g \quad \cdots\cdots\cdots(10)$$

式(1)より，

$$-i_1 R_g = h_i i_1 + h_r v_2$$

$$(h_i + R_g) i_1 = -h_r v_2 \quad \cdots\cdots\cdots(11)$$

式(2)より，

$$i_1 = \frac{i_2 - h_o v_2}{h_f}$$

上式を式(11)に代入して，

$$(h_i + R_g) \cdot \frac{i_2 - h_o v_2}{h_f} = -h_r v_2$$

$$\therefore \quad \boldsymbol{R_o} = \frac{v_2}{i_2} = \frac{h_i + R_g}{(h_i + R_g) h_o - h_r h_f} = \frac{1}{h_o - \dfrac{h_r h_f}{h_i + R_g}}$$

▩

【例題 6・4】 例題6・2の h 定数を用いて，エミッタ接地増幅回路において $R_g = 600\ \Omega$，$R_L = 10\ \mathrm{k\Omega}$ を接続したときの R_i，R_o，A_i，A_v，A_p を求めよ．同様に，ベース接地とコレクタ接地の増幅回路の各動作量を求めよ．

（解） 例題6・2の h 定数を用いて，表6・2の理論式による各動作量を計算すると，次の表の値が得られる．

	エミッタ接地	ベース接地	コレクタ接地
入力抵抗 R_i	3.55 kΩ	32.9 Ω	1.09 MΩ
出力抵抗 R_o	80 kΩ	1.5 MΩ	34 Ω
電流増幅度 A_i	108	−0.99	−108
電圧増幅度 A_v	−303	301	0.995
電力増幅度 A_p	3.26×10^4	298	107

【例題 6・5】 トランジスタの h 定数を $h_{ie} = 3.7\ \mathrm{k\Omega}$，$h_{re} = 1.3 \times 10^{-4}$，$h_{fe} = 140$，$h_{oe} = 9\ \mu\mathrm{S}$，$R_g = 15\ \mathrm{k\Omega}$，$R_L = 3.3\ \mathrm{k\Omega}$ とした場合の理論式と近似式による各動作量の値を求め，それぞれの値を比較せよ．

（解） 与えられた h 定数を用いて，表6・2の理論式と近似式の計算結果を，次の表に示す．これより，両者の計算にあまり差がないことがわかる．

	理 論 式	近 似 式
入力抵抗 R_i	3.64 kΩ	3.7 kΩ
出力抵抗 R_o	125 kΩ	111 kΩ
電流増幅度 A_i	136	140
電圧増幅度 A_v	123	125
電力増幅度 A_p	1.68×10^4	1.748×10^4

以上の例題から，各接地回路の特徴と性質を次のように要約することができる．

(1)　ベース接地回路

入力抵抗は最も低く，出力抵抗は最も高い．電流増幅度は1よりわずかに小さいが，電圧増幅度は大きく，電力利得はエミッタ接地回路についで大きい．入出力抵抗比が大きいから，ベース接地2段接続のような縦続接続はできない．入力と出力の位相は同相である．

(2)　エミッタ接地回路

入力抵抗はベース接地回路より高く，出力抵抗はベース接地回路より低い．電流増幅度が大きく，電圧増幅度も大きい．電力利得は最も大きい．入出力抵抗比が最も小さく，縦続接続に適している．通常エミッタ接地回路が用いられる．入力と出力の位相は逆相である．

(3)　コレクタ接地回路

入力抵抗は最も高く，出力抵抗は最も低い．電流増幅度はほぼエミッタ接地と同じであるが，電圧増幅度は1よりわずかに小さく，電力利得は最も小さい．入力と出力の位相は同相である．整合用トランスのように，インピーダンス変換回路に用いられる．

表6･3 は各接地回路の一般的な特徴と性質をまとめたものである．

表6･3　各接地回路の特徴と性質

接地方式／動作量	ベース接地	エミッタ接地	コレクタ接地
入力抵抗	最も低い	低い	最も高い
出力抵抗	最も高い	高い	最も低い
電流増幅度	ほぼ1	大きい	大きい
電圧増幅度	大きい	大きい	ほぼ1
電力利得	中くらい	最も大きい	最も小さい

これまでの数値計算例からも明らかなように，一般に帰還電圧 $h_{re}v_2$ は非常に小さく，出力インピーダンス $1/h_{oe}$ も負荷抵抗 R_L に比べて大きいことが多いのでこれらを省略して考えると，**図6･8** (b) から図 (c) のような簡略化した h 定数等価回路が得られる．

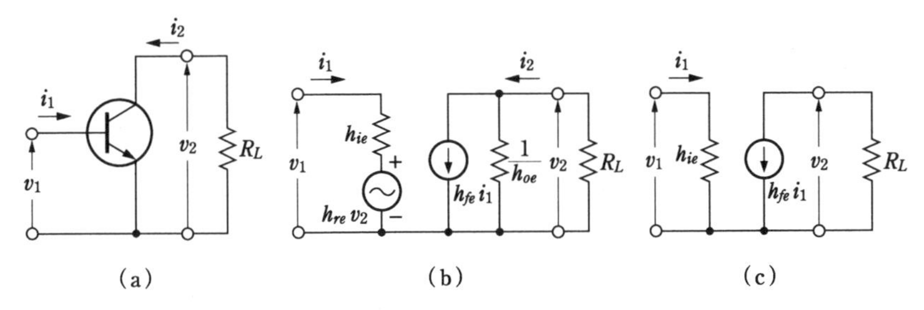

図 6・8　簡略化した h 定数等価回路

エミッタの交流抵抗 r_e

エミッタ接地回路の入力特性は pn 接合ダイオードの順方向特性ときわめてよく似ていた．トランジスタのベース・エミッタ間はダイオードと同様 pn 接合であるから，ベース・エミッタ間電圧とエミッタ電流の間に式（2・1）の関係がそのまま成立すると考えてよい．したがって，エミッタの交流抵抗を r_e とすれば，式（2・2）に対応して次式が成立する．

$$r_e \fallingdotseq \frac{26}{I_E\,〔\mathrm{mA}〕} \fallingdotseq \frac{26}{I_C\,〔\mathrm{mA}〕} \qquad (6・13)$$

また，交流抵抗 r_e と h 定数の間に次式のような関係が成立する．

$$h_{ie} \fallingdotseq r_e h_{fe} \qquad (6・14)$$

【例題 6・6】　式（6・14）の関係が成立することを証明せよ．

（解）　ベース・エミッタ間の pn 接合部には $i_b + h_{fe} i_b$ の電流が流れるから，その部分の交流抵抗を r_e とすると，右図より，

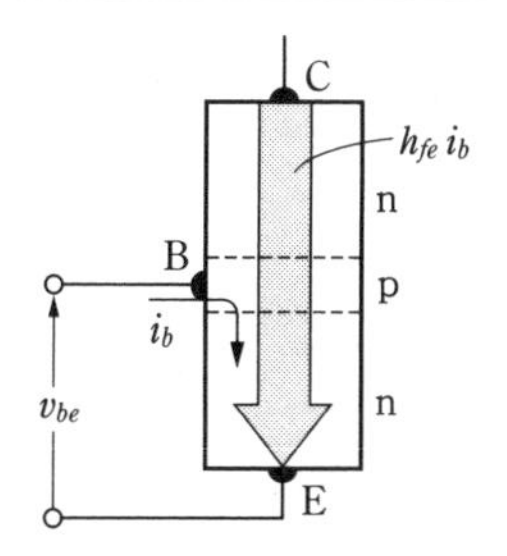

$$v_{be} = r_e(i_b + h_{fe} i_b) \fallingdotseq r_e h_{fe} i_b$$

ここで，$\frac{v_{be}}{i_b} = h_{ie}$ であるから，

$$\therefore \quad h_{ie} = r_e h_{fe}$$ ■

図 6・8（c）から明らかなように，**入力インピーダンス R_i** は，

$$R_i = \frac{v_1}{i_1} = \frac{h_{ie} i_1}{i_1} = h_{ie} \qquad (6・15)$$

出力インピーダンス R_o は，電流源のインピーダンスを ∞ と見なせば $R_o=\infty$ となるが，実際には内部インピーダンス $1/h_{oe}$ が存在するから負荷端から見た出力インピーダンスは，

$$R_o=\frac{1}{h_{oe}} \tag{6•16}$$

となる．また，**電流増幅度 A_i** と**電圧増幅度 A_v** は，

$$A_i=\frac{i_2}{i_1}=\frac{h_{fe}i_1}{i_1}=h_{fe} \tag{6•17}$$

$$A_v=\frac{v_2}{v_1}=\frac{-h_{fe}i_1R_L}{h_{ie}i_1}=-\frac{h_{fe}}{h_{ie}}R_L=-\frac{R_L}{r_e} \tag{6•18}$$

したがって，**電力増幅度 A_p** は，

$$A_p=|A_iA_v|=\frac{{h_{fe}}^2}{h_{ie}}R_L \tag{6•19}$$

となり，表6•2 に示した近似式の結果と一致する．

表6•4 はエミッタ接地 h 定数による各接地回路の動作量を示している．

表6•4　エミッタ接地 h 定数による各接地回路の動作量

	接　地　方　式		
動 作 量	ベース接地	エミッタ接地	コレクタ接地
入力抵抗 R_i	$\dfrac{h_{ie}}{h_{fe}}$	h_{ie}	$h_{ie}+h_{fe}R_L$
出力抵抗 R_o	$\dfrac{h_{fe}}{h_{oe}}$	$\dfrac{1}{h_{oe}}$	$\dfrac{R_g+h_{ie}}{h_{fe}}$
電流増幅度 A_i	$-\dfrac{h_{fe}}{1+h_{fe}}\fallingdotseq-1$	h_{fe}	$-h_{fe}$
電圧増幅度 A_v	$\dfrac{h_{fe}R_L}{h_{ie}}$	$-\dfrac{h_{fe}R_L}{h_{ie}}$	$\dfrac{(1+h_{fe})R_L}{h_{ie}+(1+h_{fe})R_L}\fallingdotseq 1$
電力増幅度 A_p	$\dfrac{h_{fe}R_L}{h_{ie}}$	$\dfrac{{h_{fe}}^2R_L}{h_{ie}}$	h_{fe}

エミッタホロワ増幅回路

図6・9 (a) は，エミッタに接続された抵抗 R_L の両端から出力を取り出すコレクタ接地回路で，**エミッタホロワ増幅回路**とも呼ばれている．この回路は，出力 v_2 がすべて帰還される回路であり，前述したように他の増幅回路とは異なった性質をもっている．図 (b) はその等価回路を示していて，これを書き換えると図 (c) のようになる．なお，表6・4からも明らかなようにエミッタホロワ増幅回路には電圧増幅作用はないが，入力抵抗 R_i は高く出力抵抗 R_o は低くなるという特徴がある．

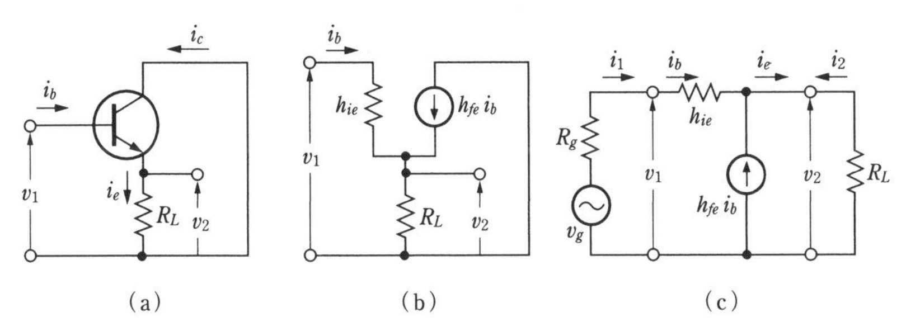

図6・9　エミッタホロワ増幅回路

> **【例題6・7】**　図6・9を参考にして，コレクタ接地増幅回路の動作量が表6・4となることを示せ．

(解)　図 (c) より，

$$\left.\begin{aligned} i_1 &= i_b \\ i_2 &= -(i_b+i_c) \\ i_c &= h_{fe}i_b \\ v_2 &= (i_b+i_c)R_L = -i_2R_L \end{aligned}\right\} \quad \cdots\cdots\cdots(1)$$

$$v_1 = h_{ie}i_1+v_2 = h_{ie}i_1+(i_1+h_{fe}i_1)R_L$$

$$= [h_{ie}+(1+h_{fe})R_L]i_1 \quad \cdots\cdots\cdots(2)$$

式 (2) より，

$$\therefore \quad \boldsymbol{R_i} = \frac{v_1}{i_1} = h_{ie}+(1+h_{fe})R_L \fallingdotseq h_{ie}+h_{fe}R_L \quad \cdots\cdots\cdots(3)$$

$$i_2 = -(i_b + i_c) = -(1+h_{fe})i_1 \quad \cdots\cdots\cdots(4)$$

$$\therefore \quad \boldsymbol{A_i} = \frac{i_2}{i_1} = -(1+h_{fe}) \fallingdotseq -h_{fe} \quad \cdots\cdots\cdots(5)$$

式 (1)，(2) と式 (4) より，

$$\therefore \quad \boldsymbol{A_v} = \frac{v_2}{v_1} = \frac{-i_2 R_L}{[h_{ie}+(1+h_{fe})R_L]i_1}$$

$$= \frac{(1+h_{fe})R_L}{h_{ie}+(1+h_{fe})R_L} \fallingdotseq 1 \quad \cdots\cdots\cdots(6)$$

式 (5) と式 (6) より

$$\boldsymbol{A_p} = |A_i A_v| = h_{fe} \quad \cdots\cdots\cdots(7)$$

R_o は右図より，

$$\left.\begin{aligned} v_2 &= -(R_g + h_{ie})i_1 \\ i_2 &= -(i_1 + h_{fe}i_1) = -(1+h_{fe})i_1 \end{aligned}\right\} \quad \cdots\cdots\cdots(8)$$

式 (8) より，

$$\boldsymbol{R_o} = \frac{v_2}{i_2} = \frac{R_g + h_{ie}}{1+h_{fe}} \fallingdotseq \frac{R_g + h_{ie}}{h_{fe}} \quad \cdots\cdots\cdots(9)$$

▨

【例題 6・8】 図 (a) のエミッタ接地増幅回路の交流分に対する回路を示し，さらにトランジスタを簡略化した h 定数等価回路に置き換えて A_v，A_i および R_i，R_o を計算せよ．ただし，$h_{ie} = 2.5\,\mathrm{k\Omega}$，$h_{fe} = 150$ とする．また，負荷抵抗 $R_L = 2.2\,\mathrm{k\Omega}$ を接続した図 (b) の A_v と A_i を計算せよ．

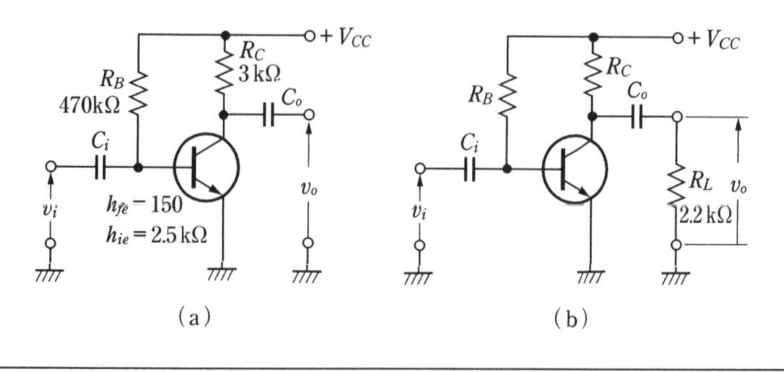

(解)　交流等価回路を図 (a) に，h 定数を用いた等価回路を図 (b) に示す．等価回路から，

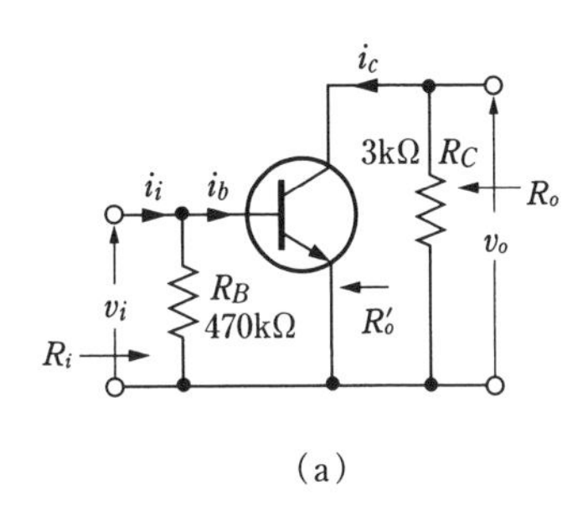

(a)

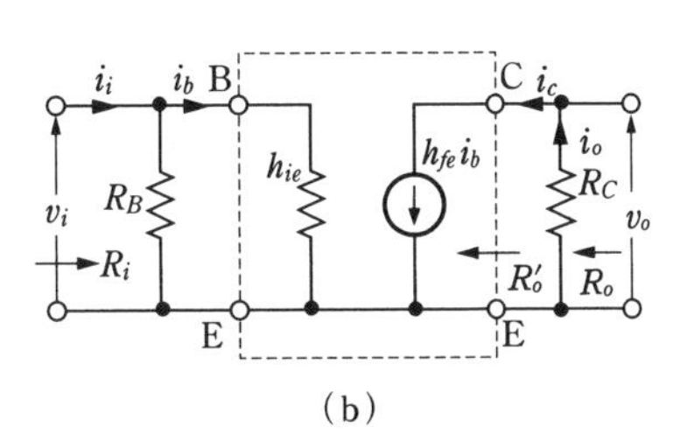

(b)

$$R_i = \frac{v_i}{i_i} = \frac{(R_B \,/\!/\, h_{ie})i_i}{i_i} = R_B \,/\!/\, h_{ie} = \frac{R_B h_{ie}}{R_B + h_{ie}} = \frac{470 \times 2.5}{470 + 2.5} = 2.487\ \text{k}\Omega$$

$$A_v = \frac{v_o}{v_i} = \frac{-h_{fe} i_b R_C}{h_{ie} i_b} = -\frac{h_{fe}}{h_{ie}} R_C = -\frac{150}{2.5} \times 3 = -180$$

$$i_o = h_{fe} i_b,\quad i_b = \frac{R_B}{R_B + h_{ie}} i_i$$

$$A_i = \frac{i_o}{i_i} = \frac{i_o}{i_b} \cdot \frac{i_b}{i_i} = \frac{R_B}{R_B + h_{ie}} h_{fe} \fallingdotseq h_{fe} = 150$$

$$R_o' = \infty,\quad R_o = 3\ \text{k}\Omega$$

負荷抵抗 R_L を接続したときの等価回路を図(c)に示す．

(c)

$$A_v = \frac{v_o}{v_i} = -\frac{h_{fe}}{h_{ie}} (R_C \,/\!/\, R_L)$$

$$= -\frac{h_{fe}}{h_{ie}} \cdot \frac{R_C \cdot R_L}{R_C + R_L}$$

$$= -\frac{150}{2.5} \cdot \frac{3 \times 2.2}{3 + 2.2} = -76.154$$

$$i_o = \frac{R_C}{R_C + R_L} h_{fe} i_b$$

$$A_i = \frac{i_o}{i_i} = \frac{i_0}{i_b} \cdot \frac{i_b}{i_i} = \frac{R_C}{R_C + R_L} h_{fe} \cdot \frac{R_B}{R_B + h_{ie}} \fallingdotseq \frac{R_C}{R_C + R_L} h_{fe}$$

$$= \frac{3}{3 + 2.2} \times 150 = 86.54$$

▨

【例題 6・9】 図(a)のエミッタ接地増幅回路の A_v, A_i および R_i, R_o を計算せよ．ただし，$h_{ie} = 3.5\,\mathrm{k\Omega}$, $h_{fe} = 160$ とする．また，負荷抵抗 $R_L = 4.7\,\mathrm{k\Omega}$ を接続した図(b)の A_v と A_i を計算せよ．

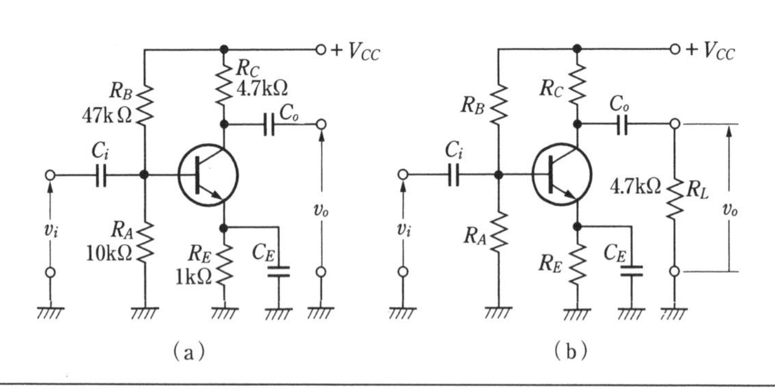

（解） 交流等価回路と h 定数を用いた等価回路を図(a), (b)に示す．等価回路から，

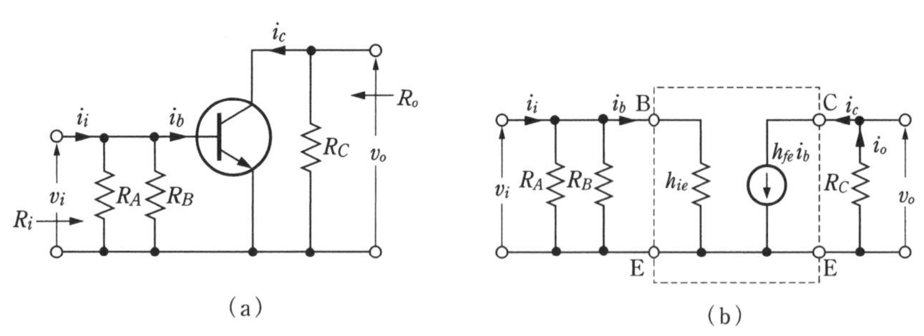

$$v_i = h_{ie} i_b, \quad i_o = h_{fe} i_b, \quad R_{BB} = R_A /\!/ R_B = \frac{10 \times 47}{10 + 47} = 8.25\,\mathrm{k\Omega}$$

$$v_o = -i_o R_C = -h_{fe} R_C i_b$$

$$\therefore \quad \boldsymbol{A_v} = \frac{v_o}{v_i} = \frac{-h_{fe} R_C i_b}{h_{ie} i_b} = -\frac{h_{fe}}{h_{ie}} R_C = -\frac{160}{3.5} \times 4.7 = -214.86$$

$$i_b = \frac{R_{BB}}{h_{ie} + R_{BB}} i_i$$

$$\therefore \quad \boldsymbol{A_i} = \frac{i_o}{i_i} = \frac{i_o}{i_b} \cdot \frac{i_b}{i_i} = h_{fe} \cdot \frac{R_{BB}}{h_{ie} + R_{BB}} = 160 \times \frac{8.25}{3.5 + 8.25} = 112.34$$

$$\therefore \quad \boldsymbol{R_i} = R_{BB} /\!/ h_{ie} = \frac{R_{BB} \times h_{ie}}{R_{BB} + h_{ie}} = \frac{8.25 \times 3.5}{8.25 + 3.5} = 2.46\,\mathrm{k\Omega}$$

$$\therefore \quad \boldsymbol{R_o} = R_C = 4.7\,\mathrm{k}\Omega$$

負荷抵抗 R_L を接続したときの等価回路を図 (c) に示す．

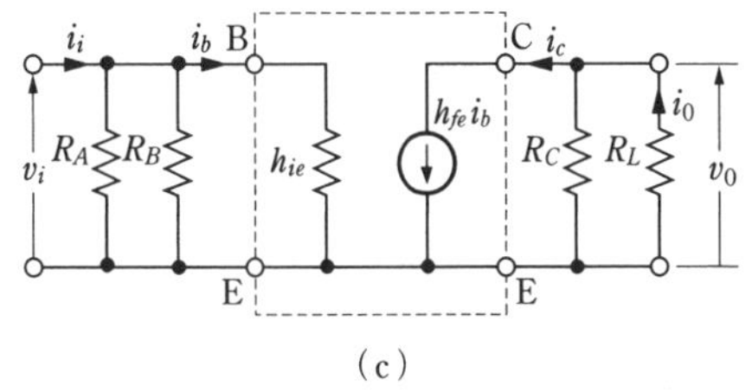

(c)

$$v_o = -h_{fe}i_b \cdot (R_C \,/\!/\, R_L)$$

$$= -h_{fe}i_b \cdot \frac{R_C R_L}{R_C + R_L}$$

$$\therefore \quad \boldsymbol{A_v} = \frac{v_o}{v_i} = -\frac{h_{fe}}{h_{ie}} \cdot \frac{R_C R_L}{R_C + R_L}$$

$$= -\frac{160}{3.5} \cdot \frac{4.7 \times 4.7}{4.7 + 4.7} = -107.43$$

$$i_o = h_{fe}i_b \cdot \frac{R_C}{R_C + R_L}$$

$$\therefore \quad \boldsymbol{A_i} = \frac{i_o}{i_i} = \frac{i_o}{i_b} \cdot \frac{i_b}{i_i} = h_{fe} \cdot \frac{R_C}{R_C + R_L} \cdot \frac{R_{BB}}{h_{ie} + R_{BB}}$$

$$= \frac{h_{fe}}{h_{ie}} \cdot \frac{R_C}{R_C + R_L} \cdot R_i = \frac{160}{3.5} \times \frac{4.7}{4.7 + 4.7} \times 2.46 = 56.23$$

6・5　増幅度とデシベル

電圧や電力などの増幅度を表すのに単に何倍といってもよいが，実際に取り扱う数値が非常に大きくなることがある．そこで，小さな値で表すことができたり，人間の感覚（たとえば聴覚）が対数的であるなどの理由から，電子回路では常用対数を用いた**デシベル (dB)** という単位を用いている．

デシベルには，2つの量の比較を意味する相対量のデシベル表示と電力や電圧などの電気量の大きさを一定の基準電気量と比較する絶対量のデシベル表示とがある．

(1)　相対量のデシベル表示

デシベルで表示したときの増幅度を一般に**利得** (gain) と呼んで量記号 G を用いている．いま，入力側の電力，電圧，電流を p_i，v_i，i_i，出力側の電力，電圧，電流をp_o，v_o，i_oとすれば，電力，電圧，電流利得G_p，G_v，G_iは次式で定義される．

$$G_p = 10\log_{10}\frac{p_o}{p_i}\quad〔\mathrm{dB}〕\tag{6・20}$$

$$G_v = 20\log_{10}\frac{v_o}{v_i}\quad〔\mathrm{dB}〕\tag{6・21}$$

$$G_i = 20\log_{10}\frac{i_o}{i_i}\quad〔\mathrm{dB}〕\tag{6・22}$$

図6・10のような2段階縦続接続された増幅回路の総合電圧増幅度A_vは，$A_v = A_{v1}\cdot A_{v2}$となる．これを利得G_v〔dB〕に直すと，

$$\begin{aligned}G_v &= 20\log_{10}A_{v1}A_{v2}\\ &= 20\log_{10}A_{v1}+20\log_{10}A_{v2}\\ &= G_{v1}+G_{v2}\quad〔\mathrm{dB}〕\end{aligned}\tag{6・23}$$

すなわち，総合利得は各増幅段の利得の和になる．同様にして，3段以上の場合も求められる．

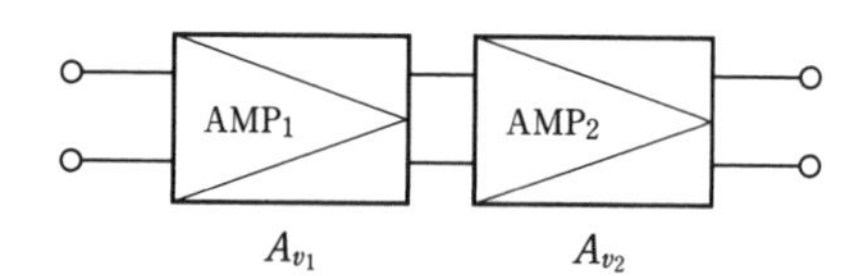

図6・10　2段増幅回路

【例題6・10】　図の3段階縦続接続された増幅回路で，

① 総合電圧増幅度A_v

② 総合利得G_v

③ AMP 3の利得

を求めよ．

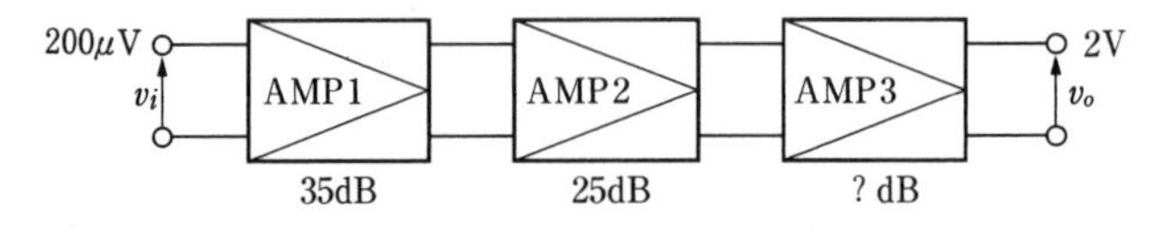

（解） ① $A_v = \dfrac{v_o}{v_i} = \dfrac{2}{200 \times 10^{-6}} = 10^4$ 倍

② $G_v = 20 \log_{10} A_v = 20 \log_{10} 10^4 = 80$ dB

③ AMP 3 ＝80−(35＋25)＝20 dB

■

(2) 絶対量のデシベル表示

通信工学では，信号の電圧・電力などの電気量の大きさを**レベル** (level) といい，これらの電気量を一定の基準値と比較して絶対表示で表したレベルを**絶対レベル**という．ここでは，基準値として 1 μV と 1 mW の場合について述べる．

● **電圧の場合**：ある電圧 v を 1 μV を基準にしてデシベル表示する．

$$20 \log_{10} \frac{v}{1 \mu\mathrm{V}} \quad \text{〔dB〕}$$

● **電力の場合**：ある電力 p を 1 mW を基準にしてデシベル表示する．

$$10 \log_{10} \frac{p}{1\,\mathrm{mW}} \quad \text{〔dBm〕}$$

【例題 6・11】 電圧 1 V，電力 1 W をデシベル（dB，dBm）で表せ．

（解） 電圧 1 V ⟶ $20 \log_{10} \dfrac{1\,\mathrm{V}}{1\,\mu\mathrm{V}} = 20 \log_{10} \dfrac{1}{1 \times 10^{-6}} = 20 \log_{10} 10^6 = 120$ dB

電力 1 W ⟶ $10 \log_{10} \dfrac{1\,\mathrm{W}}{1\,\mathrm{mW}} = 10 \log_{10} \dfrac{1}{1 \times 10^{-3}} = 10 \log_{10} 10^3 = 30$ dBm

■

利得〔dB〕と増幅度 A_v，A_i，A_p の代表的な数値例の関係を**表 6・5** に示す．なお，電圧比・電流比が 1 ～10 までは**表 6・6** のようにして覚えるとよい．

表 6・5　利得と増幅度

利　得〔dB〕	電圧・電流増幅度 A_v，A_i	電力増幅度 A_p
80	10^4 〔倍〕（増幅）	10^8 〔倍〕（増幅）
40	10^2 〔倍〕（〃）	10^4 〔倍〕（〃）
20	10 〔倍〕（〃）	10^2 〔倍〕（〃）
10	$\sqrt{10}$ 〔倍〕（〃）	10 〔倍〕（〃）
6	2 〔倍〕（〃）	4 〔倍〕（〃）
3	$\sqrt{2}$ 〔倍〕（〃）	2 〔倍〕（〃）
0	1 〔倍〕	1 〔倍〕
−3	$1/\sqrt{2}$ 〔倍〕（減衰）	1/2 〔倍〕（減衰）
−6	1/2 〔倍〕（〃）	1/4 〔倍〕（〃）
−10	$1/\sqrt{10}$ 〔倍〕（〃）	1/10 〔倍〕（〃）
−20	1/10 〔倍〕（〃）	1/100 〔倍〕（〃）

（注）増幅度が1以下（減衰）のとき，デシベルで表示すると負の値となる．

表 6・6

電圧・電流比	デシベル〔dB〕	覚　え　方
1	0	1 は 0
2	6	2, 3, 4 は 3を掛け 6, 9, 12
3	9	
4	12	
5	14	5, 6 は 9をたし 14, 15
6	15	
7	17	7, 8, 9, 10 は 10をたし 17, 18, 19, 20
8	18	
9	19	
10	20	

6・6　CR 結合増幅回路の周波数特性

図 6・11 に示す CR 結合増幅回路では，段間に結合コンデンサを使用しているため扱う周波数が低くなるとリアクタンスが大きくなり，出力電圧の低下を招く．また，エミッタ回路のバイパスコンデンサ C_E も同様で，周波数が低くなるとリアクタンスが無視できなくなる．逆に，周波数が高くなると結合コンデンサやバイパスコンデンサの影響は無視できるが，回路図には現れない配線間の浮遊容量 C_{is}，C_{os} やトランジスタ内部の容量，特にコレクタ・ベース間の接合容量 C_{ob} が高域における増幅度の低下要因となる．このため，一般に増幅回路の周波数特性は図 (b) のようになる．

増幅度 A_v が $1/\sqrt{2}$（デシベルで -3 dB）に低下した周波数を境に低域，中域，高域周波数領域といい，f_{CL} を**低域遮断周波数**，f_{CH} を**高域遮断周波数**，中

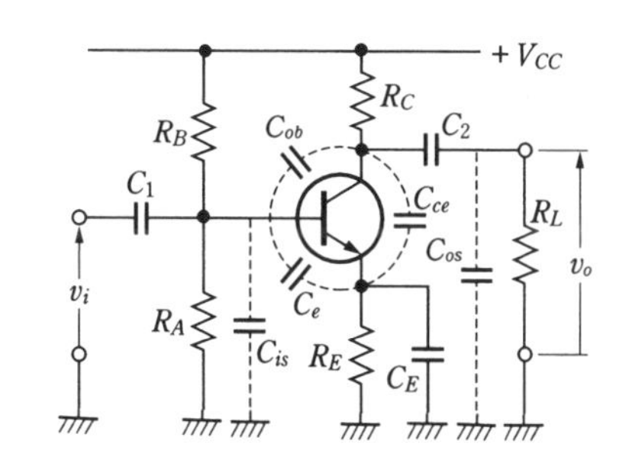

（a） CR 結合増幅回路

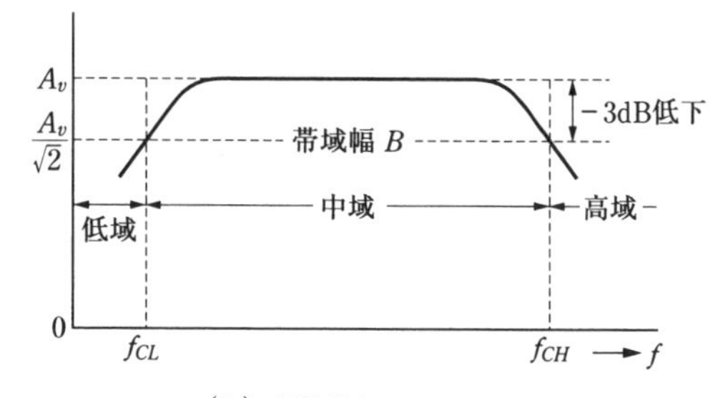

（b） 周波数特性（f 特性）

図 6・11　CR 結合増幅回路と周波数特性

域の周波数幅を**帯域幅** (bandwidth) ***B*** と呼んでいる．

これらの増幅度の低下要因を同時に考えると式が複雑になり，解析も容易でないので別々に切り離して考えることにする．

(1) 中域周波数領域

中域周波数においては，結合コンデンサ C_1，C_2 やバイパスコンデンサ C_E も短絡と見なしてよいから，**図6•12** の中域周波数領域における等価回路を得る．したがって，電圧増幅度 A_v は式(6•18)によって与えられ，次式となる．

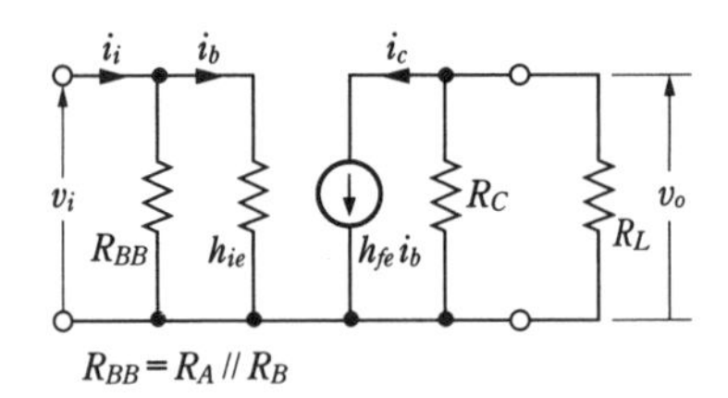

図6•12　中域周波数の等価回路

$$A_v = -\frac{h_{fe}}{h_{ie}}R_L' \qquad \left(R_L' = R_C /\!/ R_L = \frac{R_C R_L}{R_C + R_L}\right) \tag{6•24}$$

(2) 低域周波数領域

低域周波数においては，結合コンデンサ C_1，C_2 およびバイパスコンデンサ C_E を考慮する必要がある．

a)　C_1 と C_2 の影響　　結合コンデンサ C_1，C_2 が無視できないときの等価回路を**図6•13**(a) および図(b) に示す．図(a)の等価回路より電圧増幅度 A_{v1} は，

$$A_{v1} = \left(-\frac{h_{fe}}{h_{ie}}R_L'\right)\frac{1}{1-j\dfrac{1}{\omega C_1 R}} \qquad \left(R = R_{BB} /\!/ h_{ie} = \frac{R_{BB}h_{ie}}{R_{BB}+h_{ie}}\right) \tag{6•25}$$

によって与えられ，式(6•24)を用いて次式のように表すことができる．

$$A_{v1} = \frac{A_v}{1-j\dfrac{1}{\omega C_1 R}} \tag{6•26}$$

したがって，$|A_{v1}| = A_v/\sqrt{2}$ のときの周波数が遮断周波数 f_{CL1} となるから，

$$f_{CL1} = \frac{1}{2\pi C_1 R} \tag{6・27}$$

が得られ，f_{CL1} を用いて A_{v1} を次式のように表してもよい．

$$A_{v1} = \frac{A_v}{1 - j\,f_{CL1}/f} \tag{6・28}$$

また，図 (b) の等価回路より電圧増幅度 A_{v2} は次式となる．

$$A_{v2} = \frac{A_v}{1 - j\dfrac{1}{\omega C_2(R_C + R_L)}} \tag{6・29}$$

このときの遮断周波数 f_{CL2} の式および f_{CL2} を用いて A_{v2} は次式のように表すことができる．

$$f_{CL2} = \frac{1}{2\pi C_2(R_C + R_L)} \tag{6・30}$$

$$A_{v2} = \frac{A_v}{1 - j\,f_{CL2}/f} \tag{6・31}$$

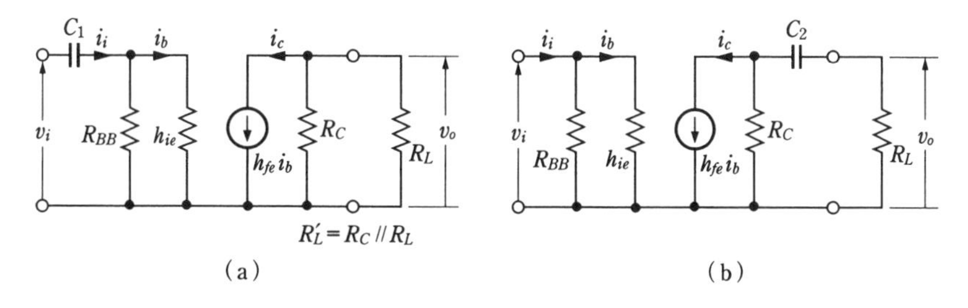

図 6・13　C_1 と C_2 を考慮した等価回路

b) C_E の影響　バイパスコンデンサ C_E が無視できないときの等価回路を**図 6・14** に示す．ベース・エミッタ間から見た入力インピーダンス Z_i' は $Z_i' = h_{ie} + (1 + h_{fe})Z_E$（例題 6・7 参照）となるから図 (b) の等価回路を得る．これより i_b は次式となる．

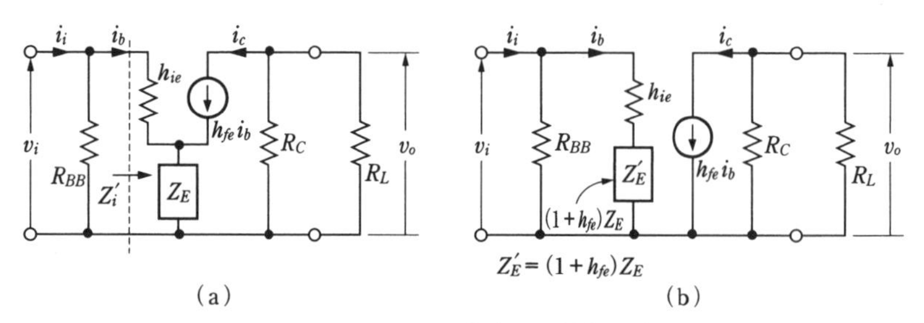

図6･14　C_Eを考慮した等価回路

$$i_b = \frac{v_i}{h_{ie} + (1+h_{fe})\dfrac{R_E}{1+j\omega C_E R_E}} \fallingdotseq \frac{1+j\omega C_E R_E}{h_{fe} R_E + j\omega C_E R_E h_{ie}} v_i \tag{6･32}$$

出力電圧v_oは$v_o = -h_{fe} R_L' i_b$で与えられるからC_Eを考慮した電圧増幅度A_{vE}は

$$A_{vE} = \frac{-h_{fe} R_L'(1+j\omega C_E R_E)}{h_{fe} R_E + j\omega C_E R_E h_{ie}} = -\frac{R_L'}{R_E} \frac{1+j\omega C_E R_E}{1+j\omega C_E h_{ie}/h_{fe}} \tag{6･33}$$

となる．上式より$\omega \to \infty$のときを考えると中域の増幅度となり，また$\omega \to 0$では，$A_{vE} = -R_L'/R_E$の一定値となる．式(6･33)より虚数項が分母と分子にあるから，

$$\frac{\omega C_E h_{ie}}{h_{fe}} = 1 \quad \longrightarrow \quad f_{CE1} = \frac{h_{fe}}{2\pi C_E h_{ie}} \tag{6･34}$$

$$\omega C_E R_E = 1 \quad \longrightarrow \quad f_{CE2} = \frac{1}{2\pi C_E R_E} \tag{6･35}$$

を得る．通常$f_{CE1} > f_{CE2}$であり，これらを式(6･33)に代入して次式が得られる．

$$A_{vE} = -\frac{R_L'}{R_E} \cdot \frac{1+j\left(\dfrac{f}{f_{CE2}}\right)}{1+j\left(\dfrac{f}{f_{CE1}}\right)} \tag{6･36}$$

これより**図6･15**の周波数特性となり，低域遮断周波数はf_{CE1}で決まることになる．

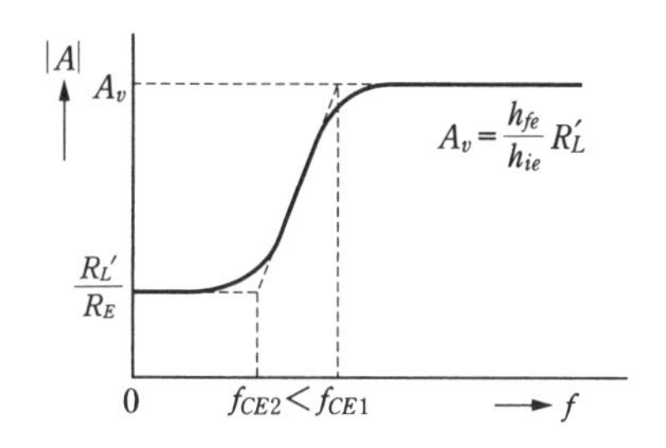

図 6•15　C_E の影響による低域特性

(3)　高域周波数領域

周波数が高くなると図 6•11 (a) に示した配線間の浮遊容量やトランジスタの内部容量，特にコレクタ接合容量 C_{ob} によるミラー効果，さらに電流増幅率 α や β の低下が問題となってくる．

a)　C_{os} や C_{ce} の影響　出力側の浮遊容量 C_{os} やトランジスタの内部容量 C_{ce} を考慮した等価回路を**図 6•16** に示す．高域における電圧増幅度 A_{vh} は $C_o = C_{os} + C_{ce}$ として，次式によって与えられる．

$$A_{vh} = \frac{A_v}{1 + j\omega C_o R_L'} \tag{6•37}$$

したがって，高域遮断周波数 f_{CH} は次式となる．

$$f_{CH} = \frac{1}{2\pi C_o R_L'} \qquad \therefore \qquad A_{vh} = \frac{A_v}{1 + jf/f_{CH}} \tag{6•38}$$

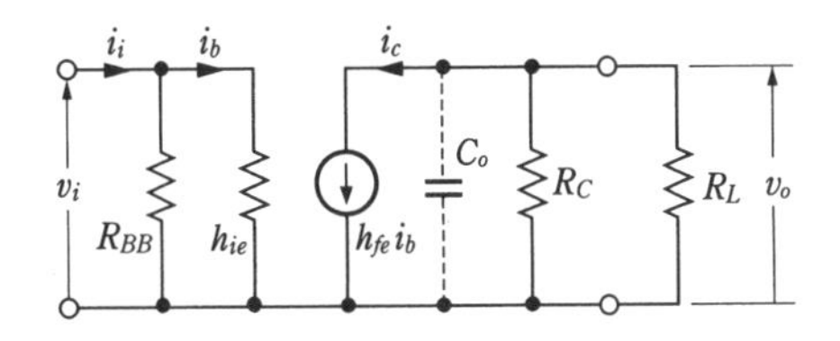

図 6•16　C_{os} や C_e を考慮した等価回路

b)　ミラー効果　コレクタ接合容量 C_{ob}（通常数 pF）が等価的に $(1 + A_v)$ 倍されてベース・エミッタ間に並列に加わったことに相当する現象を**ミラー効果**という．すなわち，回路の入力容量は増幅度倍された C_{ob} とエミッタ接合容量 C_e および浮遊容量 C_{is} の和となる．このため，これらの合成容量と入力側の抵抗とで低域フィルタを形成し，高域周波数における増幅度の低下を招く要因となる．

c） β 遮断周波数とトランジション周波数 f_T ベース接地の電流増幅率 α は高周波になるほど値が小さくなり，エミッタ電流 i_e とコレクタ電流 i_c との位相もずれてくる．このため，電流増幅率 α は次式のように表すことができる．

$$\alpha = \frac{\alpha_0}{1+jf/f_\alpha} \tag{6•39}$$

ここで，α_0 は低周波における電流増幅率，f_α は図6•17に示すように $|\alpha| = \alpha_0/\sqrt{2}$ になるときの周波数で，**α 遮断周波数**という．エミッタ接地の電流増幅率 β は，$\beta = \alpha/(1-\alpha)$ であるから，式(6•39)を代入して，

$$\beta = \frac{\alpha}{1-\alpha} = \frac{\dfrac{\alpha_0}{1+jf/f_\alpha}}{1-\dfrac{\alpha_0}{1+jf/f_\alpha}} = \frac{\alpha_0}{1-\alpha_0}\cdot\frac{1}{1+j\dfrac{f}{f_\alpha(1-\alpha_0)}} \tag{6•40}$$

となる．ここで，$\alpha_0/(1-\alpha_0) = \beta_0$，$f_\alpha(1-\alpha_0) = f_\beta$ とおけば次式を得る．

$$\beta = \frac{\beta_0}{1+jf/f_\beta} \tag{6•41}$$

ここで，**f_β を β 遮断周波数**といい，β_0 は低周波における電流増幅率である．なお，$|\beta| = 1$ のときの周波数 **f_T をトランジション周波数**（transition frequency）といい，次式の関係が成立する．

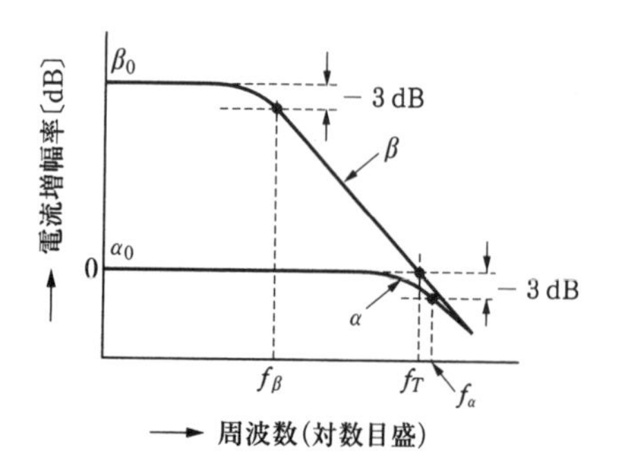

図6•17 α と β の周波数特性

$$f_T = f_\beta\sqrt{\beta_0{}^2 - 1}$$

$$\fallingdotseq \beta_0 f_\beta = \frac{\alpha_0}{1-\alpha_0}(1-\alpha_0)f_\alpha = \alpha_0 f_\alpha \qquad (6\cdot42)$$

以上のように，高域遮断周波数を高めるには C_{ob} と C_o の値をできるだけ小さくして，トランジション周波数 f_T の大きいトランジスタを使用し，さらに配線に十分注意して回路を組む必要がある．

6・7　2段 CR 結合増幅回路の増幅度

多段の CR 結合増幅回路は，バイアス回路の設計が各段に独立して行えるという特徴がある．しかし，一般に増幅度が大きくなると回路を安定に動作させることが難しくなるので，後述するように負帰還をかけて安定した増幅作用を行わせるのが普通である．

図 6・18 は2段 CR 結合増幅回路の一例を示している．この回路の中域周波数領域における各段の増幅度 A_{v1}，A_{v2} および総合増幅度 A_v を求めてみよう．ただし，各段のトランジスタの h 定数の値は**表 6・7** とする．

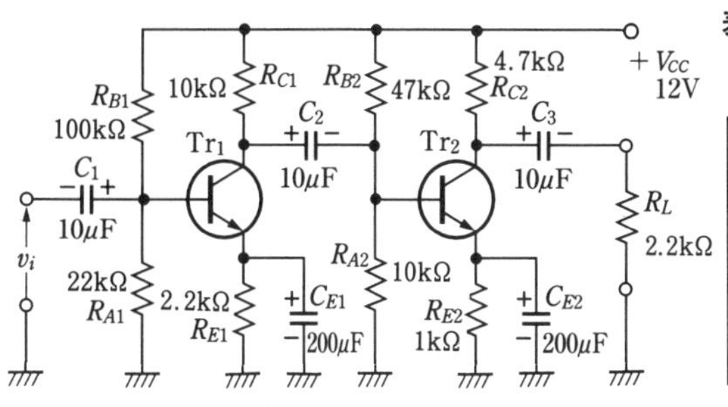

図 6・18　2段 CR 結合増幅回路

表 6・7　格段のトランジスタの特性

	h 定数	
	h_{ie}〔kΩ〕	h_{fe}
Tr_1	5.2	160
Tr_2	4.3	160

取り扱う信号周波数は中域であるから，各コンデンサはすべて短絡と見なして**図 6・19** の等価回路を得る．一段目の負荷抵抗 R_{L1} は R_{C1}，R_{A2}，R_{B2} および h_{i2} の並列合成抵抗になるから，

$$R_{L1}=\frac{1}{\dfrac{1}{R_{C1}}+\dfrac{1}{R_{A2}}+\dfrac{1}{R_{B2}}+\dfrac{1}{h_{ie2}}}$$

$$=\frac{1}{\dfrac{1}{10}+\dfrac{1}{10}+\dfrac{1}{47}+\dfrac{1}{4.3}}\fallingdotseq 2.2\,\mathrm{k\Omega}$$

1段目の電圧増幅度 A_{v1} は式（6•24）を用いて，

$$A_{v1}=-\frac{h_{fe1}}{h_{ie1}}R_{L1}$$

$$=-\frac{160}{5.2}\times 2.2=-67.7\quad(36.6\,\mathrm{dB})$$

2段目の負荷抵抗 R_{L2} は R_{C2} と R_L の並列合成抵抗になるから，

$$R_{L2}=R_{C2}\,/\!/\,R_L=\frac{R_{C2}\cdot R_L}{R_{C2}+R_L}$$

$$=\frac{4.7\times 2.2}{4.7+2.2}\fallingdotseq 1.5\,\mathrm{k\Omega}$$

2段目の電圧増幅度 A_{v2} は，

$$A_{v2}=-\frac{h_{fe2}}{h_{ie2}}R_{L2}$$

$$=-\frac{160}{4.3}\times 1.5=-55.8\quad(34.9\,\mathrm{dB})$$

したがって，総合増幅度 A_v を以下の値となる．

$$A_v=A_{v1}\cdot A_{v2}=67.7\times 55.8\fallingdotseq 3\,780\quad(71.5\,\mathrm{dB})$$

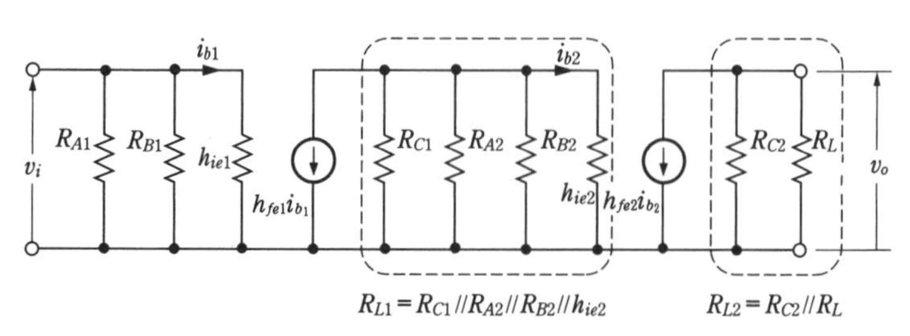

図6•19　等価回路

第6章 演習問題

1 図6•3に示す静特性曲線の第2象限と第3象限で，$\varDelta V_{BE} = 50\,\mathrm{mV}$，$\varDelta I_B = 0.01\,\mathrm{mA}$，$\varDelta I_C = 1.8\,\mathrm{mA}$，第1象限と第4象限で，$\varDelta V_{CE} = 10\,\mathrm{V}$，$\varDelta I_C = 0.2\,\mathrm{mA}$，$\varDelta V_{BE} = 2\,\mathrm{mV}$であった．各$h$定数の値を求めよ．

2 図6•6(a)，(b)から式(6•7)を誘導せよ．

3 あるトランジスタのエミッタ接地のh定数を測定したら，$h_{ie} = 2.5\,\mathrm{k\Omega}$，$h_{re} = 1.2 \times 10^{-4}$，$h_{fe} = 100$，$h_{oe} = 6 \times 10^{-6}\,\mathrm{S}$であった．このトランジスタのベース接地およびコレクタ接地のh定数を求めよ．

4 トランジスタ増幅回路はその回路の構成がどのようなものであっても，負荷抵抗R_Lと動作量の間には，

$$A_v = -A_i \cdot \frac{R_L}{R_i}$$

が成立し，トランジスタ回路の**利得インピーダンス法則**と呼ばれている．この関係が成立することを示せ．

5 **図問6•5**(a)，(b)の各回路のエミッタ交流抵抗r_eを算出し，各動作量

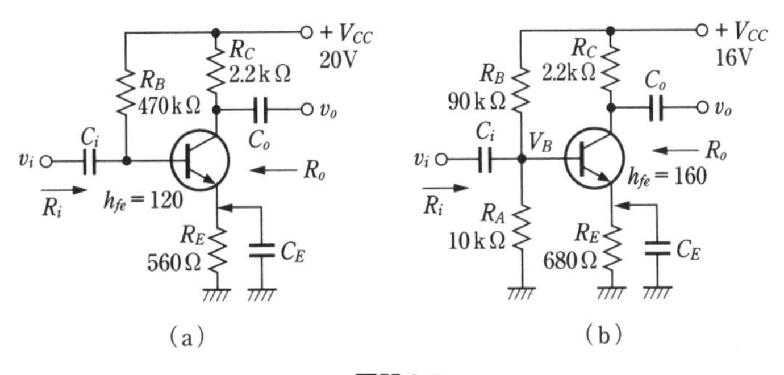

図問6•5

R_i, R_o, A_v, A_i を計算せよ．ただし，$V_{BE}=0.7\,\mathrm{V}$ とする．また，抵抗 R_E と並列にコンデンサ C_E を接続したときの各動作量を計算せよ．

6　周波数 100 MHz で $|\beta|$ を測定したら 2.5 であった．このトランジスタのトランジション周波数 f_T を求めよ．また $\beta_o=200$ のとき f_β はいくらか．

7　**図問 6・7** の *CR* 結合増幅回路の中域等価回路を示し，総合の電圧増幅度を計算せよ．

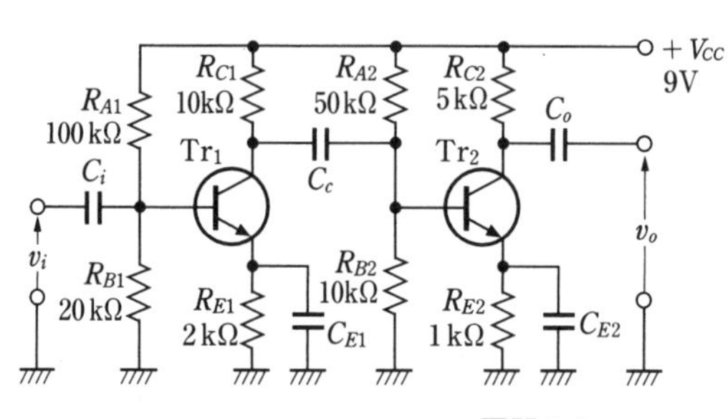

h 定数		
	h_{ie}〔kΩ〕	h_{fe}
Tr$_1$	9.5	140
Tr$_2$	5.5	140

図問 6・7

第  章

電界効果トランジスタ

pnp または npn 接合トランジスタでは，電子と正孔がともに電気伝導を担うキャリアとして重要な役割を果たしていた．このため，**バイポーラ（2 極性）トランジスタ**と呼ぶことがある．これに対して，**電界効果トランジスタ**（Field Effect Transistor : FET）は，電子または正孔のどちらかが電気伝導に寄与するため，**ユニポーラ（単極性）トランジスタ**と呼ばれている．バイポーラトランジスタが電流制御形の低入力インピーダンス素子であるのに対して，ユニポーラトランジスタは入力側の電圧で出力電流を制御できる高入力インピーダンスの電圧制御形素子である．ここでは，電界効果トランジスタの動作原理と基本特性，バイアス回路の設計および等価回路を用いた動作量の計算法について学ぶ．

7・1　電界効果トランジスタの種類と構造

FET は制御電極の構造により，**接合形 FET**（Junction FET : **J-FET**）と**金属酸化物半導体 FET**（Metal Oxide Semiconductor FET : **MOS-FET**）に，さらに MOS-FET は電流通路の構造により，エンハンスメント形とデプレッション形に分類される．

(1)　接合形 FET

接合形 FET の原理的構造を**図 7・1** に示す．図 (a) の n 形半導体の基板の上下に**ドレイン D**（drain），**ソース S**（source）という電極を設け，p 形半導体よりなる**ゲート G**（gate）という電極を電流通路をはさんで左右に設けてある．電圧 V_{DS} により電子は S から D へ移動するからドレイン電流 I_D は D から S へ

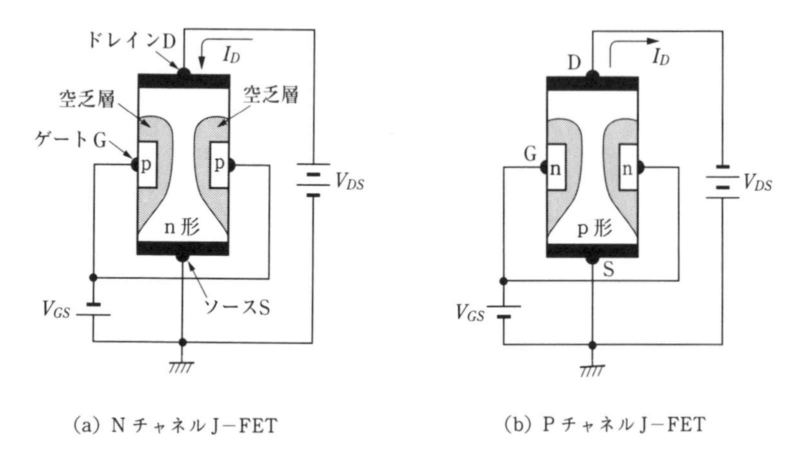

(a) Nチャネル J−FET　　(b) Pチャネル J−FET

図7･1　接合形FETの原理的構造

流れ，この電流通路を**チャネル**(channel)という．

ソースSに対してゲートGが負となるような極性で電圧 V_{GS} をかけると，pn接合に対して逆方向電圧となるから，同図で示すようにn形半導体内部に空乏層ができる．上部へゆくほど空乏層が厚くなる理由は，上の部分ほどドレインDの高い電位に近づき逆電圧が高くなるためである．

V_{GS} の値を負の方向に大きくしていくと，空乏層はさらに広がって電流通路は狭くなり，ドレイン電流 I_D は減少する．すなわち，電圧 V_{GS} によって電流 I_D が制御できることになる．ゲートGに流れる電流は，ダイオードの逆方向電流と同様に極めて微小であり，このことが入力抵抗が大であるという結果を生んでいる．

図(a)は電流通路がn形であることから**Nチャネル FET**と呼ばれ，そのほか図(b)に示すようにp形半導体を基板にした**Pチャネル FET**もあり，各電極間の電圧の加え方はNチャネルFETの場合と逆にすればよい．

(2)　MOS形FET

ゲートと半導体基板との間に薄い絶縁層(Si酸化膜)を設けても，ゲートにかける電圧によってドレイン電流を制御することができる．この構造が金属(metal)，酸化膜(oxide)，半導体(semiconductor)から構成されていることから，**MOS 形 FET** と呼ばれている．**図 7·2** はその原理的構造を示したもので，p 形基板の上に SiO_2 の絶縁膜を作り，拡散によって n^+ のソース電極とドレイン電極を設ける．n 形領域に n^+ と書いてあるのは，不純物濃度の高い n 形であることを意味している．

図 (a) でソース S に対してゲート G に正の電圧 V_{GS} をかけると，この電圧は薄い酸化膜にかかり，非常に強い電界強度となる．この電界によって p 形半導体中の少数キャリアである電子が酸化膜と p 形基板の境界面に集まり，これが多数キャリアとして電気伝導に寄与する．このように $V_{GS} > 0$ の範囲で形成される電子の層を**反転層**といい，この場合キャリアが電子であるから n 形反転層という．この反転層が電流のチャネルとなり，p 形基板で作った図 (a) の FET を**エンハンスメント形 N チャネル MOS-FET** という．また，基板を n 形にして p 形のチャネルができるようにすれば，P チャネル MOS-FET となる．

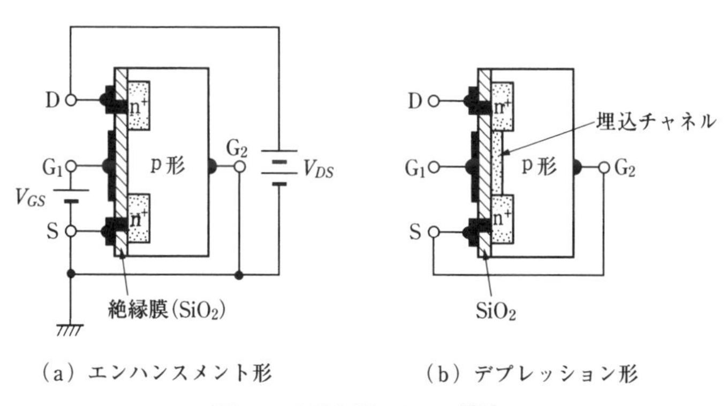

図 7·2　MOS 形 FET の構造

図 (b) に示すように電圧 V_{GS} をかける前にあらかじめ N チャネルを形成しておくような製造法もあり，このような構造を**デプレッション形 MOS-FET** と呼んでいる．このとき $V_{GS} = 0$ でも V_{DS} により I_D が流れ，$V_{GS} > 0$ にすると I_D が増加し，$V_{GS} < 0$ にすると I_D が減少する．

以上のように，MOS-FET はゲート G の真下に酸化膜があるため，入力電流は接合形 FET よりさらに微小となり，高入力インピーダンスの特性が得られる．

なお，G_2 は基板ゲート（サブストレートゲート）と呼ばれ，通常ソースに接続して使用する．

7・2　電界効果トランジスタの動作と静特性

(1)　接合形 FET の特性

図7・3 (a) でゲート・ソース間電圧 V_{GS} を0にしてドレイン・ソース間電圧 V_{DS} を増加させるとドレイン電流 I_D も増加するが，それにともなって空乏層の幅も広がり，ついには左右の空乏層が接触してしまう．このときの V_{DS} を**ピンチオフ電圧** V_P といい，それ以上 V_{DS} を増加させても空乏層がさらに広がるだけで，ドレイン電流はほぼ一定値を保ち飽和してしまう．また，図 (b) のように V_{GS} を負の方向に大きくして V_{DS} を増加させても左右の空乏層は接触し，$V_{GS}=0$ のときよりもピンチオフ電圧は低くなり，それ以上 I_D は増加しなくなる．ここで，ピンチオフに達するまでの領域を**線形領域**，それ以降を**飽和領域**という．

この様子は，バイポーラトランジスタでベース電流を一定にしたとき，ベース・コレクタ間の空乏層をキャリアが突き抜けてコレクタ電流 I_C となり，このコレクタ電流がコレクタ・エミッタ間電圧 V_{CE} を大きくしてもあまり変化しなかったのと似ている．

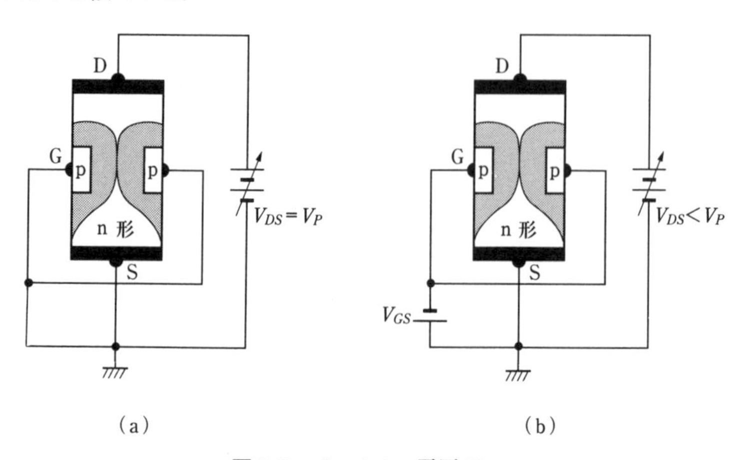

図7・3　ピンチオフ電圧 V_P

FET の特性はドレイン電流 I_D，ドレイン・ソース間電圧 V_{DS}，ゲート・ソース間電圧 V_{GS} の 3 つの変数で表され，静特性として出力特性と伝達特性は回路設計において重要である．

出力特性（V_{DS}-I_D **特性**，V_{GS} = **一定**）は，V_{GS} をパラメータとして，V_{DS} と I_D の関係を表したもので，トランジスタの出力特性と似た特性が得られる．**伝達特性**（V_{GS}-I_D **特性**，V_{DS} = **一定**）は，V_{DS} をパラメータとして，V_{GS} と I_D の関係を表したもので，トランジスタの入力特性に対応している．

図 7·4 に接合形 N チャネル FET の静特性を示す．同じ品種でも特性にばらつきがあり，カタログには図 (a) の V_{GS}-I_D 特性が何本か記載されているものもある．V_{GS} を負の方向に大きくすると I_D は減少していくが，このような特性を**デプレッション形**と呼び，接合形 FET はすべてこのタイプである．

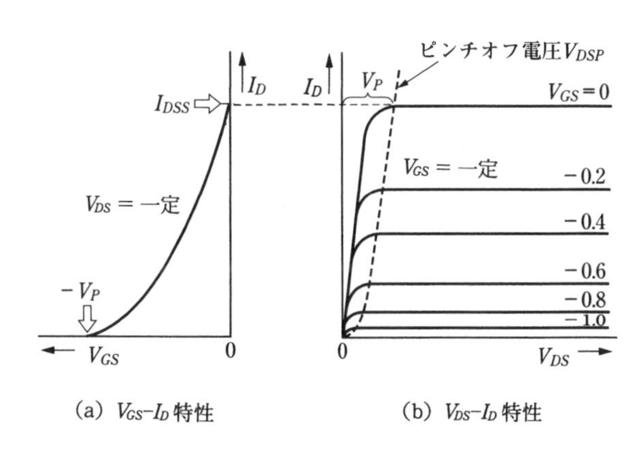

(a) V_{GS}-I_D 特性　　(b) V_{DS}-I_D 特性

図 7·4　接合形 FET の特性

ピンチオフは，ゲートとドレイン間の電位差がある値に達したときに起こるが，$V_{GS}=0$ の場合のピンチオフ電圧を V_P とすると，その他の V_{GS} の値に対するピンチオフ電圧 V_{DSP} は約（V_P+V_{GS}）となる．したがって，V_{GS} を負の方向に大きくしていくと，ピンチオフ電圧 V_{DSP} は小さくなり，$|V_{GS}|=V_P$ となったとき $V_{DSP}=0$，$I_D=0$ となる．$V_{DS}>V_{DSP}$ の範囲，すなわちドレイン電流が飽和する領域の V_{GS}-I_D 特性は，次式によって表すことができる．

$$I_D=I_{DSS}\left(1-\frac{V_{GS}}{V_P}\right)^2 \tag{7·1}$$

ここで I_{DSS} は，$V_{GS}=0$ のときのドレイン飽和電流である．**図7・5** は接合形Nチャネル FET の特性例を示している．

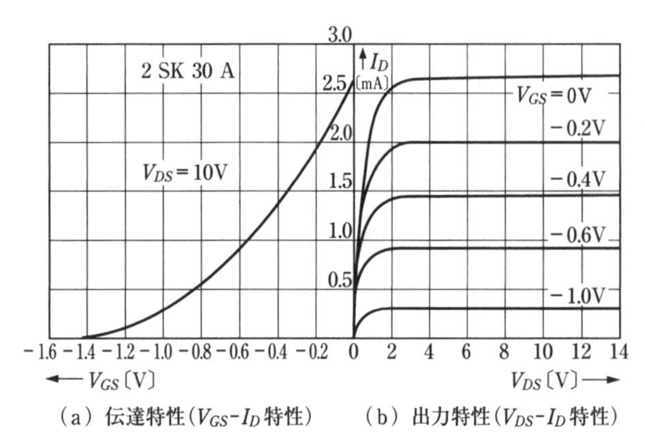

図7・5　接合形 FET の特性例（2 SK 30 A）

(2)　エンハンスメント形 MOS-FET の特性

図7・6 (a) において，ゲート・ソース間電圧 V_{GS} を0または負にしてドレイン・ソース間電圧 V_{DS} を加えてもドレイン電流 I_D は流れない．次に図 (b) のように V_{DS} を加えておいて V_{GS} を正の方向に大きくしていくと，pn 接合には逆方向電圧が加わるから空乏層ができると同時に，ゲートに対向する基板上に負電荷の電子が誘起され，薄い n 形反転層のチャネルが形成されて I_D が流れる．

このように，チャネルが形成される最小のゲート電圧を**しきい値電圧 V_{th}** と

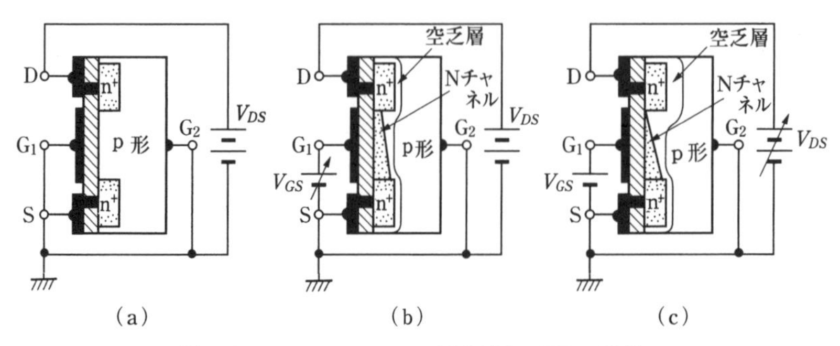

図7・6　エンハンスメント形 MOS-FET の動作

呼んでいる．チャネルが形成されると，V_{GS} に比例してチャネル幅も広がり I_D も増加する．チャネルが形成された状態で V_{DS} を増加させると I_D は V_{DS} にほぼ比例して増加するとともに空乏層の幅も広がり，この範囲が FET の線形領域となる．さらに V_{DS} を増加させると，図 (c) に示すように空乏層によってチャネルが切断され，それ以上 V_{DS} を増加させても I_D はほとんど増加しなくなる．このときの V_{DS} がピンチオフ電圧 V_P となり，FET は飽和領域に入る．

ピンチオフ電圧 V_P はゲート・ソース間電圧 V_{GS} による電界を V_{DS} による電界が打ち消し始める電圧であるから，ほぼ V_{GS} に等しくなる．

N チャネルエンハンスメント形 MOS-FET の特性例を**図 7·7** に示す．

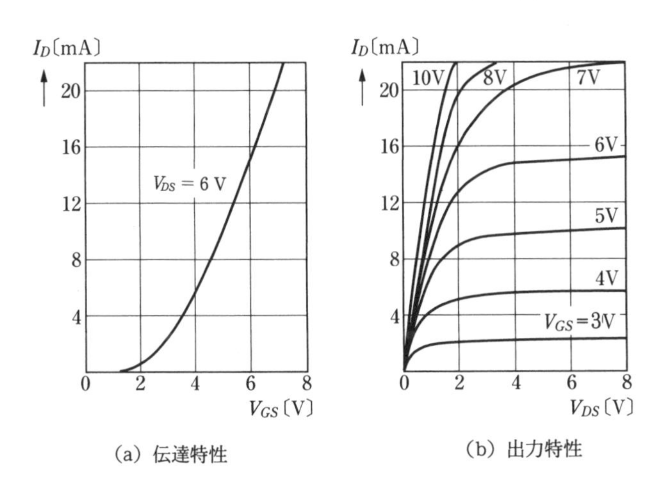

図 7·7　エンハンスメント形 MOS-FET の特性例（3 SK 90）

(3)　デプレッション形 MOS-FET の特性

エンハンスメント形の場合には，$V_{GS} = 0$ ではドレイン電流は流れないが，デプレッション形の場合には，**図 7·8** (a) に示すようにあらかじめ p 形基板上に拡散によって n 形層のチャネルが形成されているから，$V_{GS} = 0$ でも V_{DS} を加えればドレイン電流は流れる．V_{GS} を負にすると，図 (b) に示すようにチャネルの表面に p 形の反転層ができてチャネル幅が狭くなり，ドレイン電流が減少する．また逆に V_{GS} を正にするとチャネル幅が広くなり，ドレイン電流が増加する．N チャネルデプレッション形 MOS-FET の特性例を**図 7·9** に示す．

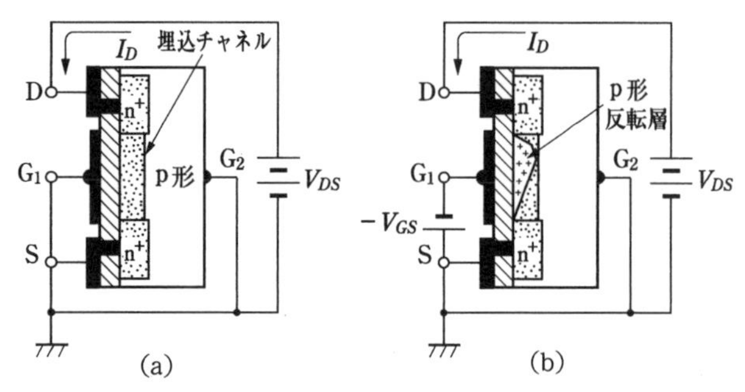

図7･8　デプレッション形 MOS-FET の動作

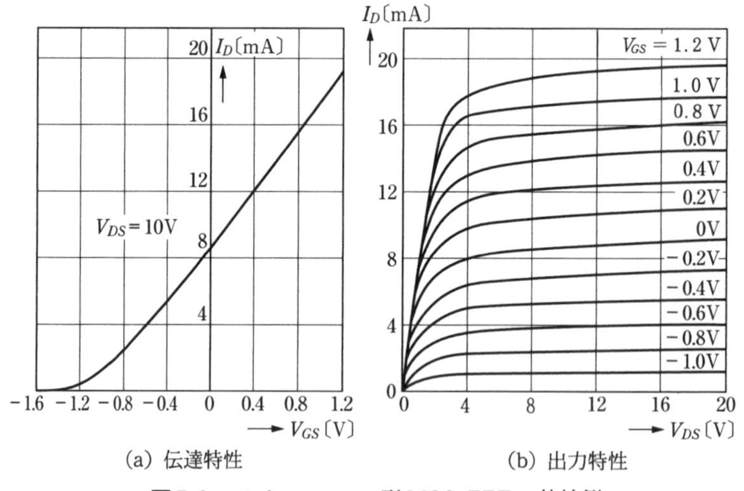

図7･9　デプレッション形 MOS-FET の特性例

7･3　FET の回路記号と形名

表7･1 に FET の回路記号と形名の表示法を示す．矢印の方向は pn 接合の順方向を示していて，これによってチャネルが n 形であるか p 形であるかが区別できる．基板ゲート G_2 は内部でソースに接続されているものが多い．

2 SK ○○○はシングルゲートの N チャネル FET，2 SJ ○○○はシングルゲートの P チャネル FET，同様に 3 SK ○○○，3 SJ ○○○はデュアルゲートの FET で，それぞれ N チャネルと P チャネルの名称である．N チャネル

表 7・1　FET の回路記号と形名

	接合形 FET	MOS-FET		形　名
		エンハンスメント形	デプレッション形	
Nチャネル	D G S	D G_1 G_2 S / D G S	D G_1 G_2 S / D G S	2SK ○○○ 3SK ○○○
Pチャネル	D G S	D G_1 G_2 S / D G S	D G_1 G_2 S / D G S	2SJ ○○○ 3SJ ○○○

FET はキャリアが電子であることから高周波特性が良く，多く市販されているのは N チャネル形の FET である．

7・4　C-MOS

C-MOS (complementary MOS) は，エンハンスメント形の N チャネル MOS-FET と P チャネル MOS-FET が 1 つの半導体基板上に形成されていて，原理図を**図 7・10** (a) に，その回路を図 (b) に示す．C-MOS は IC 化が容易で消費電力が少なく低電圧で動作するうえ，動作速度が速く雑音にも強いという特徴がある．このため，ディジタル回路の C-MOS IC が豊富に市販されている．

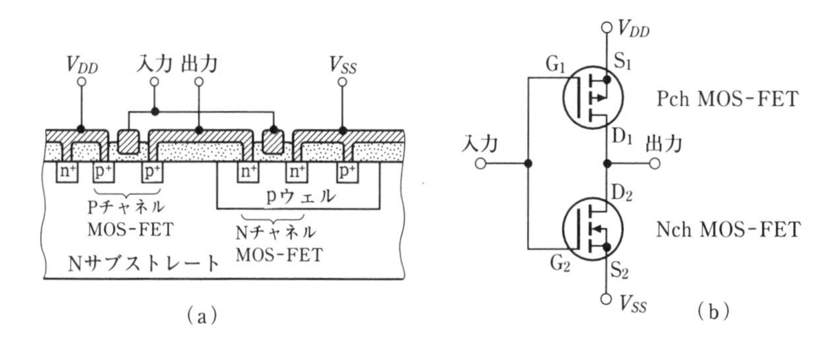

図 7・10　C-MOS の原理的構造と回路図

図7･11(a)のNch FETと図(b)のPch FETの特性うまく利用して図7･10(b)のように接続すると，**インバータ(NOT回路)**として動作させることができる．Nch FETは入力電圧V_{IN}が0のとき電流は流れないからOFF状態にあり，Dの電位は約5Vになっている．V_{IN}を0から徐々に増加させて$V_{th(N)}$の電位を越えると電流I_Dが流れ始めてFETは導通するからON状態となり，Dの電位はほぼ0Vとなる．

一方，Pch FETは入力電圧V_{IN}が5Vのとき電流は流れないからOFF状態にあり，Dの電位はほぼ0Vになっている．V_{IN}を5Vから徐々に減少させて$V_{th(P)}$の電位よりも低くなると電流I_Dが流れ始めてFETは導通するからON状態となり，Dの電位は約5Vとなる．

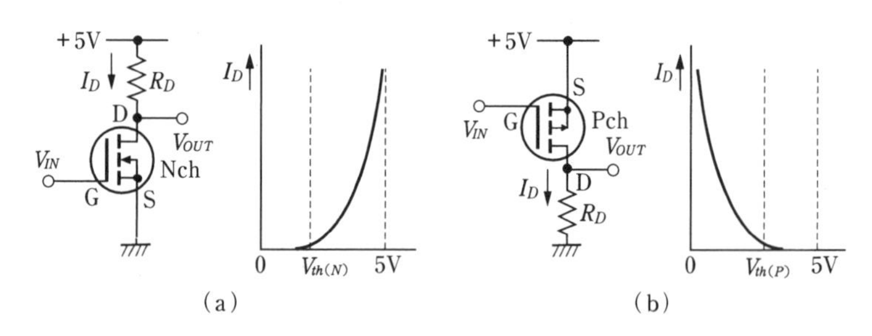

図7･11 Nch FETとPch FETの特性

以上の特性を利用して**図7･12**(a)のように回路を構成すると，①の範囲：入力電圧V_{IN}が0のとき，Pch FETはON，Nch FETはOFF状態にあるから出力電圧V_{OUT}は5Vとなる．V_{IN}を0から増加させて$V_{th(N)}$の電位を越えると電流I_Dが流れ始める．②の範囲：V_{IN}が約2.5Vになると，PchとNchのFETは同じ入力状態となり，V_{OUT}は5Vから0Vに変わるスレッショルド電位となる．③の範囲：さらにV_{IN}を$V_{th(P)}$まで増加させると，今度はPch FETはOFF，Nch FETがONとなるから，V_{OUT}は完全に0Vとなる．すなわち，インバータの動作をすることがわかる．

以上の動作範囲を示すと図(b)のようになり，図(c)はそれぞれのFETをスイッチに置き換えたときの等価回路を示している．

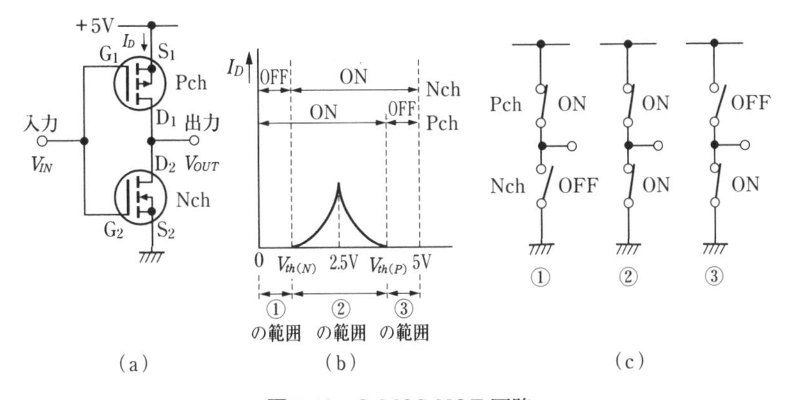

図 7・12　C-MOS NOT 回路

7・5　FET 回路の電圧増幅作用とバイアス回路

FET もトランジスタと同じように，3 つの接地方式がある．**図 7・13** は N チャネル接合形 FET の接地方式と直流電圧の加え方を，カッコ内は対応するトランジスタの接地方式を示している．P チャネル FET の場合は電源の極性をすべて逆にすればよい．次に，ソース接地回路における各種 FET のバイアス回路について述べる．

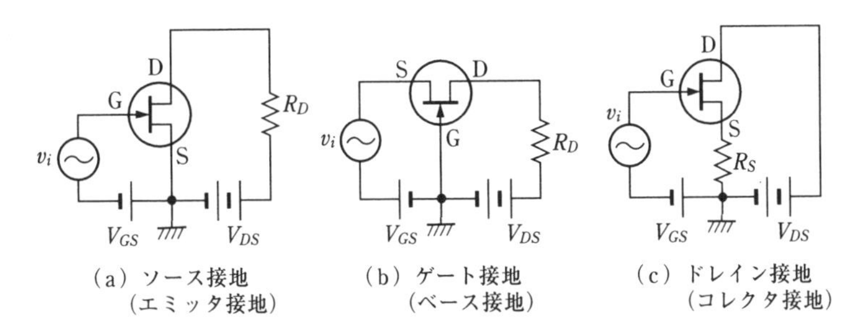

図 7・13　FET の接地方式

(1)　接合形 FET のバイアス回路

FET を増幅回路として動作させるためには，トランジスタと同様適切なバイアス電圧を与えなければならない．N チャネルの接合形 FET はゲート・ソース間電圧 V_{GS} を負の値で動作させるから，**図 7･14** (a) に示すように抵抗 R_G を介して負電源 V_{GG} をゲートに接続すればよい．この回路を**固定バイアス回路**という．抵抗 R_G は入力信号が V_{GG} を通らないようにするためのもので，通常数〔MΩ〕の高い値を用いる．

図 (b) の固定バイアス回路に入力信号 v_i を加えたとき，出力信号 v_o が増幅される様子を図 (c) に示す．トランジスタのバイアス回路と同様に，出力回路に $V_{DS} = V_{DD} - R_D I_D$ の関係が成立するから，$V_{DD} = 16\text{ V}$ と $I_D = V_{DD}/R_D = 16/2 = 8\text{ mA}$ の点を結べば負荷線が得られる．$V_{GS} = -1.2\text{ V}$ をバイアス電

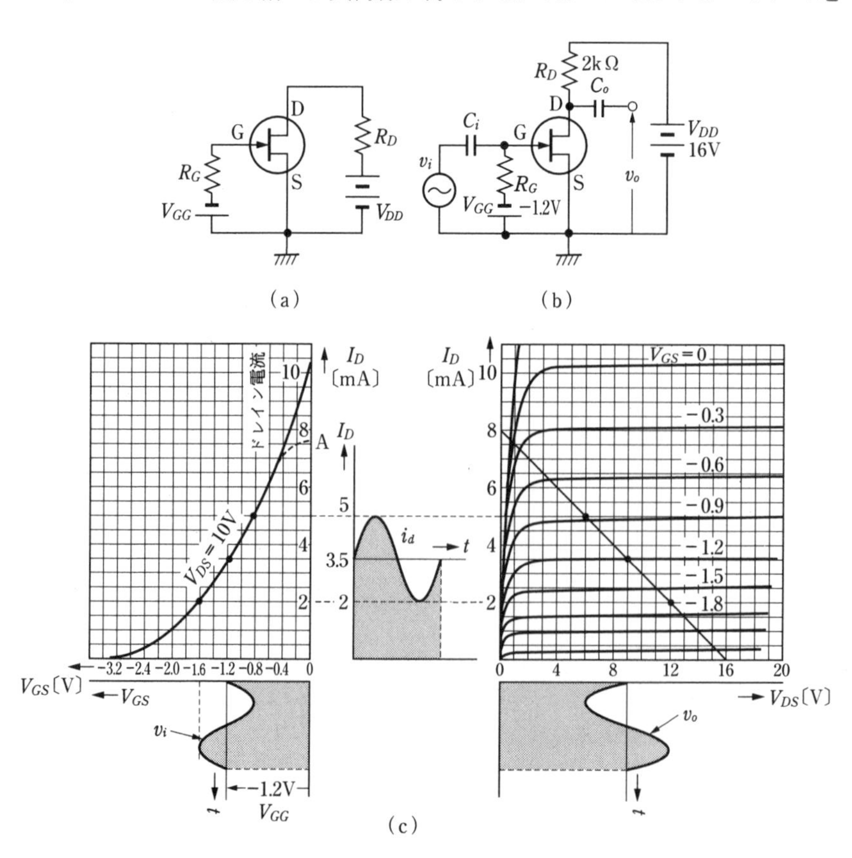

図 7･14　接合形 FET の固定バイアス回路と増幅作用

圧として振幅 0.4 V の入力信号 v_i をゲートに加えると，ドレイン電流は 3.5 mA を中心にして 2 〜 5 mA の範囲で変化する．したがって，負荷線によりドレイン・ソース間電圧 V_{DS} は 9 V を動作点として，6 〜 12 V の範囲で変化するから，電圧増幅度は 7.5 倍であることがわかる．ここで，伝達特性の点線部分は負荷抵抗 R_D が接続されているから，ドレイン電流は A 点以上に流れ得ないことを示している．

固定バイアス回路は 2 電源を必要とするから不便であり，**図 7・15** (a) に示す**自己バイアス回路**が一般的である．抵抗 R_S を流れる電流 I_D によって R_SI_D の電圧降下を生じ，アースはソースに対して負電位となる．この負電位を高抵抗 R_G によってゲートに導くとゲートはソースに対して負電位となり，ゲート・ソース間のバイアス電圧 V_{GS} は，

$$V_{GS} = -R_SI_D \tag{7・2}$$

となる．R_G はゲートとアースを電気的に接続する役目だけで，電流は流れないから入力信号を阻止する程度の値であればよく，普通は数 100 kΩ 〜数 MΩ の範囲に選ばれる．

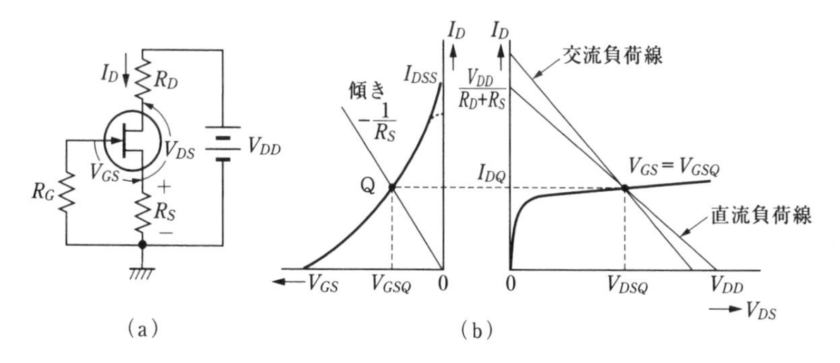

図 7・15　自己バイアス回路

次に，R_D と R_S の求め方を考える．図 (a) より，出力回路には次式の関係が成立する．

$$V_{DD} = V_{DS} + (R_D + R_S)I_D \tag{7・3}$$

したがって，直流負荷線は図 (b) となる．動作点を点 Q に決めたときのドレイン・ソース間電圧を V_{DSQ}，ドレイン電流を I_{DQ}，ゲート・ソース間電圧を V_{GSQ} とすれば，R_S は式 (7・2) を用いて次式より求めることができる．

$$R_S = \frac{V_{GSQ}}{I_{DQ}} \tag{7・4}$$

次に，式 (7・3) に各動作点の値を代入して，R_D は次式から計算できる．

$$V_{DD} = V_{DSQ} + (R_D + R_S) I_{DQ}$$

$$= V_{DSQ} + R_D I_{DQ} - V_{GSQ}$$

$$R_D = \frac{V_{DD} - V_{DSQ} + V_{GSQ}}{I_{DQ}} \tag{7・5}$$

【例題 7・1】 図の接合形 FET の特性から，自己バイアス回路の R_S と R_D を計算せよ．ただし，動作点を点 Q とする．

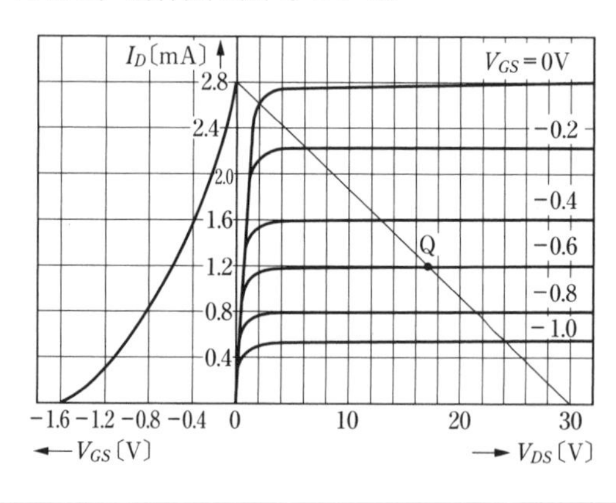

(解) 図の特性と負荷線から，$V_{DD} = 30\text{ V}$，$V_{GSQ} = -0.6\text{ V}$，$I_{DQ} = 1.2\text{ mA}$ および $V_{DSQ} = 17\text{ V}$ の値を式 (7・4)，(7・5) に代入して，

$$R_S = \frac{V_{GSQ}}{I_{DQ}} = \frac{0.6}{1.2} = 500\ \Omega$$

$$R_D = \frac{V_{DD} - V_{DSQ} + V_{GSQ}}{I_{DQ}}$$

$$= \frac{30 - 17 - 0.6}{1.2} = 10.33\ \text{k}\Omega$$

(注意)　$R_D + R_S = 10.83\ \text{k}\Omega$ となるが，この値を $V_{DD}/(R_D + R_S) = 30/(R_D + R_S) = 2.8\ \text{mA}$ から求めると，$R_D + R_S = 10.714\ \text{k}\Omega$ が得られ，ほぼ一致することがわかる．

▨

例題7・1で求めた$R_S = 500\,\Omega$のバイアス線をV_{GS}-I_D特性に重ねて引くと，**図7・16**に示す交点Aがバイアス点となる．

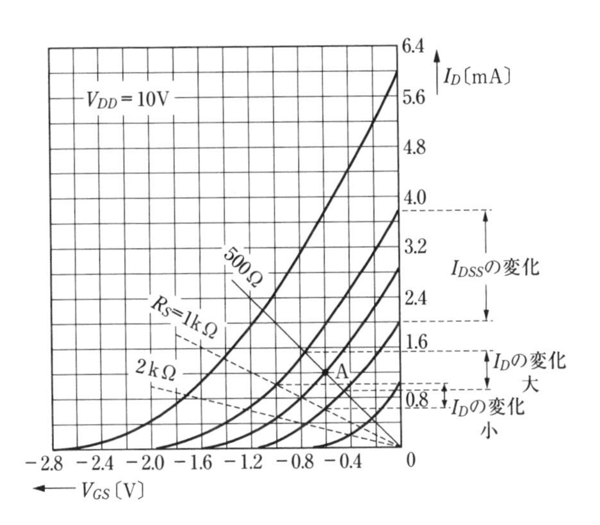

図7・16　I_{DSS}のばらつき

式(7・1)をV_{GS}について解けば，

$$V_{GS} = V_P\left(1-\sqrt{\frac{I_D}{I_{DSS}}}\right) \tag{7・6}$$

したがって，$I_D = I_{DQ}$，$V_{GS} = V_{GSQ}$とおけば，式(7・6)より所要のバイアス電圧を得る．

FETは同一品種でもI_{DSS}のばらつきが大きく，同図からも明らかなように，R_Sの値が大きいほどI_Dの変化は小さくなるが，R_Sは式(7・4)で決まるから勝手に決められない．そこで，R_Sに自由度をもたせたのが**図7・17**(a)の自己バイアス回路である．

この回路でゲート電流は流れないから，ゲート電圧V_Gは次式で与えられる．

$$V_G = \frac{R_2}{R_1+R_2}V_{DD} \tag{7・7}$$

したがって，ゲート・ソース間電圧V_{GS}は次式となる．

$$V_{GS} = V_G - V_S = \frac{R_2}{R_1+R_2}V_{DD} - R_S I_D \tag{7・8}$$

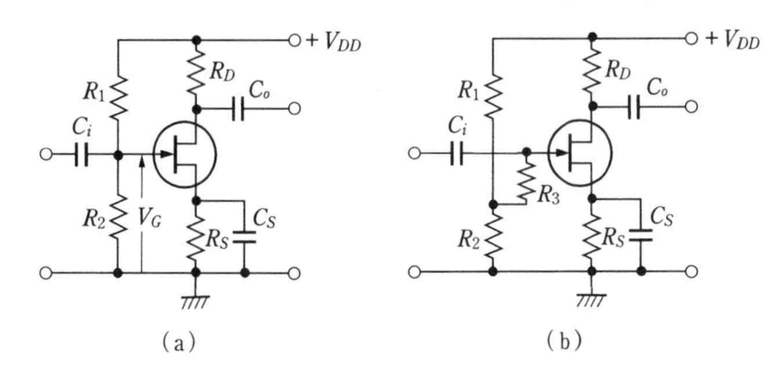

図7•17　接合形FETのバイアス回路

式(7•6)と式(7•8)より，両式は等しいので，

$$\frac{R_2}{R_1+R_2}V_{DD}-R_SI_D=V_P\left(1-\sqrt{\frac{I_D}{I_{DSS}}}\right) \tag{7•9}$$

上式をR_Sについて解けば，次式を得る．

$$R_S=\frac{1}{I_D}\left\{\frac{R_2}{R_1+R_2}V_{DD}-V_P\left(1-\sqrt{\frac{I_D}{I_{DSS}}}\right)\right\} \tag{7•10}$$

図7•18(a)は伝達特性上の動作点QとR_Sのバイアス線の関係を，また図(b)はR_1とR_2を調整すれば，R_Sの値を任意に選べることを示している．

高入力インピーダンス回路にしたい場合には，図7•17(b)に示した高抵抗R_3を接続する．この回路の入力インピーダンスは$R_3+R_1 /\!/ R_2$となり，ゲート電流は流れないから，同(a)の回路で成立した関係式はこの回路でも成立する．

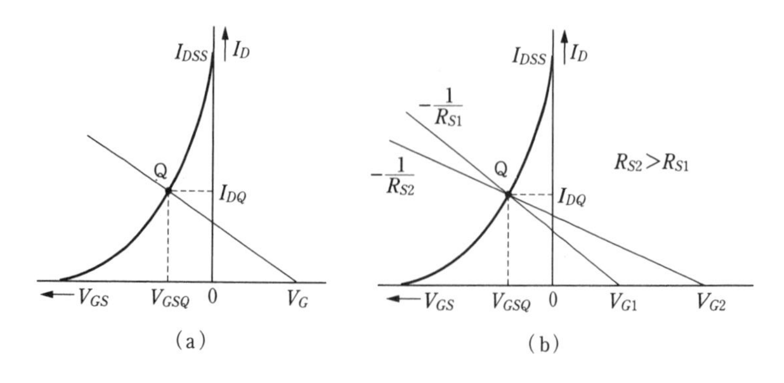

図7•18　自己バイアス回路のR_S

【例題 7・2】　図 (a) の FET 増幅回路のバイアス点を $I_D = 3\,\mathrm{mA}$ にしたい．R_S をいくらにすればよいか．ただし，V_{GS}–I_D 特性を図 (b) とする．

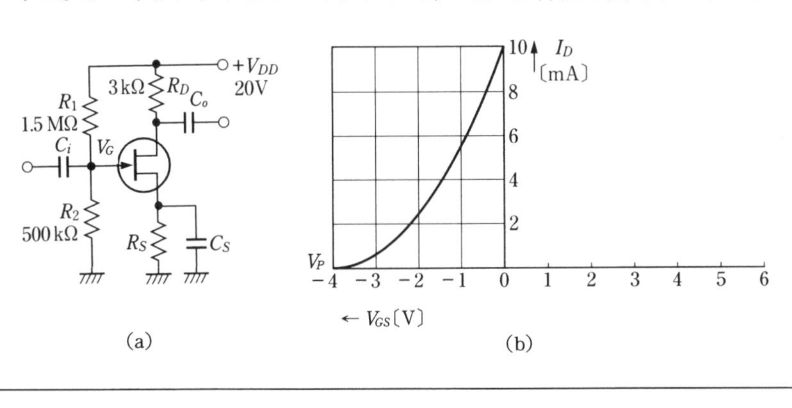

(a)　　(b)

（解）　$V_G = \dfrac{R_2}{R_1+R_2} V_{DD} = \dfrac{0.5}{0.5+1.5} \times 20 = 5\,\mathrm{V}$

$V_G = 5\,\mathrm{V}$ の点 A と動作点 Q を結ぶ直線がバイアス線となる．V_{GS} の値 B 点を式 (7・6) から求めると，

$$V_{GS} = V_P\left(1-\sqrt{\frac{I_D}{I_{DSS}}}\right)$$

$$= -4\left(1-\sqrt{\frac{3}{10}}\right) = -1.81\,\mathrm{V}$$

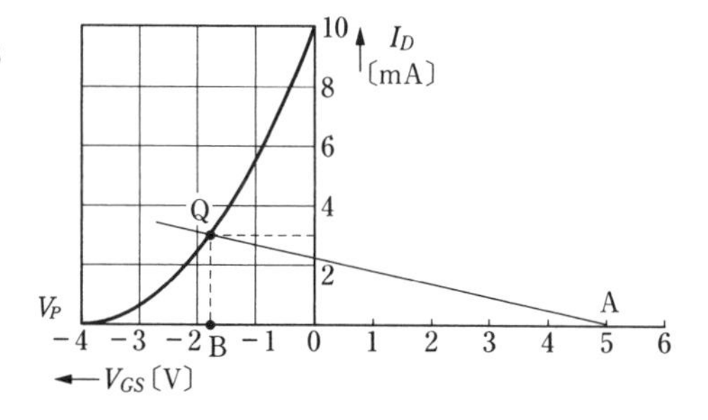

ゆえに，式 (7・10) より

$$R_S = \frac{V_G - V_{GS}}{I_D} = \frac{5-(-1.81)}{3} = 2.27\,\mathrm{k\Omega}$$

(2)　エンハンスメント形 MOS-FET のバイアス回路

N チャネルのエンハンスメント形 MOS-FET の V_{GS}–I_D 特性は，**図 7・19** (a) に示すように V_{GS} が正の領域で I_D が流れるから，ゲート電位をソース電位よりも高くできる図 (b) のバイアス回路が用いられる．ゲート・ソース間電圧 V_{GS} は，

$$V_{GS} = \frac{R_2}{R_1+R_2} V_{DD} \tag{7・11}$$

で与えられるから，この値が図 (a) の動作点 Q の電圧 V_{GSQ} に等しくなるよう

に抵抗 R_1，R_2 を選べばよい．通常，R_1，R_2 は数百〔kΩ〕から数〔MΩ〕の値が用いられる．

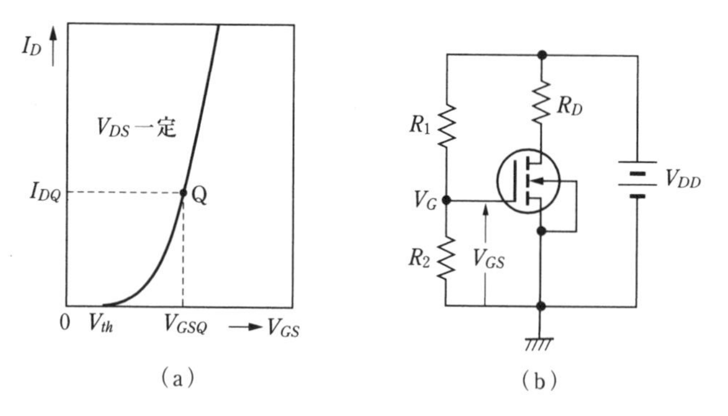

図7・19　エンハンスメント形MOS-FETのバイアス回路

> **【例題7・3】**　図7・19のバイアス回路でゲート・ソース間電圧を2Vにしたい．ゲート抵抗 R_1 と R_2 の値を求めよ．ただし，R_1 と R_2 の並列合成抵抗を500 kΩ，電源電圧 V_{DD} を18 V とする．

（解）　ゲート抵抗 R_1 と R_2 の並列合成抵抗を R_G とすれば，

$$R_G = R_1 /\!/ R_2 = \frac{R_1 R_2}{R_1 + R_2} \quad \cdots\cdots\cdots (1)$$

$$V_G = \frac{R_2}{R_1 + R_2} V_{DD} = V_{GS} \quad \cdots\cdots\cdots (2)$$

式(2)より，

$$V_{GS} = \frac{R_G}{R_1} V_{DD}, \quad R_2 = \frac{V_{GS}}{V_{DD} - V_{GS}} R_1$$

$$\therefore \quad R_1 = \frac{V_{DD}}{V_{GS}} R_G = \frac{18}{2} \times 500 = 4\,500\ \text{k}\Omega = 4.5\ \text{M}\Omega$$

$$\therefore \quad R_2 = \frac{V_{GS}}{V_{DD} - V_{GS}} R_1 = \frac{2}{18 - 2} \times 4\,500 \fallingdotseq 562.5\ \text{k}\Omega$$

■

(3)　デプレッション形MOS-FETのバイアス回路

Nチャネルのデプレッション形MOS-FETは V_{GS} が0でも I_D は流れるから，**図7・20**(a)のゼロバイアスの回路でも電圧増幅が可能である．入力信号 v_i を加えたときの出力信号 v_o が増幅される様子を図 (b) に示す．振幅 0.25 V の入力信号 v_i をゼロバイアスのゲートに加えると，ドレイン電流は 3 mA を中心にして 2 〜 4 mA の範囲で変化する．したがって，負荷線によりドレイン・ソース間電圧 V_{DS} は 10 V を動作点として 8 〜 12 V の範囲で変化するから，電圧増幅度は 8 倍であることがわかる．

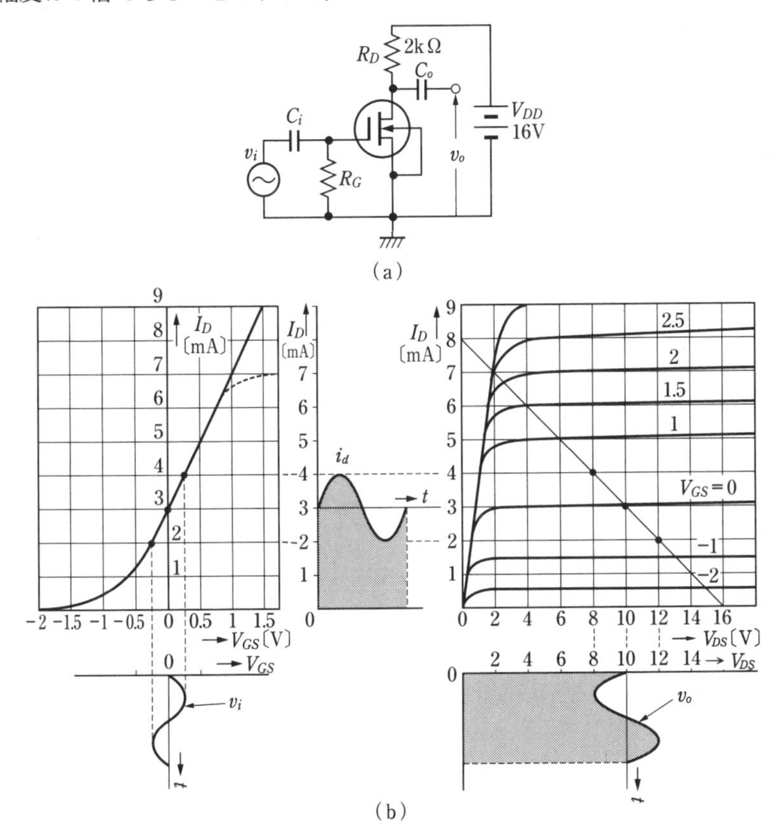

図 7・20　デプレッション形 MOS-FET の電圧増幅作用

このタイプの MOS-FET は V_{GS} が正の領域でも負の領域でも I_D が流れるから負の領域も正の領域も接合形 FET のバイアス回路と同様に考えればよい．**図 7・21** (a) のバイアス回路で電源電圧 V_{DD} と抵抗 R_1，R_2 を固定して抵抗 R_S を小さくすると，図 (b) のようにバイアス電圧 V_{GS} の動作点を正の範囲にも設定することができる．

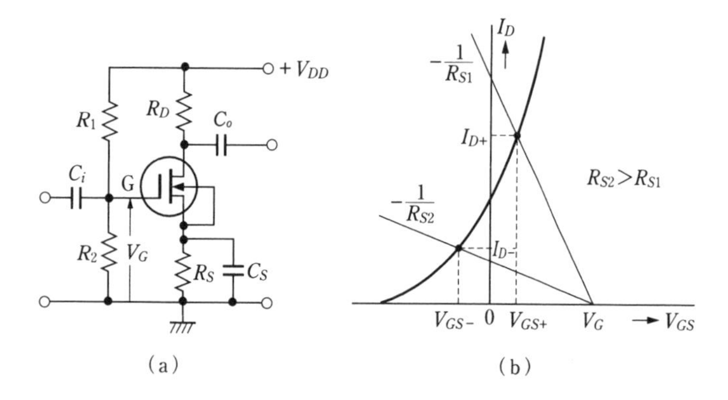

図7･21 デプレッション形MOS-FETの動作点

7･6 FETの等価回路と動作量

トランジスタエミッタ接地の静特性の勾配から h 定数を定義したのと同様に，FETにも静特性と関連した重要な定数がある．**図7･22**(a)の V_{GS}–I_D 特性の動作点Qにおいて，V_{DS} を一定にして V_{GS} の微小変化 $\varDelta V_{GS}$ に対する I_D の変化分 $\varDelta I_D$ の比を**相互コンダクタンス** $\boldsymbol{g_m}$ といい，次式で定義する．

$$g_m = \left(\frac{\varDelta I_D}{\varDelta V_{GS}}\right)_{V_{DS}=\text{一定}} \tag{7･12}$$

また，図(b)の V_{DS}–I_D 特性の動作点Qにおいて，V_{GS} を一定にして V_{DS} の微小変化 $\varDelta V_{DS}$ に対する I_D の変化分 $\varDelta I_D$ の比を**ドレイン抵抗** $\boldsymbol{r_d}$ といい，次式で定義する．

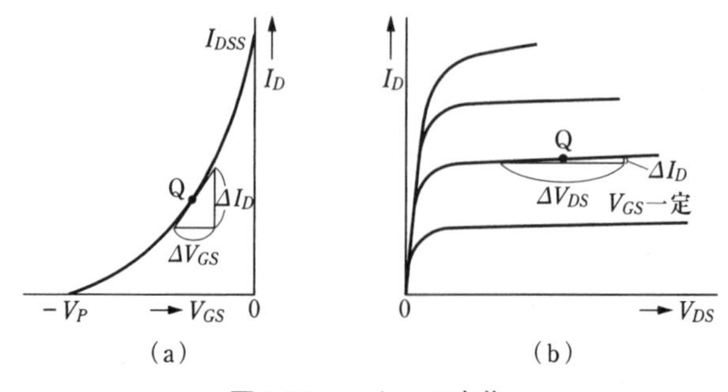

図7･22 g_m と r_d の定義

$$r_d = \left(\frac{\Delta V_{DS}}{\Delta I_D}\right)_{V_{GS}=\text{一定}} \tag{7·13}$$

FETのドレイン電流I_Dは，ゲート・ソース間電圧V_{GS}とドレイン・ソース間電圧V_{DS}の関数であるから，次式のように表すことができる．

$$I_D = f(V_{GS},\ V_{DS}) \tag{7·14}$$

上式よりV_{GS}，V_{DS}の微小変化によるI_Dの微小変化分ΔI_Dは次式で表すことができる．

$$\Delta I_D = \left(\frac{\partial f}{\partial V_{GS}}\right)\Delta V_{GS} + \left(\frac{\partial f}{\partial V_{DS}}\right)\Delta V_{DS} \tag{7·15}$$

ここで$\Delta I_D = i_d$，$\Delta V_{GS} = v_{gs}$，$\Delta V_{DS} = v_{ds}$とおく．一方，式(7·12)，(7·13)から，

$$\left.\begin{aligned} \frac{\partial f}{\partial V_{GS}} &= \left(\frac{\Delta I_D}{\Delta V_{GS}}\right)_{V_{DS}=\text{一定}} = g_m \\ \frac{\partial f}{\partial V_{DS}} &= \left(\frac{\Delta I_D}{\Delta V_{DS}}\right)_{V_{GS}=\text{一定}} = \frac{1}{r_d} \end{aligned}\right\} \tag{7·16}$$

以上の関係を式(7·15)に代入すれば，

$$i_d = g_m v_{gs} + \frac{1}{r_d} v_{ds} \tag{7·17}$$

上式より**図7·23**(a)のFET等価回路は図(b)のように表すことができる．

ここで，**図7·24**(a)に示す自己バイアス増幅回路の各動作量を求めてみよう．ただし，C_i，C_oの容量は十分大きく，C_sはバイパスコンデンサであるから交流的に短絡されているものとする．

図(b)の等価回路から，次の回路方程式が成立する．

$$v_1 = R_G i_1 \tag{7·18}$$

$$i_2 = g_m v_1 + \frac{v_2}{r_d} \tag{7·19}$$

$$v_2 = -R_D i_2 \tag{7·20}$$

この3式から**電圧増幅度** $\boldsymbol{A_v}$は，i_1，i_2を消去してv_2/v_1を求めれば，

$$A_v = \frac{v_2}{v_1} = \frac{-g_m R_D}{1+\dfrac{R_D}{r_d}} \fallingdotseq -g_m R_D \quad (\because\ r_d \gg R_D) \tag{7·21}$$

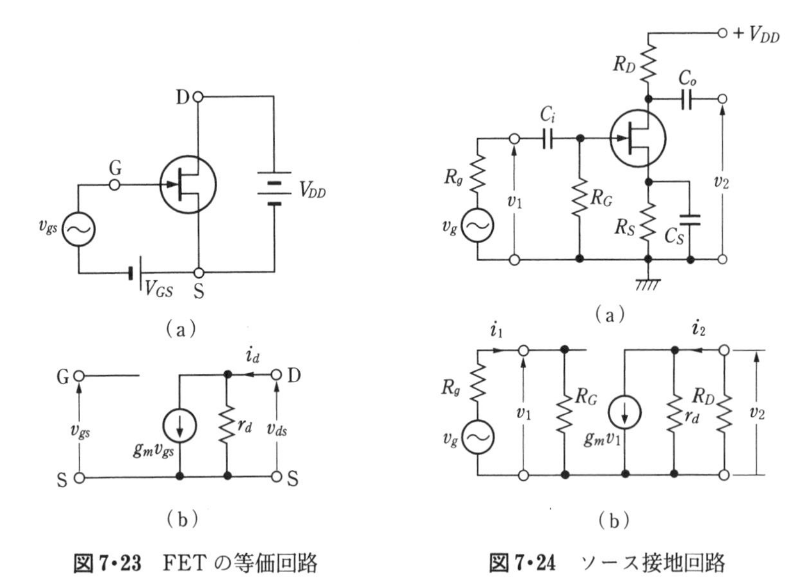

図 7・23　FET の等価回路　　　**図 7・24**　ソース接地回路

電流増幅度 A_i は，v_1，v_2 を消去して i_2/i_1 を求めれば，

$$A_i = \frac{i_2}{i_1} = \frac{g_m R_G}{1+\dfrac{R_D}{r_d}} \fallingdotseq g_m R_G \tag{7・22}$$

入力抵抗 R_i は式 (7・18) から直ちに，

$$R_i = \frac{v_1}{i_1} = R_G \tag{7・23}$$

出力抵抗 R_o は，$v_g = 0$ とすれば $i_1 = 0$，$v_1 = 0$ であるから，式 (7・19) で $v_1 = 0$ とおけば，次式となる．

$$R_o = \frac{v_2}{i_2} = r_d \tag{7・24}$$

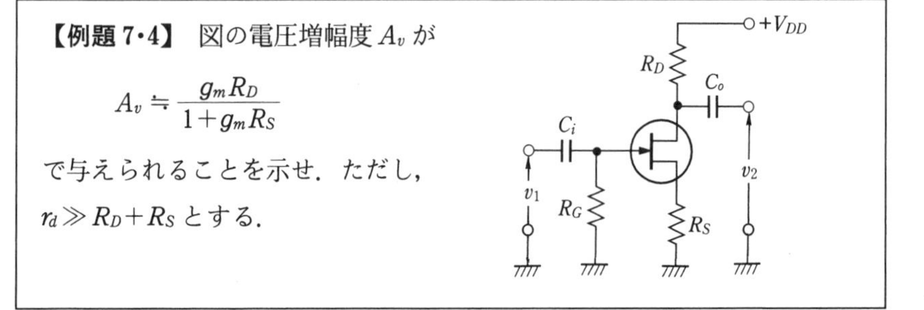

【例題 7・4】　図の電圧増幅度 A_v が

$$A_v \fallingdotseq \frac{g_m R_D}{1+g_m R_S}$$

で与えられることを示せ．ただし，$r_d \gg R_D + R_S$ とする．

（解） 等価回路を右図に示す．これより，

$$v_1 = v_{GS} + v_{RS} = v_{GS} + R_S i_2 \quad \cdots\cdots\cdots (1)$$

$$v_2 = -g_m v_{GS} r_d + (r_d + R_S) i_2 \quad \cdots\cdots\cdots (2)$$

$$v_2 = -i_2 R_D \quad \cdots\cdots\cdots (3)$$

式(3)より　$i_2 = -\dfrac{v_2}{R_D}$

上式を式(1)に代入して，

$$v_1 = v_{GS} - \frac{R_S}{R_D} v_2 \qquad \therefore \; v_{GS} = v_1 + \frac{R_S}{R_D} v_2 \quad \cdots\cdots\cdots (4)$$

式(4)を式(2)に代入して，

$$v_2 = -g_m r_d \left(v_1 + \frac{R_S}{R_D} v_2 \right) - \frac{r_d + R_S}{R_D} v_2$$

$$\therefore \quad A_v = \frac{v_2}{v_1} = \frac{-g_m r_d R_D}{R_D + g_m R_S r_d + r_d + R_S} = \frac{-g_m R_D}{1 + g_m R_S + \dfrac{R_D + R_S}{r_d}}$$

$r_d \gg R_D + R_S$ とすれば　　$\therefore \; A_v \fallingdotseq \dfrac{-g_m R_D}{1 + g_m R_S}$　■

【例題 7・5】 図の**ドレイン接地（ソースホロワ）**の電圧増幅度 A_v が

$$A_v \fallingdotseq \frac{g_m R_S}{1 + g_m R_S}$$

で与えられることを示せ．ただし，$R_S \ll r_d$ とする．

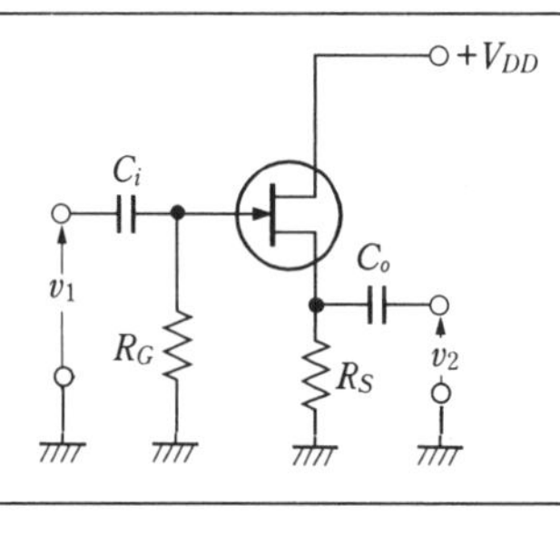

（解） 図(a)の等価回路は図(b)のように表すことができる．これより，

$$v_2 = g_m v_{GS} \frac{r_d R_S}{r_d + R_S} \quad \cdots\cdots\cdots (1)$$

$$v_{GS} = v_1 - v_2 \quad \cdots\cdots\cdots (2)$$

式(2)を式(1)に代入して，

$$v_2 = g_m (v_1 - v_2) \frac{r_d R_S}{r_d + R_S}$$

$$\therefore \quad A_v = \frac{v_2}{v_1} = \frac{g_m \dfrac{r_d R_S}{r_d + R_S}}{1 + g_m \cdot \dfrac{r_d R_S}{r_d + R_S}}$$

$$\fallingdotseq \frac{g_m R_S}{1 + g_m R_S} \quad (R_S \ll r_d)$$　■

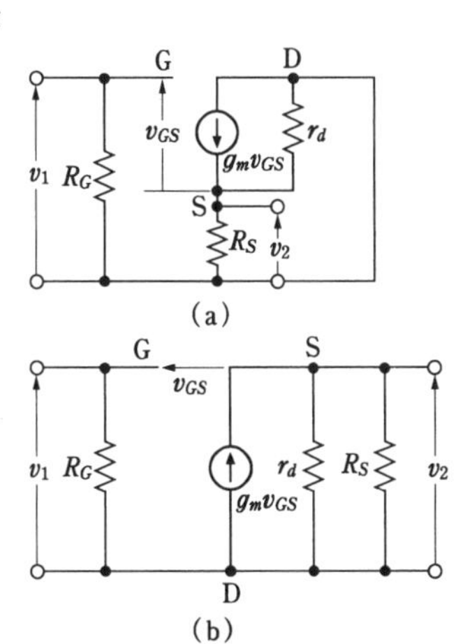

第7章　演習問題

1　**図問7・1**(a)の自己バイアス回路で，ゲート・ソース間電圧V_{GS}，ドレイン電流I_Dの動作点を求めよ．ただし，伝達特性を図(b)とする．また，ドレイン電流I_Dの動作点を4 mAにするための抵抗R_Sの値を求めよ．

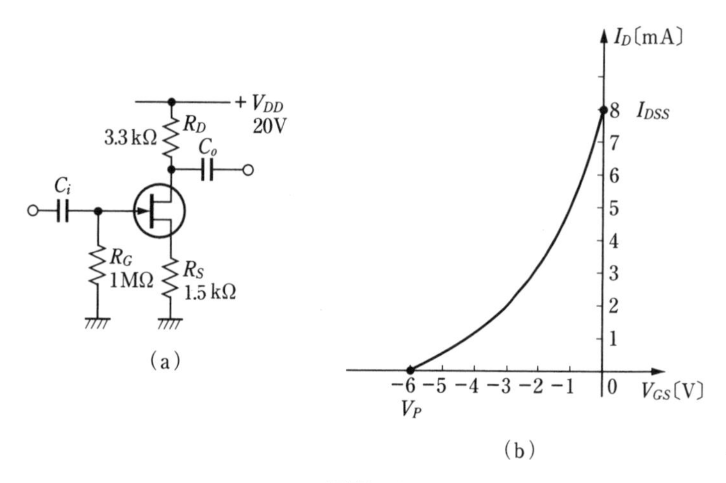

図問7・1

2　**図問7・2**(a)のバイアス回路で，ドレイン電流I_Dの動作点を4 mAにする

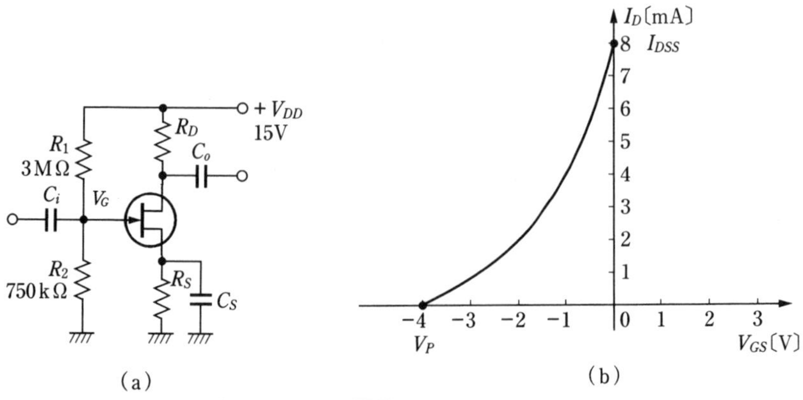

図問7・2

ための抵抗R_Sの値を求めよ．ただし，伝達特性を図 (b) とする．

3　図 7•17 (a) のバイアス回路で，$V_{DD} = 20$ V，$R_S = 2$ kΩ，ドレイン電流$I_D = 3$ mA，$V_{GS} = -2$ V とするには抵抗R_1とR_2の分割比をいくらにすればよいか．

4　**図問 7•4** のソースホロワ回路で，$V_{DD} = 20$ V，$R_S = 10$ kΩ，ドレイン電流$I_D = 1$ mA，$V_{GS} = -2$ V とするには，抵抗R_1とR_2の分割比をいくらにすればよいか．

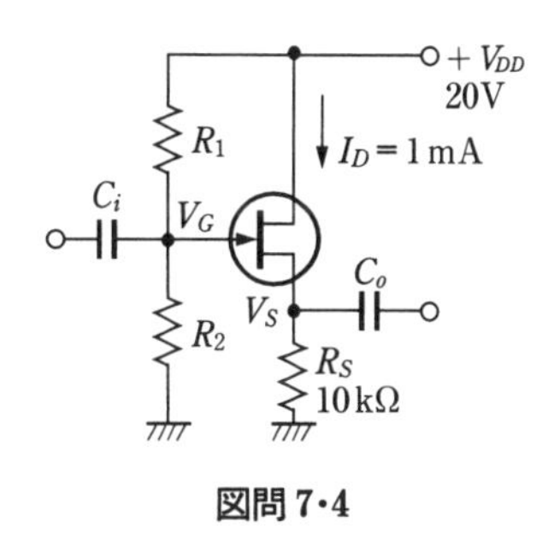

図問 7•4

5　**図問 7•5** (a) のエンハンスメント形 N チャネル MOS-FET のバイアス回路で，ゲート・ソース間電圧V_{GS}，ドレイン電流I_Dの動作点およびドレイン・ソース間電圧V_{DS}を求めよ．ただし，伝達特性を図 (b) とする．

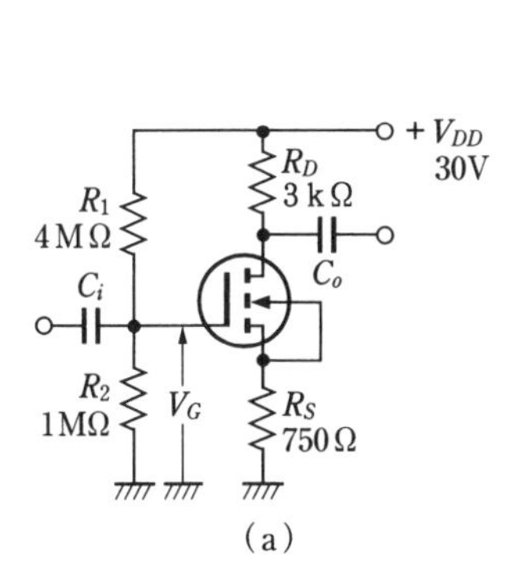

(a)

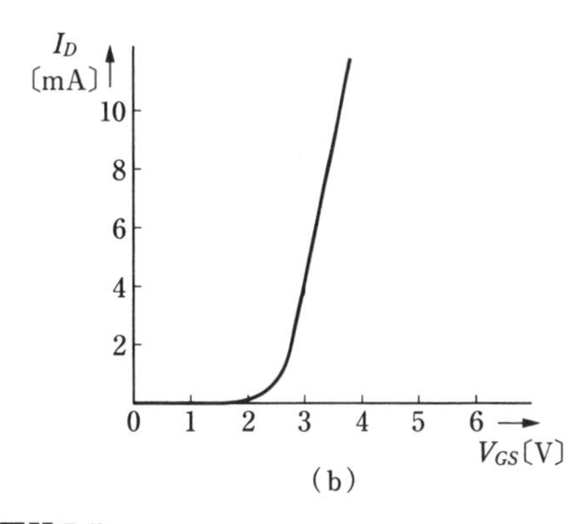

(b)

図問 7•5

第8章 負帰還増幅回路

増幅回路の出力の一部を何らかの方法で入力へもどすことを**帰還**（feedback）といい，出力信号の一部を入力信号と同位相でもどして加えることを**正帰還**（positive feedback），逆位相でもどして加えることを**負帰還**（negative feedback）という．

現在実用化されている増幅回路ではほとんどが負帰還（NFB）を行っている．その理由は負帰還を行うことによって，いろいろな特性が改善できるからである．

ここでは負帰還増幅回路の原理とその特徴，負帰還回路の基本形と具体的な負帰還回路について述べる．

8･1 負帰還増幅回路とその原理

図8･1は負帰還増幅回路の原理図で，増幅器の出力の一部を入力側へ逆位相になるようにもどしている．この原理図は後述するように，並列（電圧）帰還直列注入形の負帰還回路である．

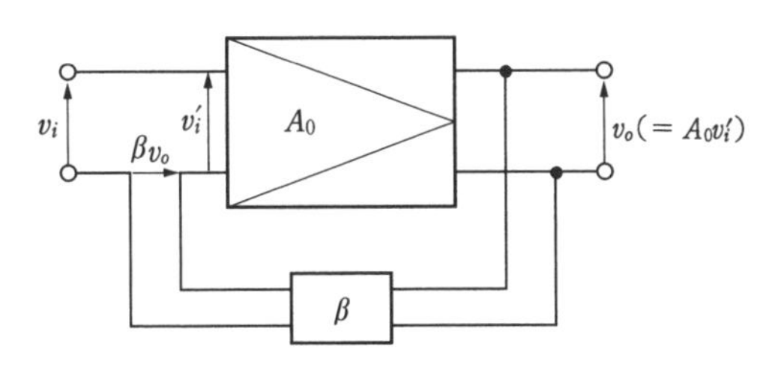

図8･1 負帰還増幅回路の原理

いま，帰還をかけないときの増幅度を A_0 として入力に v_i を加えたとき出力が v_o であれば，$v_o = A_0 v_i$ が成立する．ところが負帰還増幅回路では原理図に示すように，増幅器の出力の一部 βv_o（注意：β はトランジスタの電流増幅率とは異なる）を入力回路に v_i に対して逆位相となるように帰還されているから，実際に増幅器に加えられる入力電圧 v_i' は，

$$v_i' = v_i - \beta v_o \tag{8・1}$$

となる．ここで β は，出力 v_o の何％を入力にもどすかという割合を示していて，**帰還率**という．このとき出力 v_o は次式によって与えられる．

$$v_o = v_i' A_0 = (v_i - \beta v_o) A_0 \tag{8・2}$$

したがって，負帰還増幅回路としての増幅度 A_f は，

$$A_f = \frac{v_o}{v_i} = \frac{A_0}{1+\beta A_0} \tag{8・3}$$

となり，もともとの増幅度 A_0 より $1/(1+\beta A_0)$ 倍に低下することがわかる．これは一見損なように思えるが，いくつかの利点がこの欠点を補って余りあるので，増幅回路では負帰還をかけるのが常道となっている．

式 (8・3) で βA_0 を**ループ利得**または**ループゲイン**，A_0 と A_f との比 $F = 1+\beta A_0$ を**帰還量**という．ループ利得 $\beta A_0 \gg 1$ のとき，式 (8・3) は，

$$A_f = \frac{A_0}{1+\beta A_0} \fallingdotseq \frac{A_0}{\beta A_0} = \frac{1}{\beta} \tag{8・4}$$

となり，負帰還時の電圧増幅度 A_f は帰還率 β の逆数で決まるから，安定な増幅ができることを意味している．例えば，トランジスタの取り替えにより A_0 に多少の変動があっても，A_f にはあまり影響を与えないことになる．また，帰還量 F は次式のようにデシベルで表示することがある．

$$F = 20 \log_{10} |1+\beta A_0| \quad \text{〔dB〕} \tag{8・5}$$

したがって，負帰還増幅回路の利得 G_f は，

$$G_f = 20 \log_{10} |A_f| = 20 \log_{10} \left| \frac{A_0}{1+\beta A_0} \right| \quad \text{〔dB〕}$$

$$\therefore \quad G_f = 20 \log_{10} |A_0| - 20 \log_{10} |1+\beta A_0| = G_0 - F \quad \text{〔dB〕} \tag{8・6}$$

となり，利得 G_f はもともとの増幅器の利得 G_0 から帰還量 F だけ低下する．

【例題 8・1】 利得 60 dB の増幅回路がある．この回路に帰還率 $\beta=0.01$ の負帰還をかけたときの増幅度 A_f および利得 G_f を求めよ．また，帰還量 F は何 dB か．

（解） 利得 60 dB であるから，$G_0=60$ dB，$A_0=1\,000$ である．

$$A_f=\frac{A_0}{1+\beta A_0}=\frac{1\,000}{1+0.01\times1\,000}\fallingdotseq 91$$

$$G_f=20\log_{10}|A_f|=20\log_{10}91\fallingdotseq 39.2\text{ dB}$$

$$F=20\log_{10}|1+\beta A_0|=20\log_{10}(1+0.01\times1\,000)=20.8\text{ dB}$$

（注）$G_f=G_0-F=60-20.8=39.2$ dB

8・2　負帰還増幅回路の基本形と実用回路

実際に用いられている負帰還回路の基本形は，**表 8・1** に示すように 4 通りに分類することができる．出力信号を入力側に帰還させるとき，出力回路から並列に取り出すか，または直列に取り出すかによって並列帰還形と直列帰還形に分類することができる．並列に取り出せば出力電圧に比例した帰還信号が得られ，直列に取り出せば出力電流に比例した帰還信号が得られる．このため並列帰還を**電圧帰還**，直列帰還を**電流帰還**と呼ぶことがある．また，帰還信号を入力回路に並列に加えるか，または直列に加えるかによって並列注入形と直列注入形に分類される．

図 8・2 は各種負帰還増幅回路の実用回路を示している．

図 (a) は直列帰還直列注入形の負帰還増幅回路で，帰還電圧 v_f はエミッタに接続された抵抗 R_E に生じる．入力側から見ると，トランジスタのベース・エミッタ間電圧 v_{be} と帰還電圧 v_f が直列に加わり，これが入力電圧 v_i となるから直列注入であることがわかる．

図 (b) は並列帰還直列注入形の負帰還増幅回路で，抵抗 R_F と R_{E1} で帰還回路を構成している．この回路で初段の Tr_1 の回路について考えると，図 (a) の直列帰還直列注入形の負帰還増幅回路でもあり，全体として 2 重に負帰還がかけられている．

表8・1　負帰還回路の分類

入力側＼出力側		直列（電流）帰還	並列（電圧）帰還
直列注入	原理図	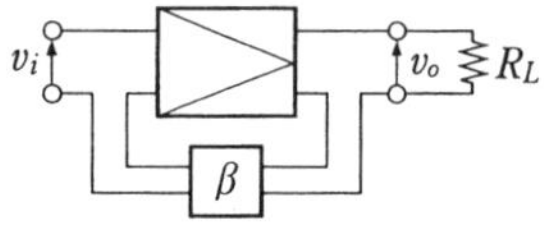 v_i v_o R_L β	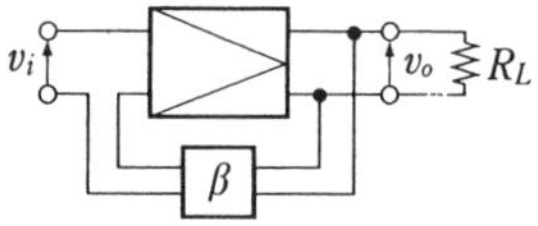 v_i v_o R_L β
	回路例	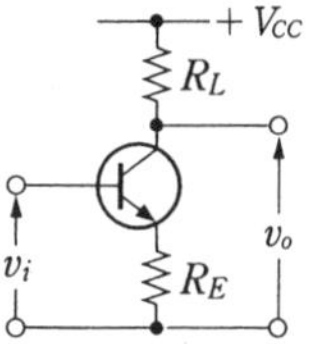 $+V_{CC}$ R_L v_i v_o R_E (a)	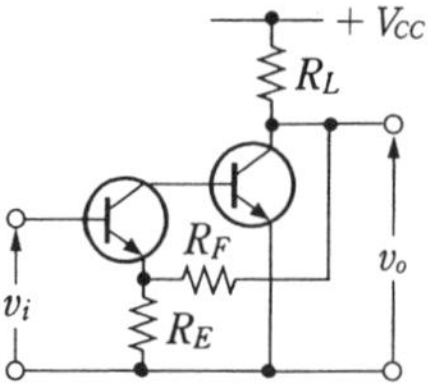 $+V_{CC}$ R_L R_F v_i v_o R_E (b)
並列注入	原理図	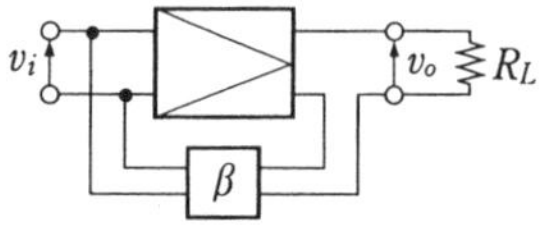 v_i v_o R_L β	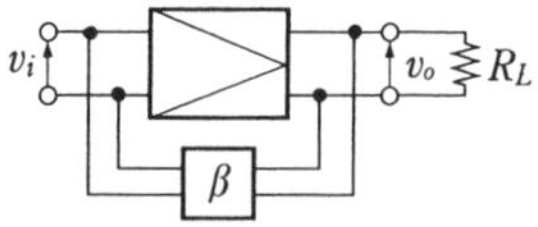 v_i v_o R_L β
	回路例	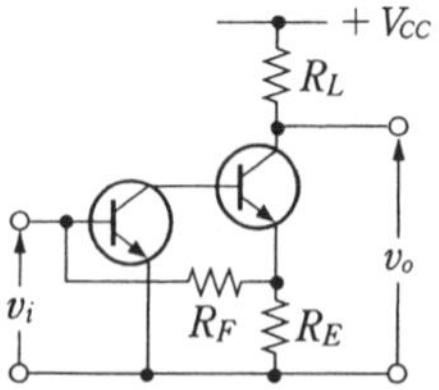 $+V_{CC}$ R_L v_i v_o R_F R_E (c)	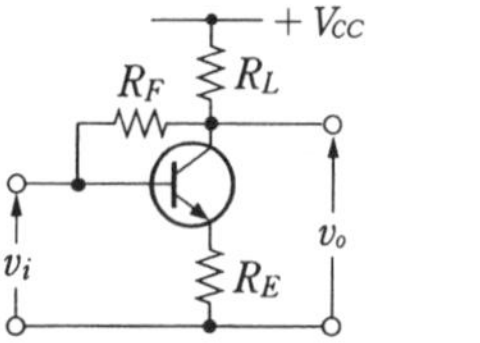 $+V_{CC}$ R_F R_L v_i v_o R_E (d)

図(c)は直列帰還並列注入形の実用回路で，抵抗 R_{E2} と R_F で帰還回路を構成している．この回路も Tr_2 の回路は直列帰還直列注入形の負帰還増幅回路でもあるから，同じく2重に負帰還がかけられている．

また，図(d)は並列帰還並列注入形の回路で，抵抗 R_F によって負帰還がかけられている．

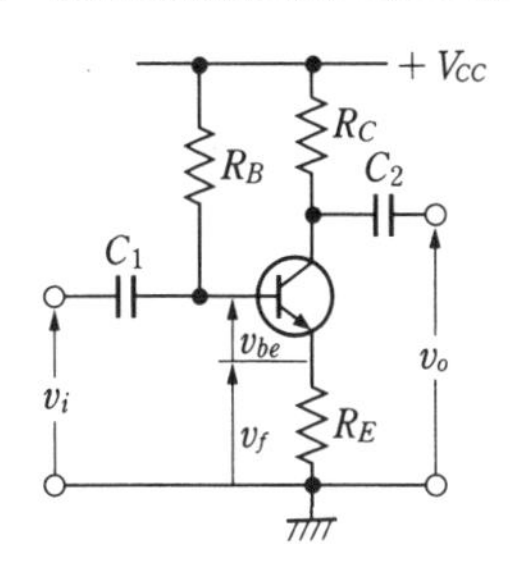

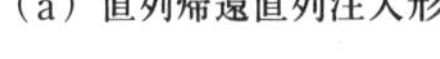
（a）直列帰還直列注入形

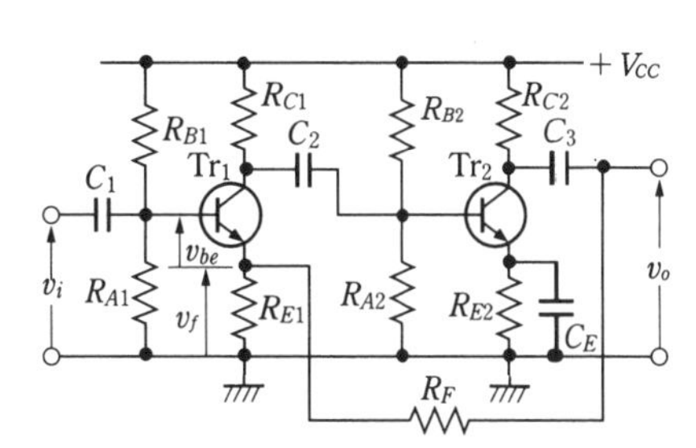

（b）並列帰還直列注入形

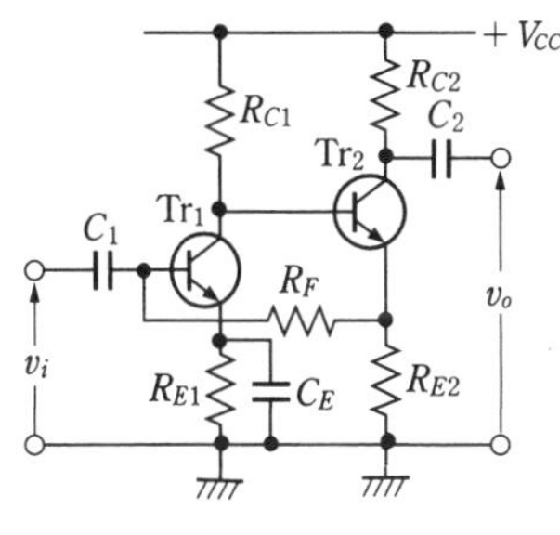

（c）直列帰還並列注入形

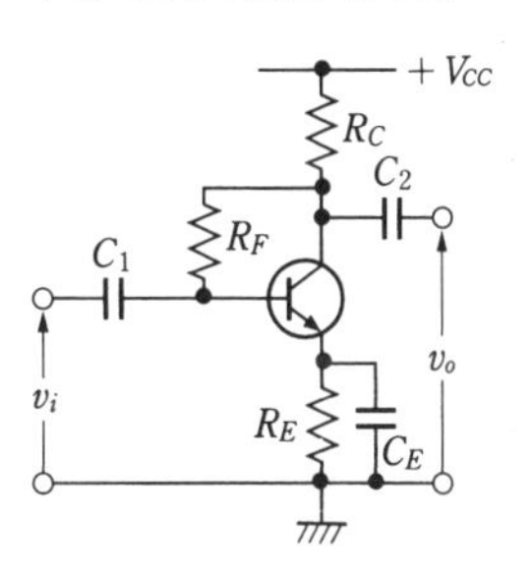

（d）並列帰還並列注入形

図8・2　負帰還の実用回路

【例題8・2】　h 定数の等価回路を用いて，表8・1(a) に示す直列（電流）帰還直列注入形の電圧増幅度 A_f を式(8・3) の形にして，A_0 と β の式を求めよ．

(解)　例題6・7より，表8・1の図(a)の入力抵抗 R_i は

$$R_i = h_{ie} + (1 + h_{fe})R_E$$

であるから，右図の等価回路を得る．

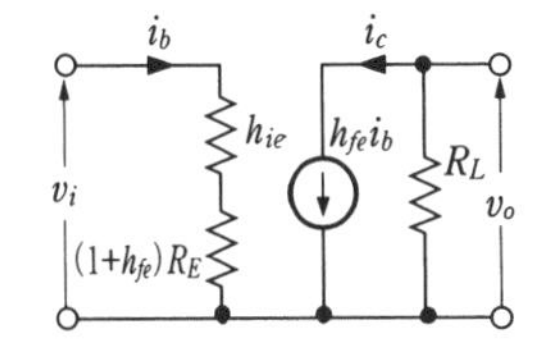

$$v_i = h_{ie}i_b + (1 + h_{fe})R_E i_b$$

$$v_o = -h_{fe}R_L i_b$$

$$\therefore \quad A_f = \frac{v_o}{v_i} = \frac{-h_{fe}R_L}{h_{ie} + (1 + h_{fe})R_E} \fallingdotseq \frac{-h_{fe}R_L}{h_{ie} + h_{fe}R_E}$$

$$= \frac{-\dfrac{h_{fe}}{h_{ie}}R_L}{1 + \dfrac{h_{fe}}{h_{ie}}R_E} = \frac{-\dfrac{h_{fe}}{h_{ie}}R_L}{1 + \left(-\dfrac{R_E}{R_L}\right)\left(-\dfrac{h_{fe}}{h_{ie}}R_L\right)} = \frac{A_0}{1 + \beta A_0}$$

$$\therefore \quad A_0 = -\frac{h_{fe}}{h_{ie}}R_L, \qquad \beta = -\frac{R_E}{R_L}$$

（注意） A_0 は帰還をかけないとき，すなわち $R_E = 0$ のときの電圧増幅度である． ▩

8･3 負帰還増幅回路の特徴

負帰還をかけることによって増幅度は式 (8･3) で示すように低下するが，次のような利点があるため負帰還増幅回路は広く利用されている．

① 増幅度の安定性が増す．

② 増幅器内部で発生して出力に現れる雑音やひずみが減少する．

③ 周波数帯域幅を広くすることができる．

④ 入出力インピーダンスを変えることができる．

(1) 増幅度の安定性

増幅度が変化すると出力電圧が変動し安定な増幅ができなくなるが，負帰還をかけると安定性を増すことができる．負帰還増幅回路の増幅度 A_f は式 (8･3) より，$A_f = A_0/(1+\beta A_0)$ で与えられた．この式で A_0 を変数と考えれば，A_f は A_0 の関数となるので，A_0 で微分すると，

$$\frac{dA_f}{dA_0} = \frac{1}{(1+\beta A_0)^2} = \frac{1}{1+\beta A_0}\cdot\frac{A_f}{A_0} \tag{8･7}$$

さらに変形すると，

$$\frac{dA_f}{A_f} = \frac{1}{1+\beta A_0}\cdot\frac{dA_0}{A_0} \tag{8･8}$$

すなわち，上式から A_f の変化の割合 dA_f/A_f は A_0 の変化の割合 dA_0/A_0 より $1/(1+\beta A_0)$ に減少していることを示しているから，それだけ安定性が増すことになる．

(2) ひずみ，雑音の低減

ひずみは，信号の振幅がトランジスタなどの特性曲線の非直線部に及ぶことによって発生する．したがって，大部分は多段増幅器の出力段で生じることに

なる．**図 8・3** (a) に示すようにひずみ電圧を v_d とすれば，

$$v_i' = v_i - \beta v_o, \quad v_o = A_0 v_i' + v_d$$

$$v_o = \frac{A_0}{1+\beta A_0} v_i + \frac{1}{1+\beta A_0} v_d \tag{8・9}$$

ひずみ電圧は帰還により $1/(1+\beta A_0)$ に低減されるが，同時に信号出力 $A_0 v_i$ も $1/(1+\beta A_0)$ に低減されてしまう．ひずみと信号の電圧比（ひずみ率）を K_f とおけば，

$$K_f = \frac{v_d}{A_0 v_i} \tag{8・10}$$

いま，図 (b) のように帰還回路をもたなくて同一出力の信号電圧を与える増幅回路，すなわち電圧利得が $A_0/(1+\beta A_0)$ の増幅回路と比較すれば，

$$v_o = \frac{A_0}{1+\beta A_0} v_i + v_d \tag{8・11}$$

この増幅回路のひずみ率 K は，

$$K = \frac{1+\beta A_0}{A_0} \cdot \frac{v_d}{v_i}$$

$$= (1+\beta A_0) K_f \tag{8・12}$$

$1+\beta A_0 \gg 1$ であるから $K \gg K_f$ となる．すなわち，同一出力の信号電圧を得るために，帰還増幅回路を用いたほうが帰還を行わない増幅回路に比較して，ひずみ率が著しく軽減されることがわかる．

雑音については v_d を v_n として，同様に考えればよい．ただし，初段で発生する雑音については，信号と雑音に対して負帰還が同様に働くので，信号対雑音比 (S/N) は改善されない．

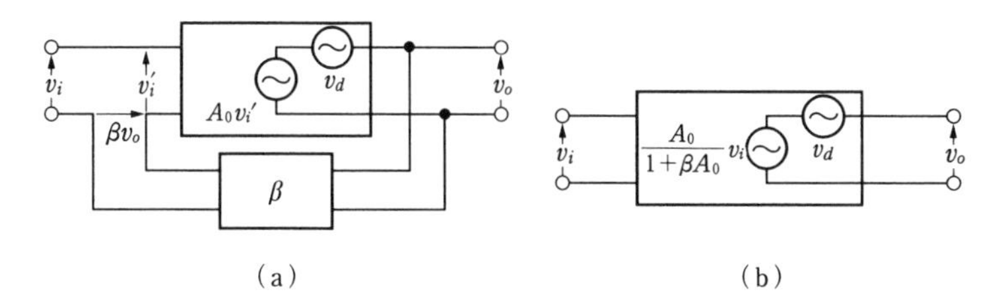

図 8・3　ひずみの低減

(3) 帯域幅の改善

図8･4 に示すように，負帰還をかけることによって帰還量 F だけ利得は低下するが，増幅回路の遮断周波数が低域では減少し，高域では増加するので帯域幅は広がる．いま負帰還をかけないときの CR 結合増幅回路の高域遮断周波数を f_H，中域増幅度を A_0 とすると高域増幅度 A_H は式(6･38)より

$$A_H=\frac{A_0}{1+j(f/f_H)} \tag{8･13}$$

この増幅回路に帰還率 β の負帰還をかけると，高域増幅度 A_{Hf} は，

$$A_{Hf}=\frac{A_H}{1+\beta A_H}=\frac{\dfrac{A_0}{1+j(f/f_H)}}{1+\beta\cdot\dfrac{A_0}{1+j(f/f_H)}}=\frac{\dfrac{A_0}{1+\beta A_0}}{1+j\dfrac{f}{(1+\beta A_0)f_H}} \tag{8･14}$$

となり，高域遮断周波数 f_H は $(1+\beta A_0)$ 倍に増加して f_{Hf} に広がることがわかる．

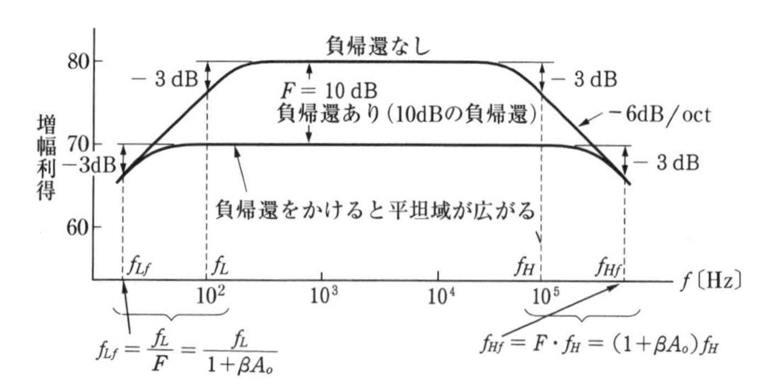

図8･4　負帰還による周波数特性の変化

> **【例題8･3】** 増幅回路に帰還率 β の負帰還をかけることによって，低域遮断周波数 f_L が $1/(1+\beta A_0)$ 倍に減少して f_{Lf} になることを示せ．

(解)　低域増幅度 A_L は式(6･28)より

$$A_L=\frac{A_0}{1-j\dfrac{f_L}{f}}$$

この増幅回路に帰還率βの負帰還をかけると，低域増幅度A_{Lf}は，

$$A_{Lf}=\frac{A_L}{1+\beta A_L}=\frac{\dfrac{A_0}{1-j(f_L/f)}}{1+\beta\dfrac{A_0}{1-j(f_L/f)}}=\frac{\dfrac{A_0}{1+\beta A_0}}{1-j\dfrac{f_L}{(1+\beta A_0)f}}$$

ゆえに，低域遮断周波数f_Lは$1/(1+\beta A_0)$倍に減少してf_{Lf}になる. ▨

ループゲインβA_0を増していくと，負帰還時の電圧増幅度A_fが帰還率βの逆数に等しくなることはすでに述べた．このことは，帰還回路が抵抗のような周波数に依存しない定抵抗回路で構成されていれば，周波数特性を平坦化することができる.

【例題 8・4】 図 8・4 で帰還量$F=10$ dB の負帰還をかけたときの帯域幅を求めよ．ただし，$f_L=100$ Hz，$f_H=100$ kHz とする.

（解） $F=20\log_{10}(1+\beta A_0)=10$ dB であるから

$$1+\beta A_0=10^{\frac{1}{2}}=\sqrt{10}\fallingdotseq 3.16$$

$$\therefore\quad f_{Lf}=100\div 3.16=31.6\ \text{Hz}$$

$$f_{Hf}=100\times 3.16=316\ \text{kHz}$$

帯域幅βは

$$\beta=f_{HL}-f_{Lf}\fallingdotseq f_{HL}=316\ \text{kHz}$$ ▨

(4) 入力インピーダンスと出力インピーダンス

理想的な増幅回路は入力インピーダンスが高く，出力インピーダンスが低いことが望ましい．トランジスタ増幅回路ではエミッタ接地が多く用いられるが，この接地方式では入力インピーダンスZ_iが低く，出力インピーダンスZ_oが高い．これを改善させるのに，Z_iを増加させ，Z_oを減少させる並列帰還直列注入形が適している．そこで，この負帰還増幅回路の入出力インピーダンスについて考えてみよう．**図 8・5** はすでに示した並列帰還直列注入形の構成図である.

増幅回路への入力電圧v_i'は，入力信号電圧v_iから帰還電圧$v_f=\beta v_o$を差し引いたもので，$v_i'=v_i-\beta v_o$が成立する.

式 (8・3) から，

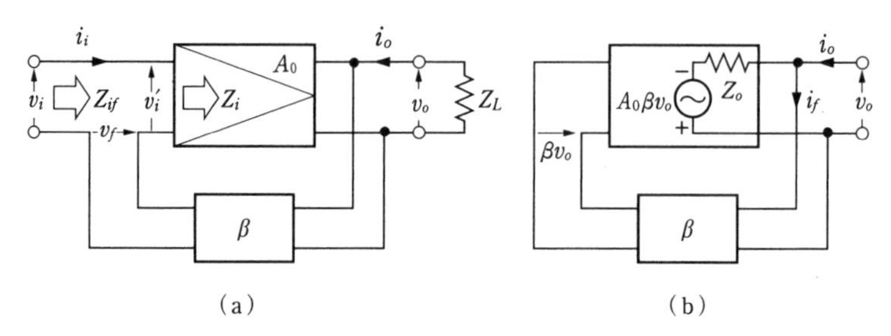

（a）　（b）

図 8･5 並列帰還直列注入形の入出力インピーダンス

$$v_i' = v_i - \beta \cdot \frac{A_0}{1+\beta A_0} v_i \tag{8･15}$$

これより，

$$v_i = (1+\beta A_0) v_i' \tag{8･16}$$

入力端子から右側を見たインピーダンス，すなわち負帰還がかかったときの入力インピーダンス Z_{if} は，

$$Z_{if} = \frac{v_i}{i_i} = \frac{(1+\beta A_0) v_i'}{i_i} \tag{8･17}$$

$Z_i = v_i'/i_i$ であるから，

$$Z_{if} = (1+\beta A_0) Z_i \tag{8･18}$$

すなわち負帰還により，入力インピーダンス Z_{if} は無帰還時の $(1+\beta A_0)$ 倍に増加したことを示している．出力インピーダンスは，図 (b) のように入力電圧 v_i を取り去って出力端子に電圧 v_o を加える．帰還のないときの出力インピーダンスを Z_o，帰還をかけたときの出力インピーダンスを Z_{of} とすれば，図 (b) より，

$$i_o = \frac{v_o + \beta A_0 v_o}{Z_o} = \frac{v_o}{Z_o}(1+\beta A_0)$$

$$\therefore \quad Z_{of} = \frac{v_o}{i_o} = \frac{Z_o}{1+\beta A_0} \tag{8･19}$$

すなわち，出力インピーダンス Z_{of} は帰還をかけないときの出力インピーダンス Z_o の $1/(1+\beta A_0)$ に低下することを示している．

帰還回路方式によって入出力インピーダンスがどのように変化するかをまと

表 8・2　帰還回路方式と入出力インピーダンスの変化

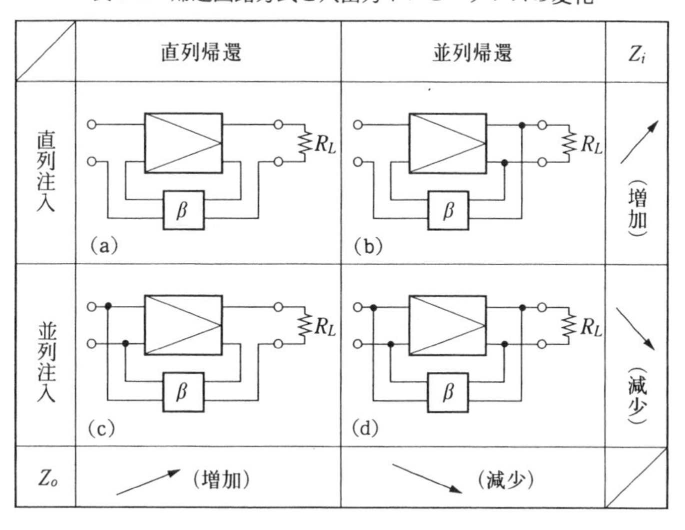

	直列帰還	並列帰還	Z_i
直列注入	(a) β R_L	(b) β R_L	↗（増加）
並列注入	(c) β R_L	(d) β R_L	↘（減少）
Z_o	↗（増加）	↘（減少）	

めたのが**表 8・2** である．この表から，入力インピーダンスは注入方式によって，出力インピーダンスは帰還方式によって決まることがわかる．すなわち，直列回路はインピーダンスを増加させ，並列回路はインピーダンスを減少させることになる．

8・4　簡単な負帰還増幅回路の増幅度

図 8・6 は図 8・2 (a) の実用回路で示した直列帰還直列注入形の負帰還増幅回路で，固定バイアス回路にエミッタ抵抗 R_E を接続しただけで負帰還が行われる．すでに学んだように**図 8・7** (a) の交流等価回路は図 (b) のように書き換えることができる．

負帰還が行われないとき，すなわち R_E が接続されていないときの電圧増幅度 A_0 は次式で与えられた．

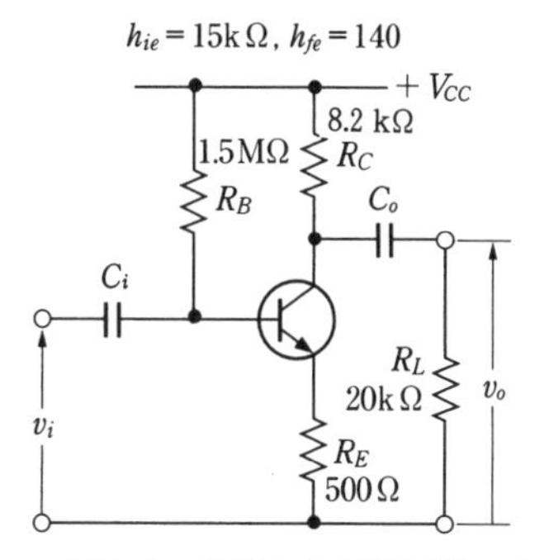

図 8・6　簡単な負帰還回路（直列帰還直列注入形）

$$A_0=\frac{h_{fe}}{h_{ie}}R_L'=\frac{R_L'}{r_e}$$

ここで $R_L'=R_C /\!/ R_L$，位相反転を意味するマイナス符号は省略した．数値を入れて A_0 を計算すると，

$$A_0=\frac{h_{fe}}{h_{ie}}R_L'=\frac{140}{15}\times 5.82$$

$$=54.3\ 倍\quad (34.7\ \mathrm{dB})$$

図 (a) の h 定数による等価回路から帰還率 β は，帰還電圧 v_f と出力 v_o との比であるから，

$$\beta=\frac{v_f}{v_o}=\frac{R_E(i_b+i_c)}{R_L' i_c}=\frac{(1+h_{fe})R_E}{R_L' h_{fe}}\fallingdotseq\frac{R_E}{R_L'}=\frac{0.5}{5.82}=0.086$$

A_0 と β が求まったので，式 (8•3) より A_f は，

$$A_f=\frac{A_0}{1+\beta A_0}=\frac{54.3}{1+0.086\times 54.3}=9.6\ 倍\quad (19.6\ \mathrm{dB})$$

次に，図 (a) の交流等価回路から増幅度 A_v を求めると，

$$A_v=\frac{v_o}{v_i}=\frac{h_{fe}R_L'}{h_{ie}+(1+h_{fe})R_E}\fallingdotseq\frac{h_{fe}R_L'}{h_{ie}+h_{fe}R_E}=\frac{R_L'}{r_e+R_E}\qquad (8•20)$$

数値を入れて A_v を計算すると，

$$A_v=\frac{h_{fe}R_L'}{h_{ie}+h_{fe}R_E}=\frac{140\times 5.82}{15+140\times 0.5}=9.56\ 倍$$

となり，A_f の値とほぼ一致することがわかる．

増幅度 A_v を求めたときの関係式より，ベースから見たインピーダンス R_i' は，

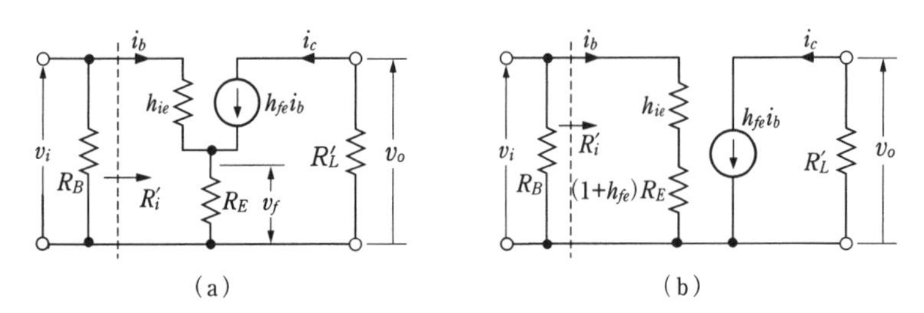

図8•7　図8•6の等価回路

$$R_i' = \frac{v_i}{i_b} = h_{ie} + (1 + h_{fe})R_E \tag{8・21}$$

となるから，エミッタ抵抗 R_E を接続することにより入力インピーダンスが増加する．すなわち，図(a)の等価回路は図(b)のように表せることがわかる．

【例題 8・5】 図の等価回路を示して電圧増幅度 A_v を計算せよ．また，帰還をかけないときの増幅度 A_0（$R_{E1} = 0$ とする）と β を求めて A_f を計算し，等価回路から求めた A_v の値と比較せよ．

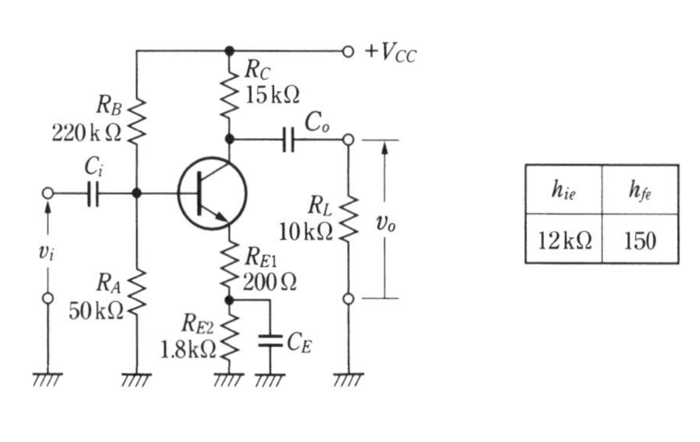

h_{ie}	h_{fe}
12kΩ	150

(解)　負帰還をかけたときの等価回路を右図に示す．式(8・20)より電圧増幅度 A_v は，$R_L' = R_C \parallel R_L$ として，

$$A_v = \frac{h_{fe}R_L'}{h_{ie} + (1 + h_{fe})R_{E1}} = \frac{150 \times 6}{12 + 151 \times 0.2}$$

$$= 21.33$$

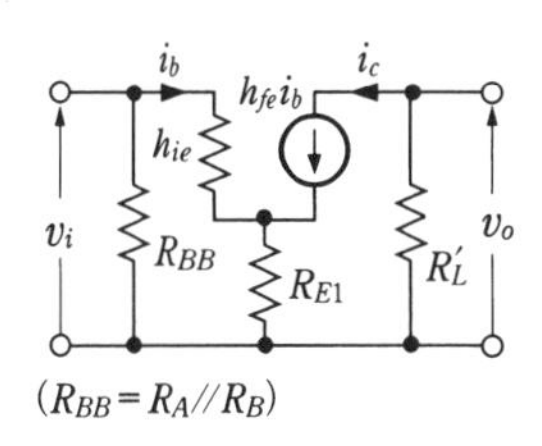

負帰還をかけないときの電圧増幅度 A_0 は

$$A_0 = \frac{h_{fe}}{h_{ie}}R_L' = \frac{150}{12} \times 6$$

$$= 75$$

負帰還をかけたときの帰還率 β は，

$$\beta = \frac{R_{E1}}{R_L'} = \frac{0.2}{6}$$

$$= 0.033$$

$$\therefore \quad A_f = \frac{A_0}{1+\beta A_0} = \frac{75}{1+0.033\times 75} = 21.43$$

ゆえに，A_v と A_f はほぼ一致することがわかる．■

【例題 8･6】 例題 8･5 の回路で C_E を取り去ったときの電圧増幅度を計算せよ．

（解） 式(8･20)で R_E を $R_E = R_{E1}+R_{E2}$ として計算すればよい．

$$A_v = \frac{h_{fe}R_L'}{h_{ie}+(1+h_{fe})(R_{E1}+R_{E2})} = \frac{150\times 6}{12+151\times(0.2+1.8)} = 2.87$$

■

【例題 8･7】 図の回路の電圧増幅度 A_v と入力抵抗 R_i を計算せよ．

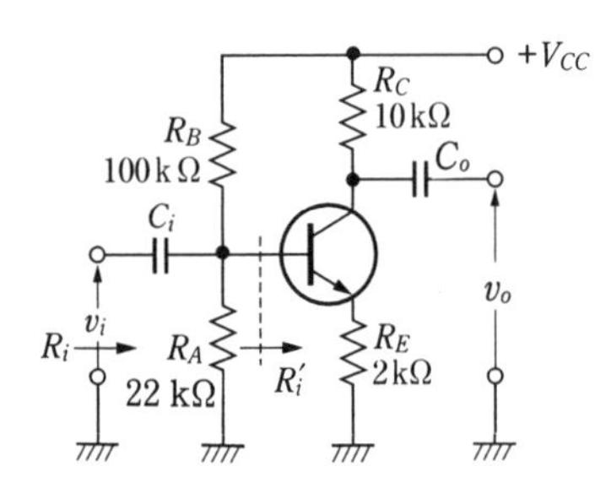

h_{ie}	h_{fe}
3.5kΩ	160

（解） 式(8･20)より

$$A_v = \frac{h_{fe}R_C}{h_{ie}+(1+h_{fe})R_E} = \frac{160\times 10}{3.5+161\times 2} = 4.92$$

入力抵抗 R_i は式(8･21)より，$R_{BB} = R_A \parallel R_B$ として，

$$R_i' = h_{ie}+(1+h_{fe})R_E = 3.5+161\times 2 = 325.5$$

$$R_i = R_{BB} \parallel R_i' = \frac{R_{BB}R_i'}{R_{BB}+R_i'} = \frac{18\times 325.5}{18+325.5} \fallingdotseq 17\ \mathrm{k\Omega}$$

（注意）　式(8･20)で通常 $r_e \ll R_E$ であるから，$A_v \fallingdotseq R_C/R_E = 10/2 = 5$ となり，4.92 と近い値が得られる．すなわち，電圧増幅度 A_v は R_C と R_E の抵抗比で決まることがわかる．■

8•5　2段CR結合負帰還増幅回路の増幅度

図8•8は，図8•2（b）で示した並列帰還直列注入形の負帰還増幅回路で，すでに述べたように，Tr_1の回路のエミッタ抵抗R_Eによって直列（電流）帰還直列注入形が，さらに抵抗R_FとR_Eによって並列（電圧）帰還直列注入形の負帰還が2重にかけられている．

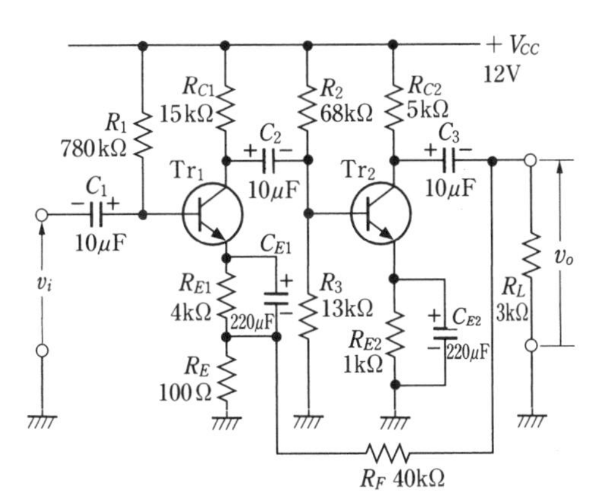

	h_{ie}	h_{fe}
Tr_1	12 kΩ	120
Tr_2	3.7 kΩ	150

図8•8　2段CR結合増幅回路の負帰還

同図の交流回路と等価回路を**図8•9**に示す．この回路でR_Fをはずせば，Tr_1の回路はR_Eによって負帰還が行われ，Tr_2の回路は普通の増幅回路である．

R_Fをつなぐと，図（b）の等価回路に示したように出力v_oに比例した電圧v_fがR_Eの両端に生じ，しかもv_fとv_iはTr_1のベース・エミッタ間に対して逆位相になるので負帰還が行われることがわかる．

この等価回路から，R_Fをはずしたときの増幅度A_0と帰還率βを計算し，式(8•3)を利用してA_fを求めてみよう．ただし，R_FをはずしてもTr_1のR_Eによって負帰還が行われているので，A_0を求めるとき注意しなければならない．

①　**A_0の計算**：R_FをはずしたときのTr_1の等価回路を示すと，**図8•10**（a）となる．この回路の増幅度A_{01}は，式(8•20)によって計算することができる．すなわち，$R_{L1}' = R' \parallel h_{ie2}$として，

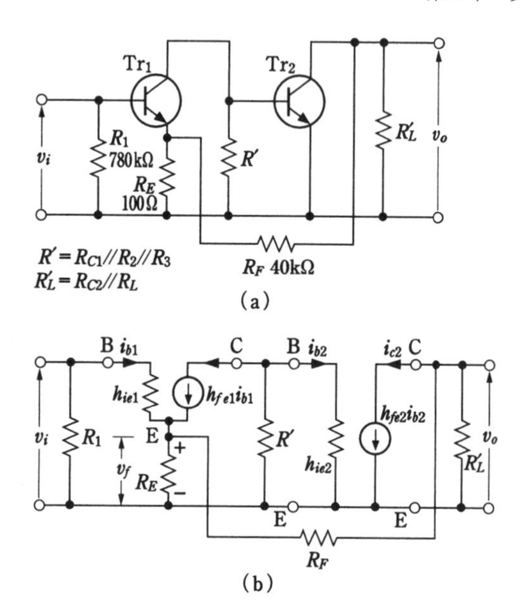

図8・9　交流回路と等価回路

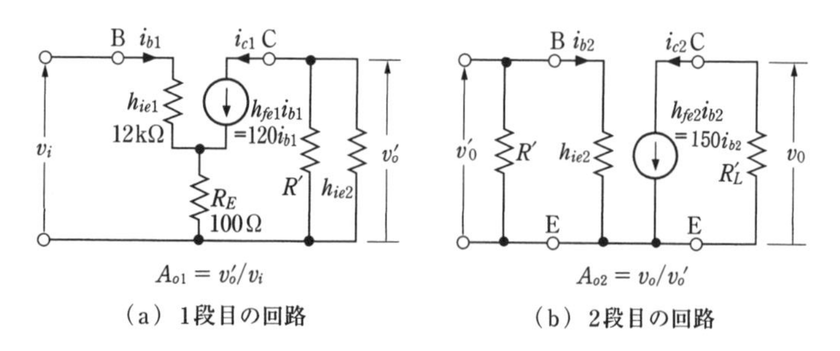

図8・10　帰還抵抗 R_F をはずした等価回路

$$A_{01} = \frac{h_{fe1}R_{L1}'}{h_{ie1}+(1+h_{fe1})R_E} = \frac{120\times2.33}{12+121\times0.1} = 11.6\text{ 倍}\quad(21.3\text{ dB})$$

次に，Tr_2 の回路を書き出すと図(b)となる．この回路の増幅度 A_{o2} は，

$$A_{02} = \frac{h_{fe2}}{h_{ie2}}R_L' = \frac{150}{3.7}\times1.88 = 76.2\text{ 倍}\quad(37.64\text{ dB})$$

したがって，A_0 は，

$$A_0 = A_{01} \times A_{02} = 11.6 \times 76.2 = 884 \text{倍} \quad (58.9\,\mathrm{dB})$$

②　**β の計算**：R_F を接続したとき v_o によって R_E の両端に生じる電圧を v_f とすれば，$\beta = v_f/v_o$ であり，$R_E \ll R_F$，$R_L' \ll R_F$ であれば，$\beta \fallingdotseq R_E/(R_E + R_F)$ となる．数値を入れて計算すると，

$$\beta = \frac{R_E}{R_F + R_E} = \frac{0.1}{40 + 0.1} = 0.00249$$

③　**A_f の計算**：$A_f = A_0/(1 + \beta A_0)$ であるから，A_f は，

$$A_f = \frac{A_0}{1 + \beta A_0} = \frac{884}{1 + 0.00249 \times 884} = 276 \text{倍} \quad (48.8\,\mathrm{dB})$$

第8章　演 習 問 題

1　増幅度 $A_0 = 2\,000$ の増幅回路がある．この回路に帰還率 $\beta = 0.005$ の負帰還をかけたときの増幅度 A_f と利得 G_f および帰還量を求めよ．

2　図8･4で帰還量 $F = 20\,\mathrm{dB}$ の負帰還をかけたときの帯域幅を求めよ．ただし，負帰還をかけないとき，$f_L = 100\,\mathrm{Hz}$，$f_H = 100\,\mathrm{kHz}$ とする．

3　**図問8･3**の増幅回路で，電圧増幅度 A_v と入力抵抗 R_i を計算せよ．

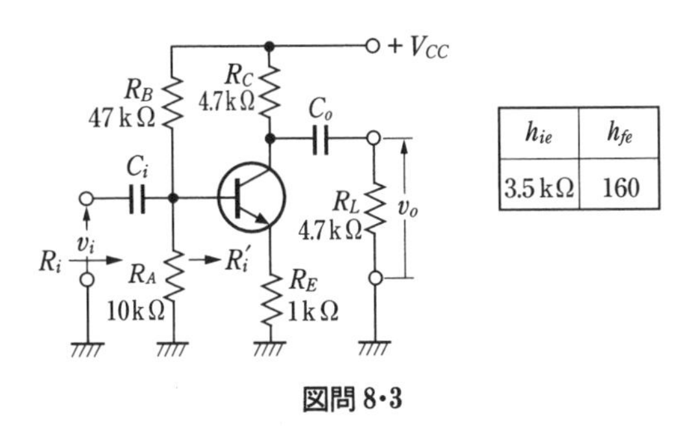

h_{ie}	h_{fe}
3.5 kΩ	160

図問8･3

4　抵抗 R_F で負帰還をかけた**図問 8･4** の CR 結合増幅回路で，

(1)　R_F で負帰還をかけないときの電圧増幅度 A_0

(2)　R_F で負帰還をかけたときの電圧増幅度 A_f

を計算せよ．

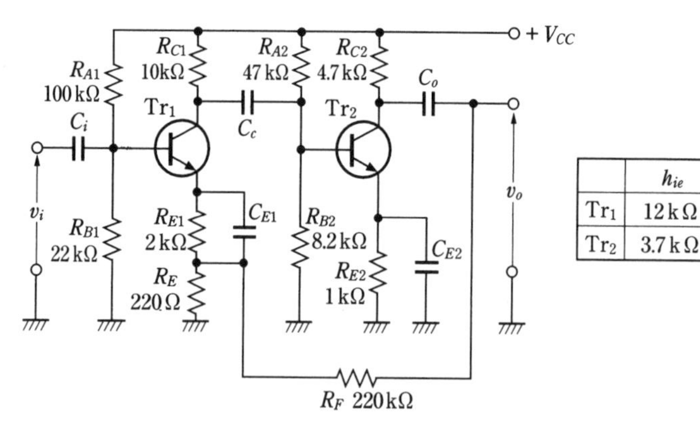

	h_{ie}	h_{fe}
Tr1	12 kΩ	120
Tr2	3.7 kΩ	150

図問 8･4

第 **9** 章

電力増幅回路

これまで述べてきた増幅回路は，小信号の電圧や電流を増幅することを目的としているため，負荷として例えばスピーカやモータを直接駆動したりすることはできない．負荷に信号電力を供給することを目的とした増幅回路を**電力増幅回路**という．電力増幅回路では，高い電源効率を得ることが重要となる．また出力段のトランジスタの電圧，電流の変化量が非常に大きくなるため，h パラメータによる線形の等価回路を得ることは困難となり，特性曲線を用いた図式解法の手法が用いられる．ここでは，主に低周波用の電力増幅回路について述べる．

9・1　電力増幅回路のバイアス条件

増幅器の入力に周期的な正弦波信号を加えた場合，**図 9・1** に示す V_{BE}-I_C 特性で出力のコレクタ電流が入力電圧に対応してどのように流れるのか，すなわ

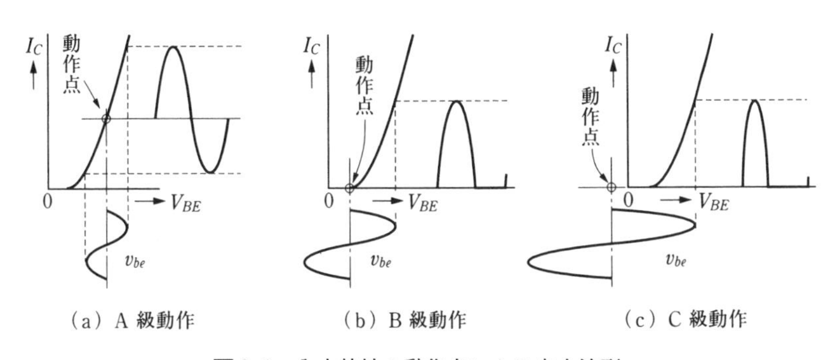

図 9・1　入力特性の動作点による出力波形

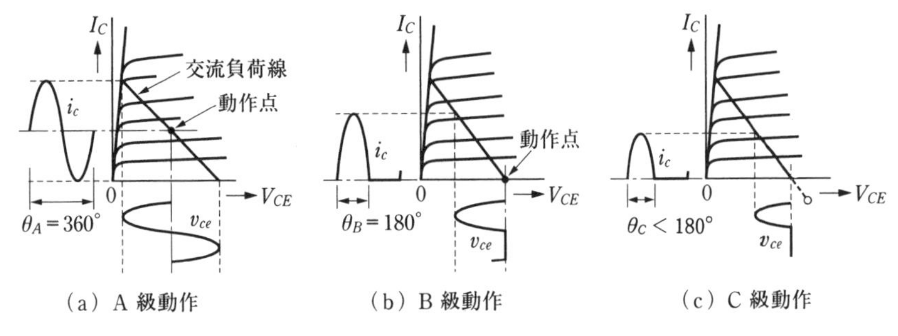

（a）A 級動作　（b）B 級動作　（c）C 級動作

図 9･2　出力特性の動作波形

ち動作点をどこに設けるかによってA級，B級およびC級の区別を行っている．また，**図 9･2** は出力特性の各動作点における出力波形を示している．

(1)　A 級動作

A 級動作は図 9･2 (a) に示すように，動作点を交流負荷線のほぼ中央に設定するから，これまでの小信号増幅回路はすべてこの動作に属する．入力波形が増幅されてそのまま出力波形となり，ひずみ率は最も良いが，信号レベルが大きくなると入力特性の湾曲部にかかり，波形のひずみが生じる．電流が流れる流通角 θ_A は 360° で，入力信号の有無とは無関係に電流が流れるから，つねに電力消費があり，電源効率は最も悪い．

電源効率とは，負荷から取り出せる出力電力 P_o と電源から供給される直流の平均電力 P_{DC} の比で定義している．このため後述するように，低電力用のトランスを用いたA級シングル電力増幅回路に採用されている．

(2)　B 級動作

B 級動作の動作点は図 9･1 (b) に示すように，V_{BE}-I_C 特性曲線のカットオフ点に選び，流通角 θ_B は 180° で入力信号の1周期の半分だけ電流が流れ，半波整流された出力波形となる．したがって，このままでは増幅器として不完全であるから，後述するように正と負の半サイクルを別々のトランジスタで増幅し，出力側で合成する方式，すなわち**プッシュプル** (push-pull) **方式**を採用している．なお，無信号時には電流が流れないから電力の消費が少なく，効率の良い増幅ができる．

(3)　C 級動作

C 級動作は，図 9•1 (c) に示すようにカットオフ点よりもさらに深い逆バイアスをかけて使用する．このため流通角は 180° 以下で，電流も 1 周期の半サイクル未満しか流れないから，低周波の電力増幅回路として使用できない．C 級動作は，同調回路を含む高周波電力増幅回路において，効率の良い電力増幅を行うことができる．

9•2　接合トランジスタの最大定格

トランジスタを使う場合，印加できる電圧や流すことのできる電流が一定の限界値を超えるとトランジスタを破壊したり特性が劣化したりする．この許容限界値を**最大定格**という．

(1)　最大許容電圧 V_{CBO}，V_{CEO}，V_{EBO}

V_{CBO} はベース接地で，エミッタ開放時にコレクタ・ベース間に連続的に加え得る逆方向電圧の最大許容値，V_{CEO} はエミッタ接地で，ベース開放時にコレクタ・エミッタ間に加えることのできる最大許容電圧，V_{EBO} はコレクタ開放時のエミッタ・ベース間に加え得る逆方向電圧の最大許容値である．通常，エミッタ接合部は順方向バイアスで用いるが，パルス回路などで逆方向電圧が加わる場合に問題となる．

(2)　最大コレクタ電流 $I_{C\max}$

ベース・エミッタ間に順方向電圧を加えたとき，コレクタに連続的に流し得る電流の最大許容値である．

(3)　最大コレクタ損失 $P_{C\max}$

動作時のコレクタ電圧 V_{CE} とコレクタ電流 I_C の積で表され，$P_C = V_{CE}I_C$〔W〕がこの最大値を超えてはならない．**図 9•3** に P_C 曲線の一例を示す．

このように，トランジスタには許容限界のコレクタ損失 $P_{C\max}$ のほかに，コレクタ・エミッタ間電圧 V_{CEO} とコレクタ電流 I_C の最大許容値が決められているから，**図9·4** の範囲を超えてトランジスタを動作させることはできない.

なお，直流電源から供給される電力 P_{DC} から交流出力電力 P_o を差し引いた残りはすべてコレクタ損失 P_C となり，次式が成立する.

$$P_C = P_{DC} - P_o \qquad (9·1)$$

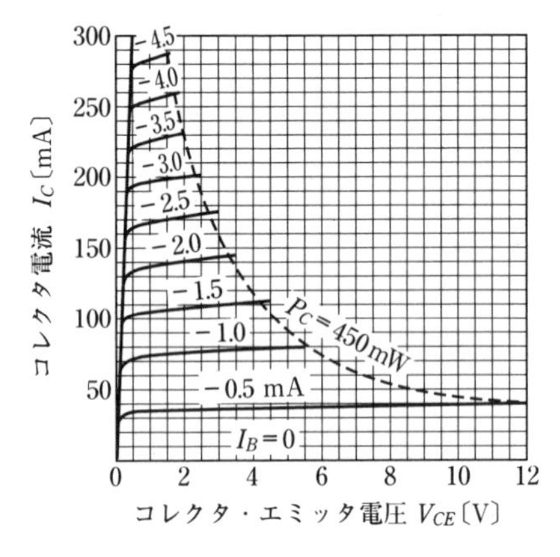

図9·3　最大コレクタ損失曲線

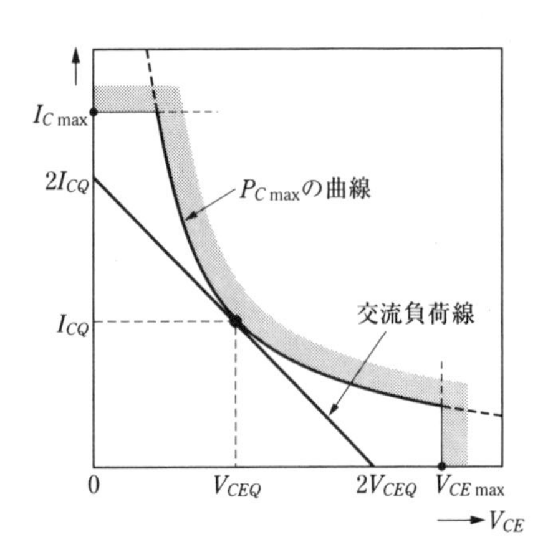

図9·4　トランジスタの最大許容範囲

電力用のトランジスタは大きなコレクタ電流を流して使うので，コレクタ損失が増加しトランジスタ内部の発熱によって破損することがある．このため，内部に発生する熱を放熱させるため，適切な放熱板をトランジスタに取り付けて使用している.

図9·5 (a) はコレクタ損失が放熱板の面積と周囲温度によって変化する例を示している．同図より周囲温度が 25℃ のとき，コレクタ損失は放熱板の面積が無限大のときは 15 W まで許されるが，200 cm^2 のときは 10 W まで，放熱板がないときは 3 W まで下がってしまう．したがって，電力増幅用のパワートランジスタの最大コレクタ損失は，周囲温度が 25℃ で無限大の放熱板を用いて熱の放熱が理想的に行われているという条件で与えられているから，使用に際しては十分注意する必要がある.

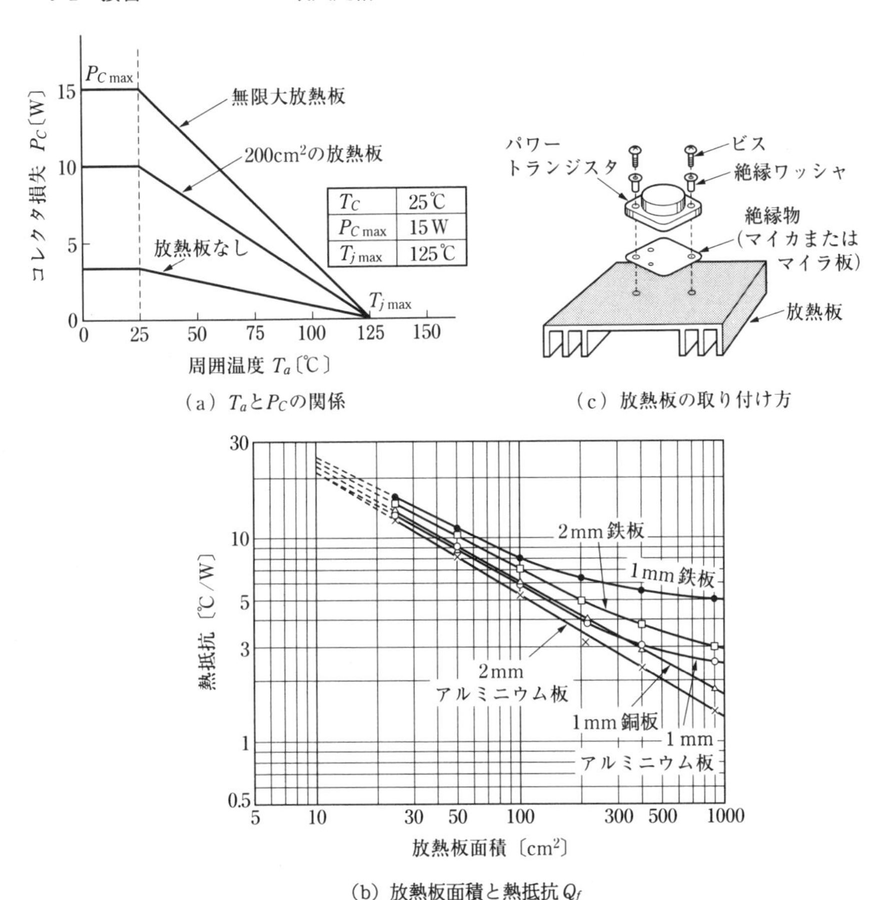

（a）T_aとP_Cの関係

（c）放熱板の取り付け方

（b）放熱板面積と熱抵抗 Q_f

図 9・5　コレクタ損失の周囲温度および放熱板の関係

（4）　最大接合部温度　T_{jmax}

トランジスタは接合部の温度が上昇し過ぎると，元の特性に戻らない．最大接合部温度とはこの最大許容値のことであり，Ge トランジスタで 75〜100℃程度，Si トランジスタで 150〜200℃ 程度である．

周囲温度 T_a〔℃〕と P_{Cmax}〔W〕および T_{jmax}〔℃〕の間には，

$$P_{Cmax} = \frac{T_{jmax} - T_a}{\theta_{ja}} \quad \text{〔W〕} \tag{9・2}$$

ただし，$\theta_{ja} = \theta_i + \theta_c + \theta_s + \theta_f$

の関係がある．ここで θ_{ja}〔℃/W〕を**全熱抵抗**といい，トランジスタの接合部・ケース間熱抵抗（内部熱抵抗）θ_i，トランジスタケースと放熱器との接触面の状態で決まる接触熱抵抗 θ_c，絶縁物の材質で決まる絶縁板熱抵抗 θ_s，および放熱器熱抵抗 θ_f の和で表され，なかでも θ_i はトランジスタ固有の値で，$P_{C\max}$ と次式の関係にある．

$$P_{C\max} = \frac{T_{j\max} - T_c}{\theta_i} = \frac{T_{j\max} - 25}{\theta_i} \quad \text{〔W〕} \tag{9・3}$$

なお，図9・5（b）は放熱板面積と放熱器熱抵抗 θ_f の関係を，図（c）は放熱板にトランジスタを取り付ける様子を示している．

【例題9・1】　$P_{C\max} = 60$ W（$T_c = 25$℃，無限大の放熱板使用），$T_{j\max} = 150$ ℃ のトランジスタを周囲温度 T_a を60℃，$P_c = 15$ W で動作させるのに必要な放熱器の面積を求めよ．ただし，$\theta_c + \theta_s = 1$ ℃/W とする．

（解）　$P_{C\max} = 60$ W，$T_{j\max} = 150$ ℃ を式（9・3）に代入して内部熱抵抗 θ_i を求めると，

$$\theta_i = \frac{T_{j\max} - T_c}{P_{C\max}} = \frac{150 - 25}{60} \fallingdotseq 2.1 \text{ ℃/W}$$

式（9・2）より，

$$\theta_{ja} = \frac{T_{j\max} - T_a}{P_C} = \frac{150 - 60}{15} = 6 \text{ ℃/W}$$

したがって，

$$\theta_f = \theta_{ja} - (\theta_i + \theta_c + \theta_s) = 6 - (2.1 + 1) = 2.9 \text{ ℃/W}$$

すなわち，放熱器の熱抵抗は2.9 ℃/W 以下のものを用いる．図9・5（b）より2 mm 厚のアルミニウム板では270 cm² の面積が必要である．　■

9・3　トランス結合A級電力増幅回路

図9・6 はトランスを用いたA級電力増幅回路の実用回路を示している．小信号用のトランス結合増幅回路の目的はトランスを利用して負荷との整合をとり，大きな増幅度を得ることにあるが，電力増幅回路の場合は無ひずみ最大出力をいかにして得るかに重点が置かれている．

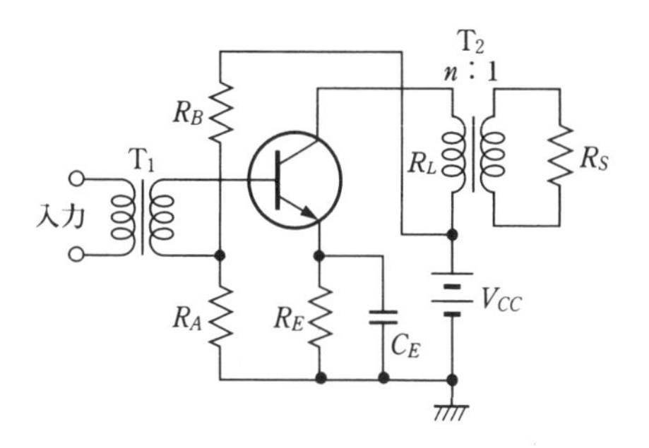

図 9・6 トランス結合 A 級電力増幅回路

トランス T_2 の直流巻線抵抗を無視すれば，**図 9・7** に示すように直流負荷線の傾きは $-1/R_E$ となり，通常 R_E の値は小さい．トランスは巻線比 n の 2 乗でインピーダンスを変換する働きがあるから，トランス T_2 の 1 次側から見た負荷インピーダンス R_L は巻線比を $n : 1$ とすれば，

$$R_L = n^2 R_S \tag{9・4}$$

で与えられる．したがって，交流負荷線の傾きは $-1/R_L$ の直線となり，この直線を平行移動して直流負荷線との交点で 2 等分されるところが最適動作点 Q となる．

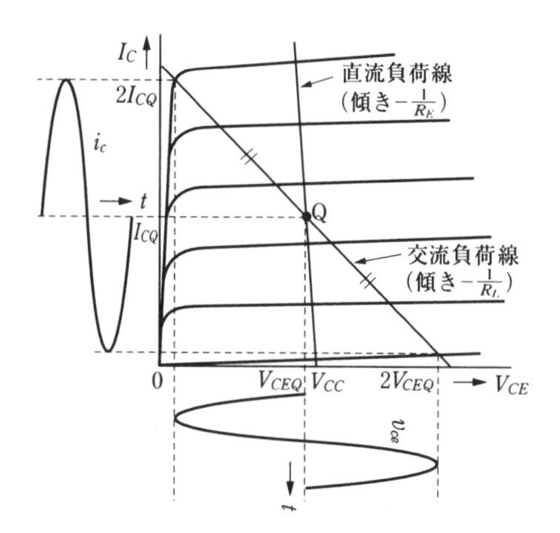

図 9・7 A 級増幅回路の動作特性

> **【例題 9・2】** 巻線比 5 : 1 のトランスの 2 次側に 16 Ω の負荷を接続したときの 1 次側から見た交流負荷抵抗はいくらになるか．

(解) 式 (9・4) より，

$$R_L = n^2 R_S = 5^2 \times 16 = 400\ \Omega$$

> **【例題 9・3】** 1 次側 200 Ω，2 次側 8 Ω と表示されているトランスの巻線比はいくらになるか．

(解) 式 (9・4) より，

$$n^2 = \frac{R_L}{R_S} \qquad \therefore\ n = \sqrt{\frac{R_L}{R_S}} = \sqrt{\frac{200}{8}} = \sqrt{25} = 5$$

次に，**図 9・8** の動作特性をもとにして A 級電力増幅回路の効率について考えよう．動作点 Q が交流負荷線の中央にくるようにバイアスを設定すれば，

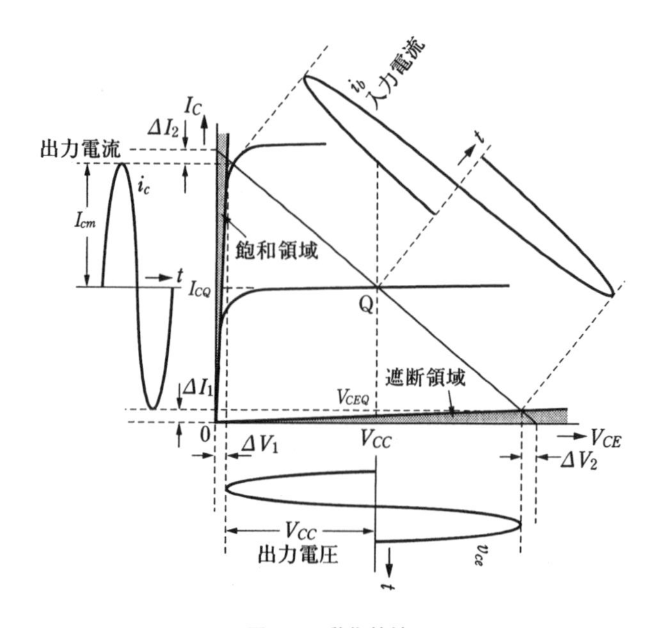

図 9・8　動作特性

最大出力電圧が得られる．同図の ΔV_1，ΔV_2 および ΔI_1，ΔI_2 は通常小さいので無視すれば，$I_{CQ} \fallingdotseq I_{Cm}$，$V_{CEQ} \fallingdotseq V_{CC}$ としてコレクタ電流 I_{Cm} は負荷線の傾きから $I_{Cm} = V_{CC}/R_L$ となる．

出力電圧の最大値は約 V_{CC}，出力電流の最大値も約 I_{Cm} であるから，これらを実効値になおして最大出力電力 P_{Om} を求めると，

$$P_{Om} = \frac{V_{CC}}{\sqrt{2}} \cdot \frac{I_{Cm}}{\sqrt{2}} = \frac{1}{2} V_{CC} I_{Cm} \qquad (9 \cdot 5)$$

となる．交流負荷線の傾きは $R_L = V_{CC}/I_{Cm}$ であるから，交流負荷 R_L と最大出力電力 P_{Om} の関係は次式となる．

$$P_{Om} = \frac{1}{2} V_{CC} I_{Cm} = \frac{V_{CC}{}^2}{2R_L} \qquad (9 \cdot 6)$$

これより，最大出力電力を大きくするためには電源電圧 V_{CC} が一定のときは，交流負荷 R_L，すなわち出力トランスの 1 次側から見たインピーダンスを小さくする必要がある．

負荷から取り出せる出力電力と，電源から供給される平均電力との比を電源効率ということはすでに述べた．A 級電力増幅回路の場合，電源が供給するコレクタ電流の平均値は信号の大きさに無関係に一定で I_{Cm} となる．したがって，電源が供給する平均電力 P_{DC} は，$P_{DC} = V_{CC} \cdot I_{Cm}$ となる．また，A 級電力増幅回路の電源効率は最大出力時に最大となるから，このときの電源効率 η_m は次式のように 50％となる．

$$\eta_m = \frac{P_{Om}}{P_{DC}} = \frac{V_{CC} I_{Cm}/2}{V_{CC} I_{Cm}}$$

$$= \frac{1}{2} = 0.5 \qquad (9 \cdot 7)$$

しかし，実際には振幅を大きくするとひずみを生じたり，回路の損失のため 50％以下になってしまう．

なお，式 (9・1) より $P_O = 0$ のとき，すなわち無信号時にコレクタ損失は最大となるから，$P_{Cm} = V_{CC} \cdot I_{Cm} = 2P_{Om}$ が成立する．したがって，最大出力電力の 2 倍がコレクタ損失の最大値になる．

【例題 9・4】 図 9・6 の A 級電力増幅回路で，

(1) 最大出力電力 P_{Om}

(2) コレクタ電流の平均値 I_{Cm}

(3) 電源の平均電力 P_{DC}

(4) 最大出力時のコレクタ損失 P_C

(5) 電源効率 η_m

を求めよ．ただし，$V_{CC}=12\ \mathrm{V}$，トランスの 1 次側から見た交流負荷抵抗 R_L を $600\ \Omega$ とする．

（解）

(1) 式 (9・6) より

$$P_{Om}=\frac{V_{CC}^2}{2R_L}=\frac{12^2}{2\times600}=0.12\ \mathrm{W}=120\ \mathrm{mW}$$

(2) $I_{CQ}=I_{Cm}=\dfrac{V_{CC}}{R_L}=\dfrac{12}{600}=0.02\ \mathrm{A}=20\ \mathrm{mA}$

(3) $P_{DC}=V_{CC}\cdot I_{Cm}=12\times0.02=0.24\ \mathrm{W}=240\ \mathrm{mW}$

(4) 式 (9・1) より

$$P_C=P_{DC}-P_{Om}=240-120=120\ \mathrm{mW}$$

(5) 式 (9・7) より

$$\eta_m=\frac{P_{Om}}{P_{DC}}=\frac{120}{240}=0.5$$

■

9・4 B 級プッシュプル電力増幅回路

B 級プッシュプル電力増幅回路は，カットオフ点に動作点を設定して増幅作用を行わせる回路であるから，入力信号の半周期のみ出力電流が流れ，出力波形は半波となってしまう．そこで，特性のそろったトランジスタを 2 個（ペアトランジスタ）用い，入力信号の正の半周期と負の半周期を別々のトランジスタで分担増幅し，この 2 つの半波を出力側で合成して出力波形を取り出している．

B 級プッシュプル電力増幅回路は，トランスを用いた通常の **B 級プッシュ**

プル回路と，トランスを使用しない **OTL**（Output Transformer-Less）**回路**に分類され，OTL の中でも**コンプリメンタリ SEPP**（Complementary Single Ended Push-Pull）**回路**が最も広く用いられている．

(1)　B級プッシュプル電力増幅回路

図9•9 はトランスを用いたB級プッシュプル回路の動作原理を示したものである．ベース・エミッタ間のバイアス電圧をゼロとして，中間タップ付きの入力トランス T_1 に大振幅の入力信号を加える．このとき入力トランス T_1 の2次側には，中間タップを共通端子として互いに位相が 180° 異なる出力波形が得られている．

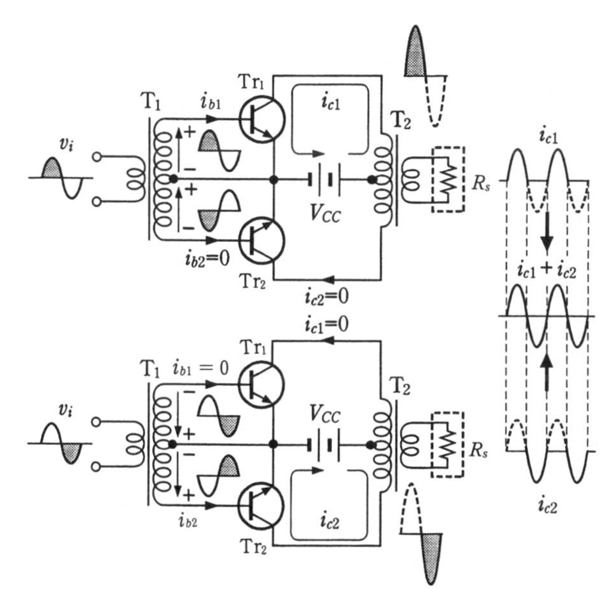

図9•9　B級プッシュプル電力増幅回路の動作原理

入力信号 v_i の正の半周期を考えると，Tr_1 のベースには正の信号電圧が加わっているから Tr_1 のベース・エミッタ間は順方向バイアスで，Tr_1 はオン状態にある．このとき，Tr_2 のベースには負の信号電圧が加わっているから，Tr_2 はオフ状態となっている．したがって，入力信号 v_i の正の半周期においては，Tr_1 のみが動作してコレクタ電流 i_{c1} が流れ，Tr_2 は動作しないから i_{c2} は流れない．

次に，入力信号 v_i の負の半周期を考えると，Tr_1 のベースには負の信号電圧が加わるから Tr_1 のベース・エミッタ間は逆方向バイアスとなり，Tr_1 はオフ状態となる．一方，Tr_2 のベースには正の信号電圧が加わるから，Tr_2 のベース・エミッタ間は順方向バイアスとなって，Tr_2 はオン状態となる．したがって，入力信号 v_i の負の半周期では Tr_1 は動作せず，Tr_2 のみが動作してコレクタ電流 i_{c2} が流れる．

こうして，負荷 R_L には i_{c1} と i_{c2} が合成されて負荷電流が流れるが，実際のトランジスタの入力特性は湾曲しているため，合成された負荷電流は**図 9･10** (a) に示すように，ベース・エミッタ間電圧 v_{BE} のゼロ近傍で波形がひずんでしまう．このつなぎ目の部分で発生するひずみを**クロスオーバひずみ**という．このひずみを防止するには，図 (b) に示すように，入力信号が加わらないとき，すなわち無信号時でもつねにコレクタ電流が流れるようにバイアス電圧をわずかに与えて，2つのトランジスタのコレクタ電流合成特性が直線になるようにすればよい．このようなバイアス電圧の与えかたを **AB 級動作**と呼ぶことがある．このため**図 9･11** (a) に示すようにバイアス電圧 V_{BB} を加えると，無信号時でもわずかにコレクタ電流を流すことができて，ひずみを防止することができる．実際には，図 (b) の抵抗 R_A と R_B を接続してバイアス電圧を得ている．また，R_E は安定化抵抗であると同時に負帰還作用によってトランジスタの入力特性のひずみを減少させる効果がある．

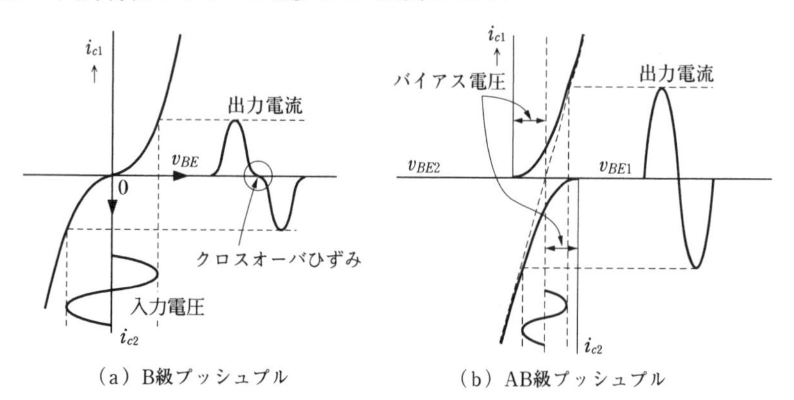

(a) B級プッシュプル　　(b) AB級プッシュプル

図 9･10　クロスオーバひずみとバイアスの関係

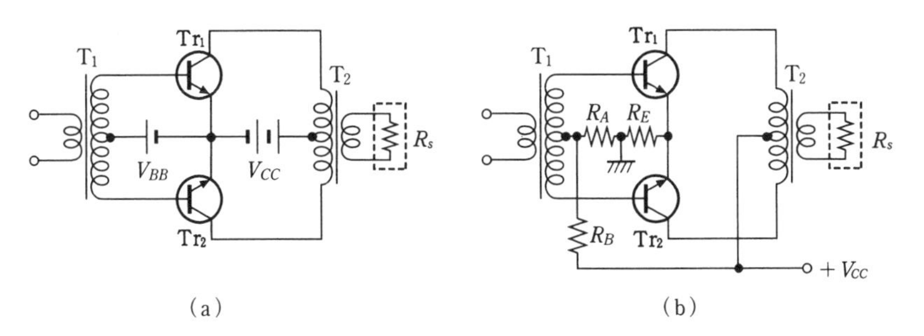

図9・11　クロスオーバひずみ防止回路

B級プッシュプル電力増幅回路の動作特性は，**図9・12**に示すように，V_{CE}–I_Cの出力特性をV_{CC}点を中心にして上下対称に組み合わせて考えることができる．この動作特性をもとに電源効率を考えてみよう．

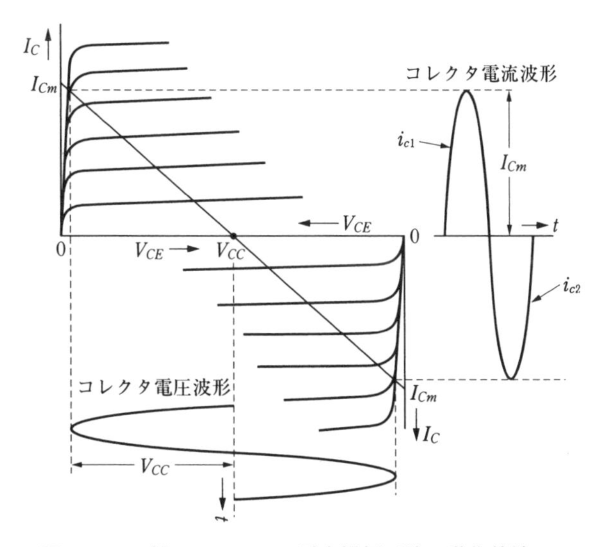

図9・12　B級プッシュプル電力増幅回路の動作特性

最大出力電力P_{Om}は，出力電圧の最大値を約V_{CC}，同じく出力電流の最大値を約I_{Cm}として，次式のように表すことができる．

$$P_{Om} = \frac{V_{CC}}{\sqrt{2}} \cdot \frac{I_{Cm}}{\sqrt{2}} = \frac{1}{2} V_{CC} I_{Cm} = \frac{{V_{CC}}^2}{2R_L} \tag{9・8}$$

ここで，R_L は**図9・13**に示すように出力トランスの中間タップ・コレクタ端子間より2次側を見た負荷インピーダンスで，それぞれのトランジスタに対する交流負荷になる．したがって，図9・12の交流負荷線は V_{CC} の点から I_{Cm} まで $-1/R_L$ の傾きで引くことができる．この R_L をトランスの両コレクタ間のインピーダンス R_{CC} に換算すると，$R_{CC}=4R_L$ の関係から次式を得る．

$$P_{Om}=\frac{V_{CC}^2}{2R_L}=\frac{2V_{CC}^2}{R_{CC}} \tag{9・9}$$

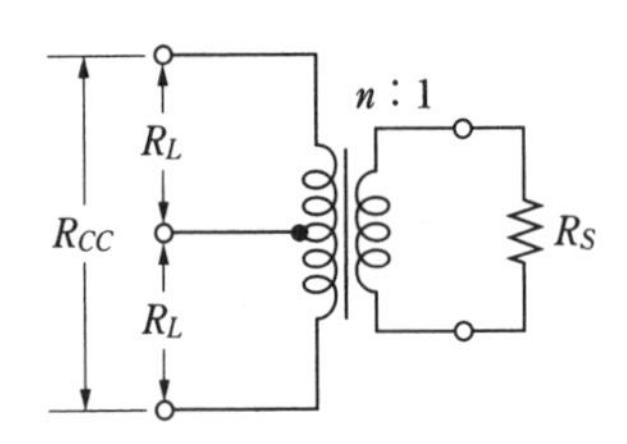

図9・13 出力トランス

電源から供給される直流電力は，電源電圧と電源電流の平均値の積で与えられ，電源には i_{c1} と i_{c2} が交互に流れるから，電源電流 i_{cc} は**図9・14**に示すように全波整流された波形となる．i_{cc} の平均値 I_{DC} は $(2/\pi)I_{Cm}$ であるから，電源の平均電力 P_{DC} は次式となる．

$$P_{DC}=V_{CC}I_{DC}=V_{CC}\cdot\frac{2}{\pi}I_{Cm}=\frac{2}{\pi}V_{CC}I_{Cm} \tag{9・10}$$

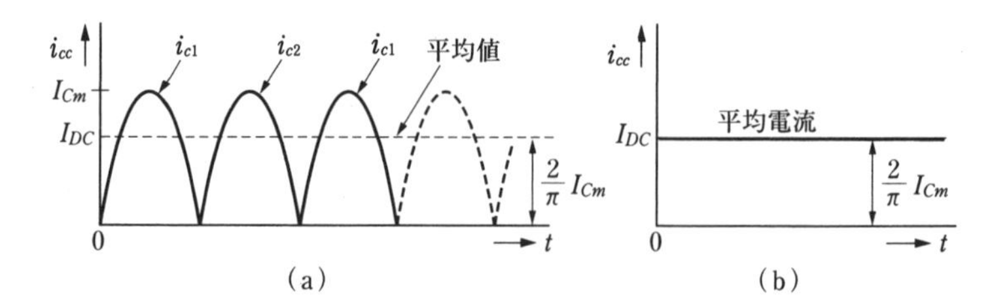

図9・14 電源電流の平均値

したがって，最大出力時の電源効率 η_m は，

$$\eta_m=\frac{P_{Om}}{P_{DC}}=\frac{V_{CC}I_{Cm}/2}{2V_{CC}I_{Cm}/\pi}=\frac{\pi}{4}\fallingdotseq 0.785 \tag{9・11}$$

となり，A級電力増幅回路の電源効率が50%に対して，B級プッシュプル電力増幅回路では78.5%に改善できることがわかる．

【例題9・5】 図9・9のB級プッシュプル電力増幅回路で，

(1) トランスT_2の1次側の両端から見たインピーダンスR_{CC}

(2) 交流負荷抵抗R_L

(3) 最大出力電力P_{Om}

(4) 出力電流の最大値I_{Cm}

(5) 電源の平均電力P_{DC}

(6) 電源効率η_m

を求めよ．ただし，$V_{CC} = 12$ V，トランスの巻線比を5：1，負荷抵抗R_Sを8Ωとする．

（解） (1) $R_{CC} = n^2 R_S = 5^2 \times 8 = 200\ \Omega$

(2) $R_L = \left(\frac{n}{2}\right)^2 \cdot R_S = 2.5^2 \times 8 = 50\ \Omega$

(3) 式(9・8)より，

$$P_{Om} = \frac{V_{CC}{}^2}{2R_L} = \frac{12^2}{2\times 50} = 1.44\ \text{W}$$

(4) $I_{Cm} = \frac{V_{CC}}{R_L} = \frac{12}{50} = 0.24\ \text{A}$

(5) 式(9・10)より，

$$P_{DC} = \frac{2}{\pi} V_{CC} I_{Cm} = \frac{2}{\pi} \times 12 \times 0.24 = 1.833\ \text{W}$$

(6) 式(9・11)より，

$$\eta_m = \frac{P_{Om}}{P_{DC}} = \frac{1.44}{1.833} \fallingdotseq 0.785$$

■

(2) コンプリメンタリSEPP回路

トランスは周波数特性をもつから，出力トランスを用いないで出力トランジスタから直接スピーカなどの負荷に接続できれば，より忠実な信号を再現できるはずである．また，容積，重量，価格の点から考えても，出力トランスなしで負荷に接続できればそれに越したことはない．このように出力トランスを使用しない回路を**OTL 回路**といい，なかでもコンプリメンタリ SEPP 回路は今日最も広く用いられている．

電圧と電流の方向だけが逆で，そのほかの特性がほぼ等しい npn と pnp のトランジスタを**相補対称**（complementary symmetry）という．**図 9・15** に示すように，出力段に特性のそろった npn と pnp のトランジスタを組み合わせたプッシュプル回路を**コンプリメンタリ SEPP 回路**といい，1 電源方式と 2 電源方式が考えられる．

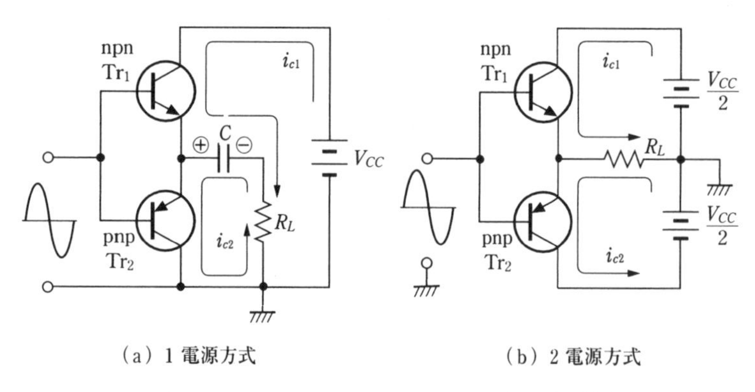

図 9・15 コンプリメンタリ SEPP 回路の電源構成

図 (a) のように，負荷 R_L と直列に大容量のコンデンサ C を接続すれば 1 電源ですませることができる．このコンデンサは，結合用であると同時に電源としての役割も担っている．すなわち，$\mathrm{Tr_1}$ がオン状態のときは，電源 $V_{CC} \rightarrow \mathrm{Tr_1} \rightarrow C \rightarrow R_L$ の経路でコンデンサ C に充電が行われ，この充電は瞬時に行われると考えてよい．次に $\mathrm{Tr_2}$ がオン状態になると，コンデンサ C に充電された電荷は，$C \rightarrow \mathrm{Tr_2} \rightarrow R_L$ の経路で放電するが，コンデンサ C の容量が十分大きければ，C 両端の電圧はほとんど変化しないため，$\mathrm{Tr_2}$ がオン状態にある入力信号の半周期期間は電源としての役割を担ってくれる．

次に，図 (b) の 2 電源方式の動作について考えよう．**図 9・16** (a) で入力信号 v_i が正の半周期のとき，$\mathrm{Tr_1}$ は順方向バイアスされてオン状態となり，コレクタ電流 i_{c1} が負荷 R_L に流れる．このとき，$\mathrm{Tr_2}$ は逆バイアスされているからオフ状態にあり，コレクタ電流 i_{c2} は流れない．次に v_i の負の半周期で Tr_2 がオン状態となり，コレクタ電流 i_{c2} が負荷 R_L に流れる．このとき，Tr_1 は逆バイアスされているからオフ状態にあり，コレクタ電流 i_{c1} は流れない．こうして，コレクタ電流 i_{c1}，i_{c2} は負荷 R_L に対して互いに逆方向に流れ，Tr_1 と Tr_2 が交互に動作して増幅作用が行われる．

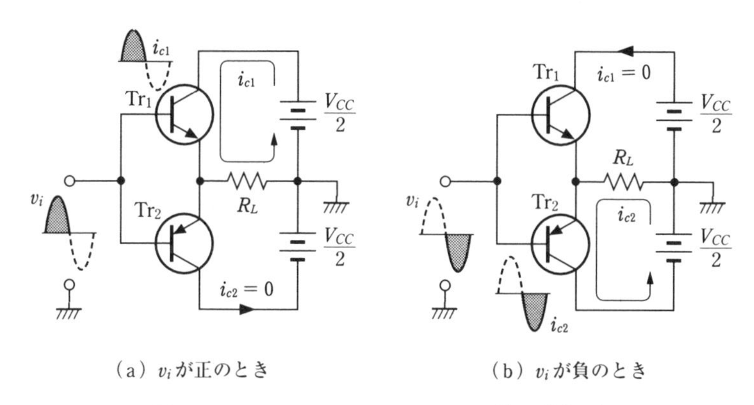

（a）v_i が正のとき　　（b）v_i が負のとき

図 9・16　コンプリメンタリ SEPP 回路の動作原理

図 9・16 のままでは，B 級プッシュプル電力増幅回路で説明したと同様にクロスオーバひずみが生じてしまう．これを防止するには，Tr_1 と Tr_2 を順方向バイアスにして無信号時でもわずかに電流が流れるようにすればよい．

図 9・17 は実用的なバイアス回路の例を示している．図 (a) でダイオード D_1，D_2 に電流を流すと，ダイオード 1 個あたりの順方向電圧はトランジスタの V_{BE} にほぼ等しいから，Tr_1 と Tr_2 のバイアス電圧を得ることができる．

また，図 (b) は，トランジスタを用いた定電圧バイアス回路の一例で，抵抗 R_B を調整して必要なバイアス電圧，すなわち Tr_3 のコレクタ・エミッタ間電圧 V_B を得ている．エミッタに接続された抵抗 R_E は Tr_1，Tr_2 に過大電流が流れて破壊されるのを保護するための安定用抵抗で，通常 0.5～1Ω 程度の値が用いられる．

図 (c) はエンハンスメント形の N チャネルと P チャネル MOS-FET を用いた SEPP 回路で，それぞれのしきい値電圧が約 1.5 V であれば，定電圧回路のコレクタ・エミッタ間電圧 V_B を 3 V に設定すれば，同様にクロスオーバひ

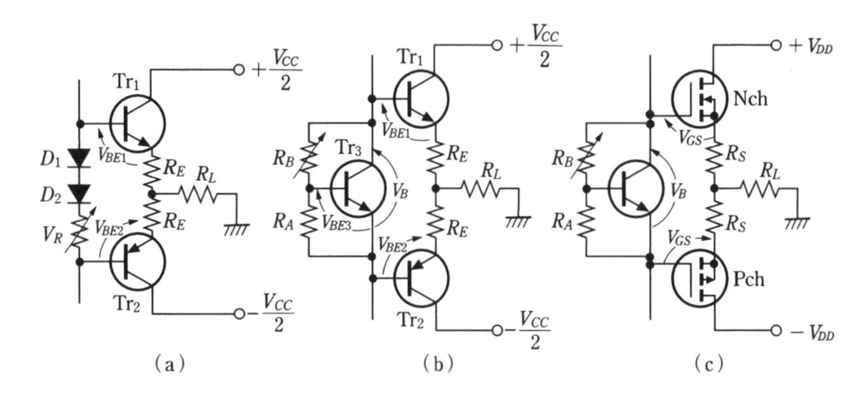

図9･17　クロスオーバひずみ防止のバイアス回路

ずみを防止することができる.

なお，2電源方式のコンプリメンタリSEPP回路の動作特性は，図9･12で中心点 V_{CC} を $V_{CC}/2$ に置き換えて上下に出力特性を組み合わせて考えればよい.

> **【例題9･6】**　図9･17（b）のバイアス回路で，バイアス電圧 V_B はどのような式で与えられるか．ただし，Tr_3 のベース電流は無視するものとする.

（解）　Tr_3 のベース電流を無視すれば，

$$\frac{V_{BE3}}{R_A}=\frac{V_B}{R_A+R_B}\qquad \therefore\ V_B=\frac{R_A+R_B}{R_A}V_{BE3}$$

■

> **【例題9･7】**　2電源方式コンプリメンタリSEPP回路の最大出力時の電源効率がB級プッシュプル電力増幅回路と同様，78.5%になることを示せ.

（解）　図9･16で，コレクタ電流の最大値 I_{Cm} は，

$$I_{Cm}=\frac{V_{CC}/2}{R_L}=\frac{V_{CC}}{2R_L}$$

出力電圧の最大値は $V_{CC}/2$ であるから，最大出力電力 P_{Om} は，

$$P_{Om}=\frac{V_{CC}/2}{\sqrt{2}}\cdot\frac{I_{Cm}}{\sqrt{2}}=\frac{V_{CC}I_{Cm}}{4}=\frac{V_{CC}{}^2}{8R_L}$$

電源の平均電力P_{DC}は，

$$P_{DC} = \frac{V_{CC}}{2} \cdot \frac{2}{\pi} I_{Cm} = \frac{V_{CC}^2}{2\pi R_L}$$

したがって，最大出力時の電源効率η_mは，

$$\eta_m = \frac{P_{Om}}{P_{DC}} = \frac{V_{CC}^2}{8R_L} \cdot \frac{2\pi R_L}{V_{CC}^2} = \frac{\pi}{4} \fallingdotseq 0.785$$

▩

コンプリメンタリSEPP回路は特性上有利な点が多いが，特性のそろったペアのトランジスタを用意する必要がある．このペアトランジスタが得にくい場合や大電力のパワートランジスタを必要とする場合の解決策として，ダーリントン接続がある．

ダーリントン接続

ダーリントン接続回路は，**図9･18**に示すように2個のトランジスタを直接接続して，等価的に大きなh_{fe}をもつnpnまたはpnpトランジスタを得る方法である．

図(a)はnpnとnpnトランジスタの組み合わせで，各トランジスタTr_1，Tr_2の電流増幅率をそれぞれh_{fe1}，h_{fe2}とすると，ダーリントン接続された電流増幅率h_{fe}はほぼ$h_{fe1} \cdot h_{fe2}$に等しいnpnトランジスタと等価になる．また図(b)のpnpとnpnトランジスタを組み合わせると，同じく電流増幅率h_{fe}がほぼ$h_{fe1} \cdot h_{fe2}$に等しいpnpトランジスタと等価になる．このように，ダーリントン接続回路は高い電流増幅率h_{fe}が容易に実現できて，しかも高入力インピーダンス，低出力インピーダンスが得られるため，小信号増幅回路でも積

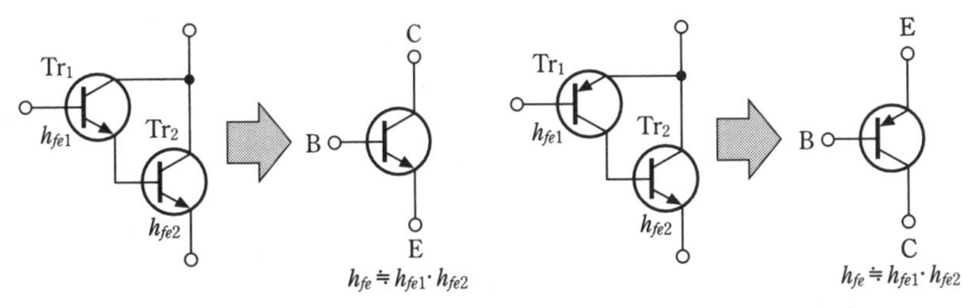

（a）npnとnpnとの組合せ　（b）pnpとnpnとの組合せ

図9･18　ダーリントン接続回路

極的に用いられている.

> **【例題9・8】**　ダーリントン接続された図9・18（a），（b）の電流増幅率 h_{fe} がほぼ各トランジスタの電流増幅率の積，すなわち $h_{fe1} \cdot h_{fe2}$ で与えられることを示せ.

（解）　各線路に流れる電流を示すと次の図のようになる.

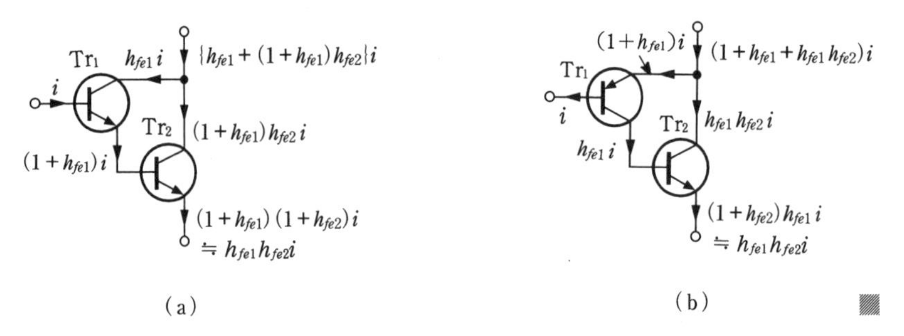

(3)　疑似コンプリメンタリ SEPP 回路

ダーリントン接続されたトランジスタを出力側に選べば，回路技術的に npn あるいは pnp の大電流，大電力のパワートランジスタが容易に得られる．このペアトランジスタを用いれば，コンプリメンタリ SEPP 回路を作ること

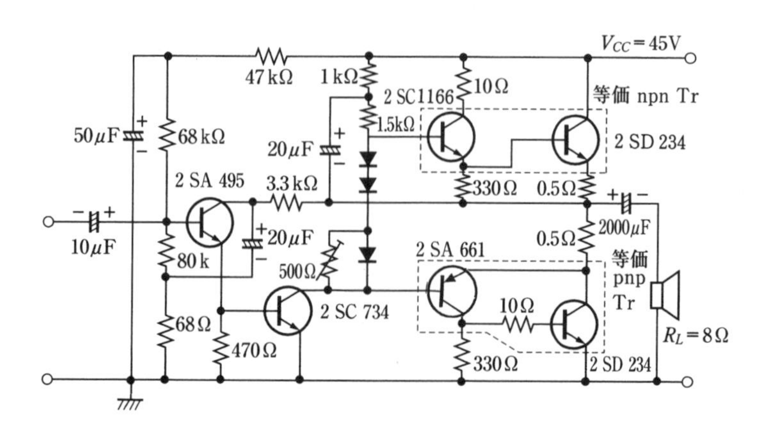

図9・19　疑似コンプリメンタリ SEPP 回路（出力20W）

ができて，**図9･19**にその実用回路を示す．この方式を疑似コンプリメンタリSEPP回路というが，通常これもコンプリメンタリSEPP回路に含めている．なお，ダーリントン接続ではなく，コンプリメンタリのパワートランジスタを出力段に用いた回路を特に純コンプリメンタリSEPP回路と呼ぶことがある．その一例を**図9･20**に示す．初段の回路（2 SA 818×2）は差動増幅回路と呼ばれていて，この回路の動作については**11**章で述べる．

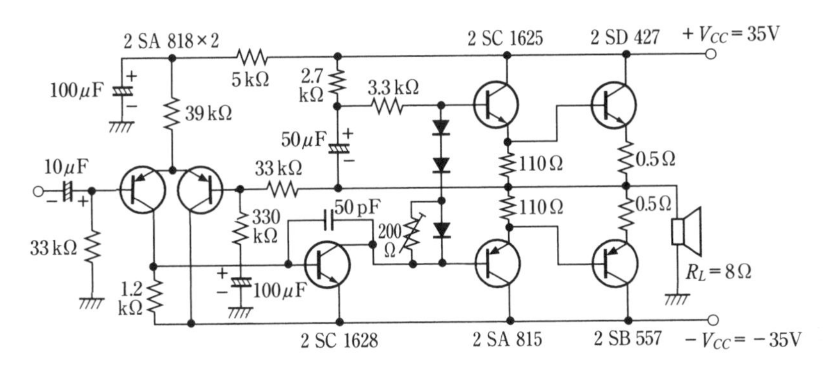

図9･20　純コンプリメンタリSEPP回路（出力50 W）

第9章　演習問題

1　トランスは巻線比nの2乗でインピーダンスを変換する働きがある．式(9･4)が成立することを証明せよ．

2　トランスの二次側に8 Ωのスピーカを接続して，一次側から見たインピーダンスを800 Ωにしたい．巻線比をいくらにすればよいか．

3　図9･6のA級電力増幅回路で，最大出力電力0.5 W，V_{CC} = 15 V，R_S = 8 Ωのとき，トランスの巻線比を求めよ．

4　図9•16の2電源方式コンプリメンタリSEPP回路で，$R_L = 8\ \Omega$のスピーカを接続して最大30 Wの出力電力を得るにはV_{CC}をいくらにすればよいか．

5　**図問9•5**(a)のダーリントン接続回路は図(b)のnpnトランジスタと等価で，電流増幅率がほぼ$h_{fe1} \cdot h_{fe2}$となることを示せ．

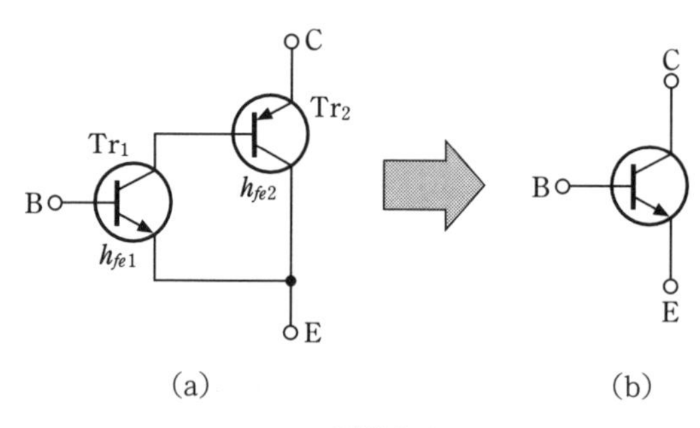

図問9•5

第10章 同調増幅回路

ラジオやテレビの放送電波は，高周波信号に音声信号や映像信号を乗せてアンテナから放射される．このことを**変調**といい，14章で学ぶ．この多くの異なった放送電波の中からある特定の電波を受信するとき，同調ダイヤルや選局ボタンを操作して希望の放送局を選んで受信した後，中間周波数と呼ばれている周波数に変換して増幅している．

このようにある特定の局の電波のみを選択して増幅する回路を**周波数選択増幅回路**または**同調増幅回路**という．増幅回路の負荷には LC 並列共振回路が用いられ，1組の共振回路を負荷にもつ単同調増幅回路と2組の共振回路を負荷に持つ複同調増幅回路がある．また，周波数帯域幅を広く取る方法としてスタガ増幅回路などがある．

10・1　LC 並列共振回路

図10・1はトランジスタのコレクタ負荷に LC 並列共振回路を接続した同調

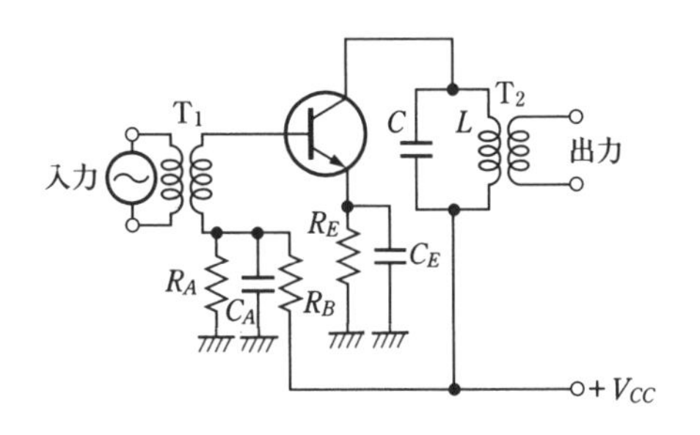

図10・1　同調増幅回路

増幅回路の例を示している．抵抗 R_A，R_B，R_E はトランジスタを最適な動作点で働かせるためのバイアス抵抗，C_A，C_E はバイパスコンデンサである．入力信号はトランス T_1 を通してトランジスタに加えられ，増幅された信号の中から LC 並列共振周波数に同調した周波数を中心にして，比較的狭い周波数範囲の信号成分がトランス T_2 の 2 次側から取り出される．したがって，T_2 の出力はトランジスタ負荷として接続する同調（共振）回路の特性に大きく左右されるから，その性質を理解しておく必要がある．

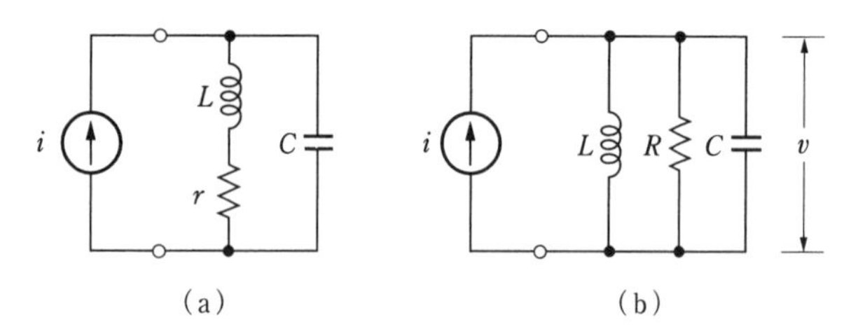

図 10･2　LC 並列共振回路

図 10･2（a）は実際の並列共振回路のみを示していて，r はコイルの抵抗分である．この回路のアドミタンス Y は次式で与えられる．

$$Y=\frac{1}{r+j\omega L}+j\omega C=\frac{r}{r^2+\omega^2L^2}+j\left(\omega C-\frac{\omega L}{r^2+\omega^2L^2}\right) \tag{10･1}$$

ここで，$r \ll \omega L$ が成立すれば，

$$Y \fallingdotseq \frac{r}{\omega^2L^2}+j\left(\omega C-\frac{1}{\omega L}\right) \tag{10･2}$$

と表すことができる．一方，図（b）の並列回路のアドミタンス Y は，

$$Y=\frac{1}{R}+j\left(\omega C-\frac{1}{\omega L}\right) \tag{10･3}$$

であるから，

$$R=\frac{(\omega L)^2}{r} \tag{10･4}$$

の関係が成立すれば，図（a）の r と L の直列回路を図（b）の R と L の並列回路に変換できることがわかる．図（b）の並列共振回路に電流 i を供給したときの端子電圧 v は次式によって求めることができる．

$$v = iZ = \frac{i}{\dfrac{1}{R} + j\left(\omega C - \dfrac{1}{\omega L}\right)} \qquad (10\cdot5)$$

$|v|$ は $\omega C - 1/\omega L = 0$ のとき最大となり，そのときの角周波数 ω_0 は，

$$\omega_0 = 2\pi f_0 = \frac{1}{\sqrt{LC}} \qquad (10\cdot6)$$

で与えられ，この周波数 f_0 が**並列共振周波数**となる．

ここで，共振特性の鋭さを表す量 Q_0 を次式で定義する．

$$\left.\begin{aligned} Q_0 &= \frac{\omega_0 L}{r} = \frac{1}{\omega_0 r C} \\ Q_0 &= \frac{R}{\omega_0 L} = \omega_0 R C \end{aligned}\right\} \qquad (10\cdot7)$$

共振時のインピーダンス Z_0 は，

$$Z_0 = \frac{\omega_0^2 L^2}{r} = R = R_0$$

$$= Q_0 \omega_0 L = \frac{L}{Cr} \qquad (10\cdot8)$$

と表すことができて，Z_0 を特に**並列共振インピーダンス**という．

【例題 10・1】　図 10・2 (b) の並列共振回路のインピーダンス Z は，共振周波数の近傍において，次式で与えられることを示せ．

$$Z = \frac{R}{1 + j2\delta Q_0} \qquad (10\cdot9)$$

ただし，離調度 δ を $\delta = (\omega - \omega_0)/\omega_0$ で定義する．

（解）　並列共振回路のインピーダンス Z は式 (10・5) より

$$Z = \frac{1}{\dfrac{1}{R} + j\left(\omega C - \dfrac{1}{\omega L}\right)} = \frac{R}{1 + jR\left(\omega C - \dfrac{1}{\omega L}\right)} = \frac{R}{1 + j\omega_0 CR\left(\dfrac{\omega}{\omega_0} - \dfrac{1}{\omega_0 C \omega L}\right)}$$

式 (10・6)，(10・7) より，

$$Z=\frac{R}{1+jQ_0\left(\dfrac{\omega}{\omega_0}-\dfrac{\omega_0}{\omega}\right)}$$

Q が大きく，少なくとも10以上あれば，

$$\frac{\omega}{\omega_0}-\frac{\omega_0}{\omega}=\frac{\omega^2-\omega_0{}^2}{\omega_0\omega}=\frac{(\omega+\omega_0)(\omega-\omega_0)}{\omega\omega_0}=\frac{\omega+\omega_0}{\omega}\cdot\frac{\omega-\omega_0}{\omega_0}$$

$$\fallingdotseq 2\cdot\frac{\omega-\omega_0}{\omega_0}=2\delta$$

$$\therefore\ Z=\frac{R}{1+j2\delta Q_0}$$ ■

式(10•9)の大きさ $|Z|/R$ と周波数 δQ_0 の関係を図示すると，**図10•3**(a)のようになる．したがって，端子電圧 $|v|$ も同様な特性が得られ，$|Z|=Z_0=R$ のとき端子電圧 $|v|$ は最大値 $v_o=R|i|$ となる．端子電圧 $|v|$ は，

$$|v|=\frac{Q_0\sqrt{L/C}}{\sqrt{1+4\delta^2Q_0{}^2}}|i| \qquad (10•10)$$

と表すことができるから，L と C の値を一定にして Q_0 を変化させると図(b)のような特性が得られる．式(10•7)からも明らかなように，Q_0 の大きい共振回路とはコイルの抵抗 r が小さい回路，または等価抵抗 R が大きい回路であることがわかる．

$|Z|$ が Z_0 よりも3dB低くなる周波数，すなわち $Z_0/\sqrt{2}$ となる周波数を f_1, f_2 すれば，$f_2-f_1=B$ を**共振(同調)回路の帯域幅**という．

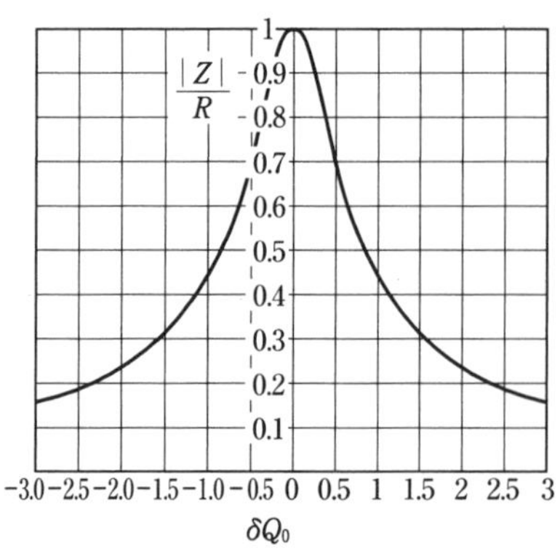

(a) $|Z|/R$ の特性

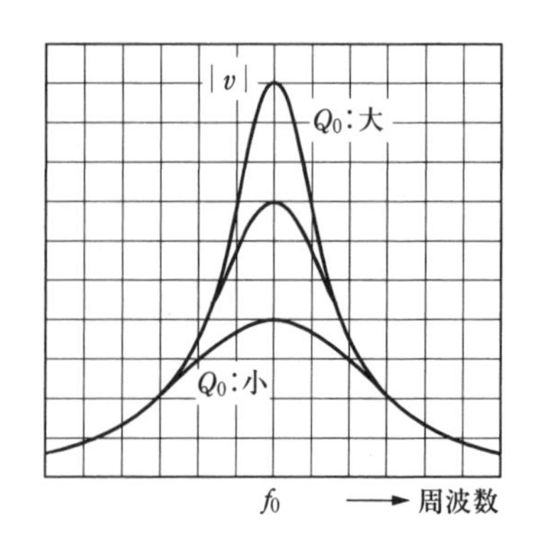

(b) Q_0 の変化による特性

図10•3　並列共振回路の特性

【例題 10・2】　並列同調回路の帯域幅 B が

$$B = \frac{f_0}{Q_0} \tag{10・11}$$

で与えられることを示せ.

(解)　並列同調回路の端子電圧 v は,

$$v = iZ = \frac{iR}{1 + j2\delta Q_0} \qquad \therefore \quad |v| = \frac{R|i|}{\sqrt{1 + (2\delta Q_0)^2}}$$

同調周波数 f_0 において, $\delta = 0$ であるから端子電圧 $|v|$ は最大値 $|v|_{\max} = R|i|$ となる. 図のように最大値 $|v|_{\max}$ の $1/\sqrt{2}$ に低下する周波数を f_1, f_2 とすると,

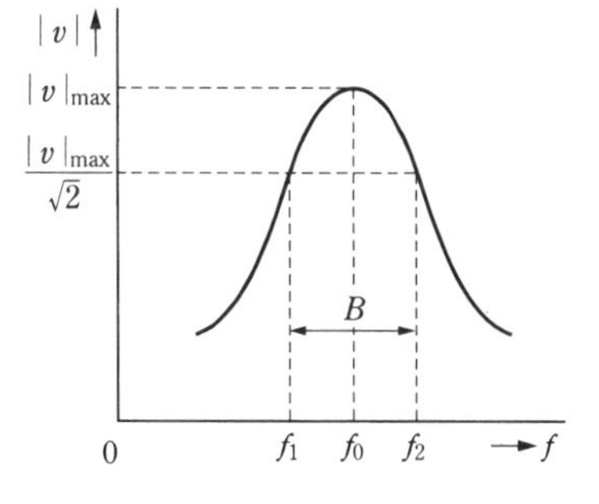

$$2\delta Q_0 = \pm 1 \qquad \delta = \frac{\omega}{\omega_0} - 1 = \pm \frac{1}{2Q_0}$$

$$\therefore \quad \omega = \omega_0\left(1 \pm \frac{1}{2Q_0}\right)$$

ゆえに,

$$\omega_1 = \omega_0\left(1 - \frac{1}{2Q_0}\right), \quad \omega_2 = \omega_0\left(1 + \frac{1}{2Q_0}\right)$$

したがって, 帯域幅 B は

$$B = f_2 - f_1 = \frac{1}{2\pi}\left\{\omega_0\left(1 + \frac{1}{2Q_0}\right) - \omega_0\left(1 - \frac{1}{2Q_0}\right)\right\}$$

$$= \frac{1}{2\pi} \cdot \frac{\omega_0}{Q_0} = \frac{f_0}{Q_0}$$

▨

式 (10・7) で定義した Q_0 は, 共振 (同調) 回路にトランジスタや負荷を接続しない状態の値であるから, とくに**無負荷 Q** と呼んでいる.

10・2　単同調増幅回路

AM 放送は, 535～1 605 kHz の範囲内で放送局に応じて特定の周波数 (搬送周波数という) が定められていて, 搬送周波数を中心に ±7.5 kHz, すなわち 15 kHz の周波数帯域幅を占有して放送されている. また, **FM 放送**は 76

～ 90 MHz の範囲内，帯域幅は約 200 kHz で放送されている．これらの搬送周波数と帯域幅をもつ信号は受信機の内部で**中間周波数**（Intermediate Frequency：IF）と呼ばれる周波数に変換され，AM 放送で 455 kHz，FM 放送では 10.7 MHz に決められている．

図 10•4 は単同調増幅回路の一例である．IFT_1，IFT_2 は中間周波トランスと呼ばれていて，AM 放送の場合には各トランスの 1 次側のコイルとコンデンサは共振周波数が 455 kHz となるように調整されている．入力信号は IFT_1 によって周波数選択とインピーダンス変換を受けてトランジスタで増幅され，再び IFT_2 によって周波数選択とインピーダンス変換されて負荷に加えられる．

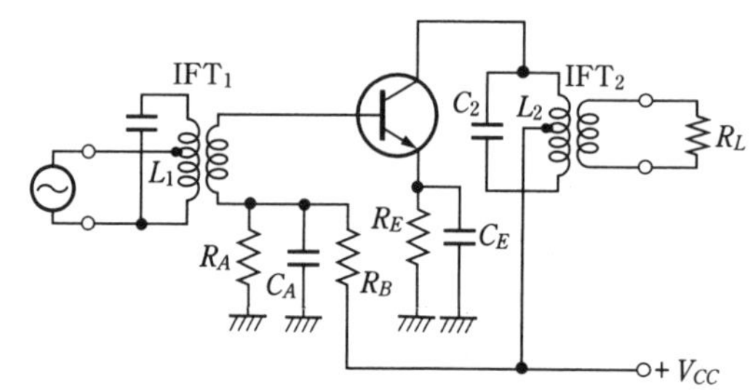

図 10•4　中間周波数増幅回路

同調増幅回路で帯域幅の狭い鋭い特性を得るには，図 10•3 からも明らかなように，Q_0（無負荷 Q）の大きい同調回路を用いる必要がある．図 10•1 で示した同調回路では，トランジスタの出力インピーダンスが同調回路に並列に，また負荷もトランス T_2 で 1 次側に変換されて並列に入るから，同調回路の抵抗が小さくなって回路全体の Q が低下し，鋭い特性が得られない．このため，同図で示すように中間タップ付きのトランスを用いて等価的に同調回路の並列抵抗を大きくするように工夫している．

図 10•5（a）はトランス T_2 のコレクタ出力回路の等価回路を示していて，トランスの中間タップ c を用いて等価的に同調回路に入る並列抵抗を大きくしている．図（b）は，図（a）の端子 a-b から見た等価回路である．図（a）に示すようにコイルの巻数を N_0，N_1 および N_2 とすると，R_0 と R_L はそれぞれ次式のように変換されて，同調回路に並列に入る．

$$R_0' = \left(\frac{N_0}{N_1}\right)^2 R_0, \qquad R_L' = \left(\frac{N_0}{N_2}\right)^2 R_L \tag{10•12}$$

したがって，同調回路の全並列抵抗 R_T は図 (b) から次式となる．

$$\frac{1}{R_T}=\frac{1}{R_0'}+\frac{1}{R_2}+\frac{1}{R_L'} \tag{10・13}$$

このときの Q を**負荷 Q** といい，Q_L で表せば，

$$Q_L=\frac{R_T}{\omega_0 L_1}=\omega_0 C_1 R_T \tag{10・14}$$

となり，無負荷時の Q_0 に比べて負荷時の Q_L は小さくなるが，巻線比 N_0/N_1，N_0/N_2 を変えることにより，抵抗 R_0'，R_i' を任意に選べるから，Q や帯域幅を調整することができる．さらに，コイルの巻線比を適当に選ぶことにより，インピーダンス整合をとることができるから，中間タップ付きのトランスが積極的に用いられている．なお，入力側のトランス T_1 の回路についても同様に説明することができる．

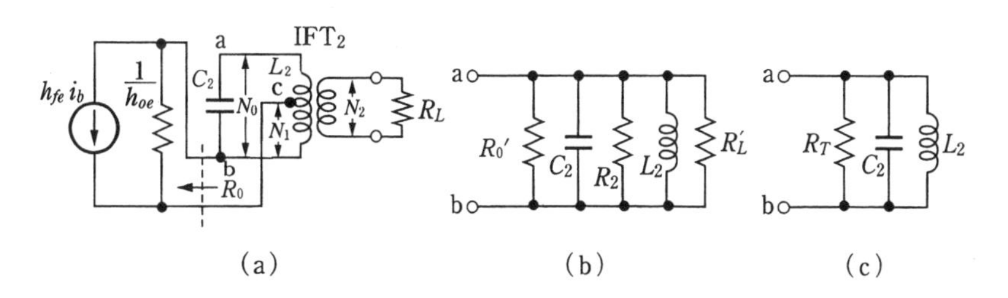

図 10・5　中間タップによるインピーダンス変換

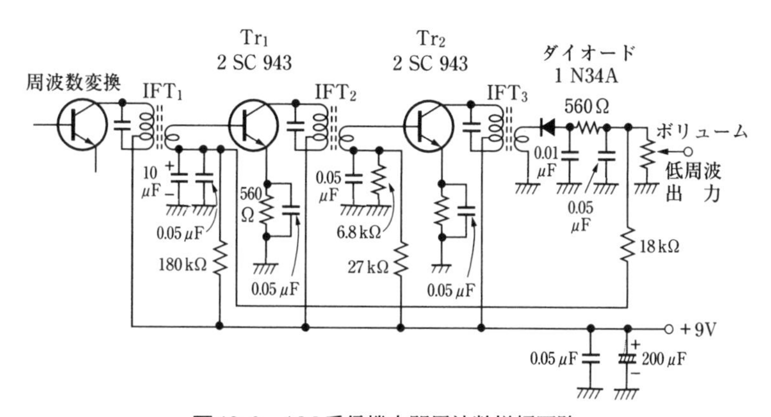

図 10・6　AM 受信機中間周波数増幅回路

図 10･6 は AM ラジオ放送用の中間周波数増幅回路の実用回路例で，各中間周波トランスの 1 次側の L と C の共振周波数は 455 kHz に調整されている．

10･3　複同調増幅回路

複同調増幅回路は，同調周波数の等しい 2 組の同調回路を結合した増幅回路で，単同調増幅回路に比べて帯域内の周波数特性は平坦となり，帯域外の特性は減衰が著しいので選択度は良くなる．このため，FM 受信機の中間周波数増幅回路などに用いられている．

図 10･7 は FET を用いた複同調増幅回路の例で，この回路の等価回路を**図 10･8** (a) に示す．ここで，r_d は FET のドレイン抵抗，g_m は相互コンダクタンス，R_i は次段の入力インピーダンスである．r_d と R_i は比較的大きな値であるからこれらを省略して考えれば，図 (b) の回路を得る．さらに，電流源 $g_m v_1$ と C_1 のインピーダンス $1/j\omega C_1$ の並列回路を電圧源 $g_m v_1/j\omega C_1$ に置き換えれば図 (c) の等価回路を得る．

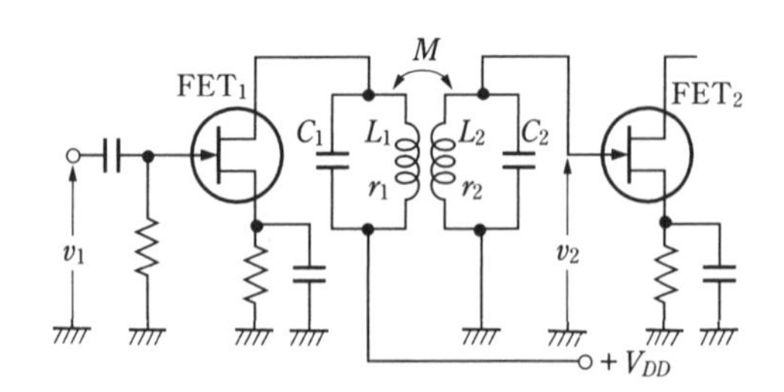

図 10･7　複同調増幅回路

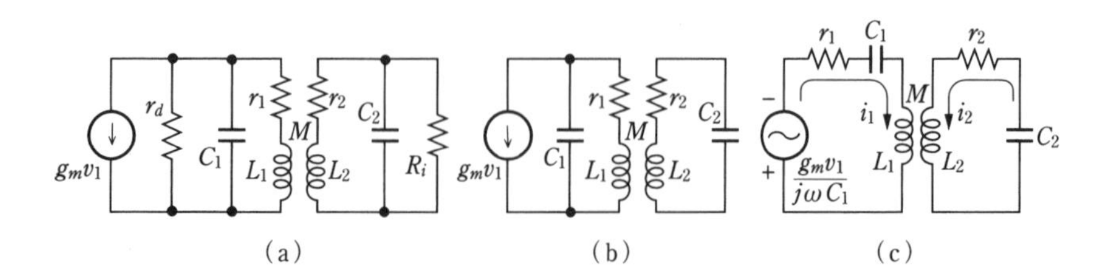

図 10･8　複同調増幅回路の等価回路

図(c)の等価回路において，

$$\left.\begin{aligned} -\frac{g_m v_1}{j\omega C_1} &= Z_1 i_1 + j\omega M i_2 \\ 0 &= j\omega M i_1 + Z_2 i_2 \end{aligned}\right\} \quad (10\cdot15)$$

ただし，

$$\left.\begin{aligned} Z_1 &= r_1 + j\left(\omega L_1 - \frac{1}{\omega C_1}\right) \\ Z_2 &= r_2 + j\left(\omega L_2 - \frac{1}{\omega C_2}\right) \end{aligned}\right\} \quad (10\cdot16)$$

が成立する．上式より i_2 を求めると次式を得る．

$$i_2 = \frac{g_m v_1}{Z_1 Z_2 + (\omega M)^2} \cdot \frac{M}{C_1} \quad (10\cdot17)$$

2次側の端子電圧は $v_2 = -i_2/j\omega C_2$ であるから電圧利得 A_v は，

$$A_v = \frac{v_2}{v_1} = \frac{-M}{j\omega C_1 C_2} \cdot \frac{g_m}{Z_1 Z_2 + (\omega M)^2} \quad (10\cdot18)$$

で与えられる．ここで，トランスの1次側と2次側がともに共振角周波数 ω_0 に共振している場合を考える．また，k を結合係数として以下の式を定義する．

$$\left.\begin{aligned} Q_1 &= \frac{\omega_0 L_1}{r_1} = \frac{1}{\omega_0 C_1 r_1} \\ Q_2 &= \frac{\omega_0 L_2}{r_2} = \frac{1}{\omega_0 C_2 r_2} \\ M &= k\sqrt{L_1 L_2} \\ a &= k\sqrt{Q_1 Q_2} \end{aligned}\right\} \quad (10\cdot19)$$

共振周波数 ω_0 の近傍で考えれば，式(10・16)は次式のように表すことができる．

$$\left.\begin{aligned} Z_1 &\fallingdotseq r_1(1 + j2\delta Q_1) \\ Z_2 &\fallingdotseq r_2(1 + j2\delta Q_2) \end{aligned}\right\} \quad (10\cdot20)$$

上式を式(10・18)に代入して整理すると，次式を得る．

$$A_v = \frac{j a g_m Q_1 Q_2 \sqrt{r_1 r_2}}{1 + a^2 + j2\delta(Q_1 + Q_2) - 4\delta^2 Q_1 Q_2} \quad (10\cdot21)$$

$Q_1 = Q_2 = Q$ の場合の $|A_v|$ は，

$$|A_v| = \frac{a g_m Q^2 \sqrt{r_1 r_2}}{\sqrt{(1+a^2-4\delta^2 Q^2)^2+(4\delta Q)^2}} \tag{10・22}$$

となり，さらに共振時で $\delta = 0$ であるから，

$$|A_{v0}| = \frac{a g_m Q^2 \sqrt{r_1 r_2}}{1+a^2} \tag{10・23}$$

が得られ，$a = 1$ のとき最大となることがわかる．すなわち，

$$|A_{v0}|_{\max} = \frac{1}{2} g_m Q^2 \sqrt{r_1 r_2} \tag{10・24}$$

したがって，相対利得 $|A_v/A_{v0}|$ は次式となる．

$$\left|\frac{A_v}{A_{v0}}\right| = \frac{1}{\sqrt{\left(1-\frac{4\delta^2 Q^2}{1+a^2}\right)^2+\left(\frac{4\delta Q}{1+a^2}\right)^2}} \tag{10・25}$$

δQ の変化に対する上式の値を調べると，複同調増幅回路の周波数特性を知ることができる．$|A_v/A_{v0}|$ の最大値を与える δQ の値は，$|A_v/A_{v0}|^2$ を δQ で微分してゼロと置くことによって求めることができる．すなわち，

$$\delta Q(4\delta^2 Q^2+1-a^2) = 0 \tag{10・26}$$

が得られ，上式より δQ は次式の値となる．

$$\delta Q = 0, \quad \pm\frac{1}{2}\sqrt{a^2-1} \tag{10・27}$$

これより a が1より大きいか小さいか，または等しいかによって3つの場合を考えることができる．

(1)　$a > 1$ の場合：式(10・26)は3つの実根をもち，この場合を**密結合**という．$|A_v|$ は $\delta Q = \pm\sqrt{a^2-1}/2$ の2つの点で極大値を示し，周波数に対して**双峰特性**を示す．これらの値を式(10・22)に代入すると次式が得られ，式(10・24)に等しくなる．

$$|A_v|_{\max} = \frac{1}{2} g_m Q^2 \sqrt{r_1 r_2} = |A_{v0}|_{\max} \qquad (a > 1) \tag{10・28}$$

$\delta Q = 0$ は極小値の点で，$|A_v|$ は次式となる．

$$|A_v| = \frac{a}{1+a^2} g_m Q^2 \sqrt{r_1 r_2} \qquad (10・29)$$

(2)　**$a = 1$ の場合**：式(10・27)より，$\delta Q = 0$ の3重根をもつから $\omega = \omega_0$ の共振周波数で最大となり，**臨界結合**と呼ぶ．このときの値 $|A_v|$ は式(10・28)と等しく，

$$|A_v|_{\max} = \frac{1}{2} g_m Q^2 \sqrt{r_1 r_2} = |A_{v0}|_{\max} \qquad (a = 1) \qquad (10・30)$$

を得る．

(3)　**$a < 1$ の場合**：この場合は**粗結合**と呼ばれ，$\delta Q = 0$ 以外に実根はないから $|A_v|$ の最大値は式(10・29)と等しく，次式を得る．

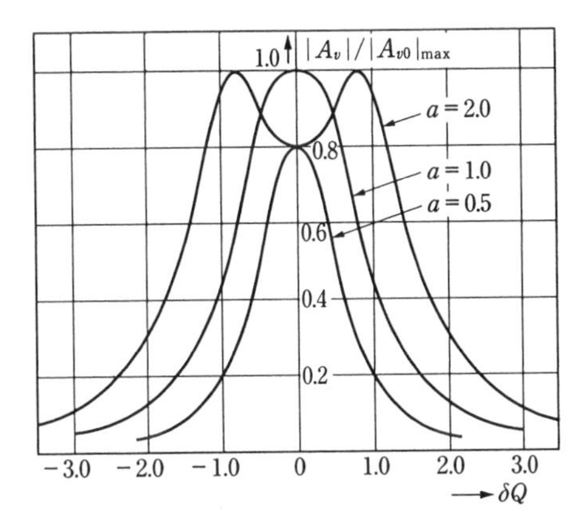

図10・9　複同調増幅回路の相対利得の周波数特性

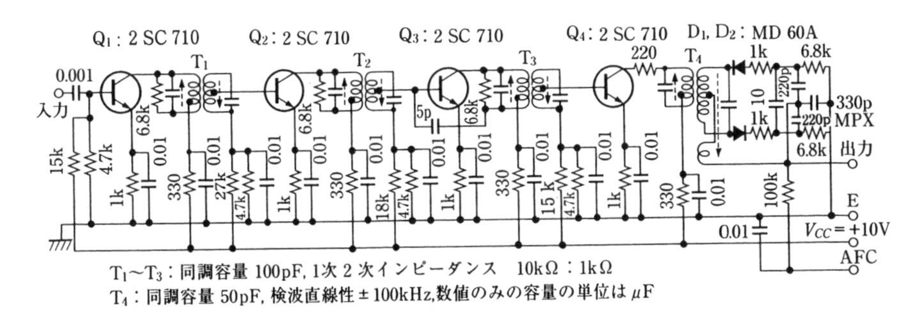

図10・10　FM受信機中間周波数増幅回路

$$|A_v|_{\max}=\frac{a}{1+a^2}g_m Q^2\sqrt{r_1 r_2} \qquad (a<1) \tag{10・31}$$

δQ の変化に対する $|A_v|/|A_{v0}|_{\max}$ の値を，$a=2$，1 および 0.5 の場合について図示すると，**図 10・9** のようになる．

また，**図 10・10** は FM 受信機中間周波数増幅回路の実用回路例を示している．

10・4　スタガ同調増幅回路

テレビ放送の映像信号は直流から 4 MHz までの帯域幅があるため，これまでの同調増幅回路では十分な特性が得られない．スタガ同調増幅回路とは，共振周波数を少しずつずらした単同調増幅回路を複数段用いて帯域幅の広い平坦な同調特性が得られるようにしたもので，利得も大きくとれて調整も容易である．

図 10・11 は，共振周波数がそれぞれ f_1，f_0，f_2 の単同調を 3 段接続したときのスタガ同調増幅回路と総合特性の例を示している．

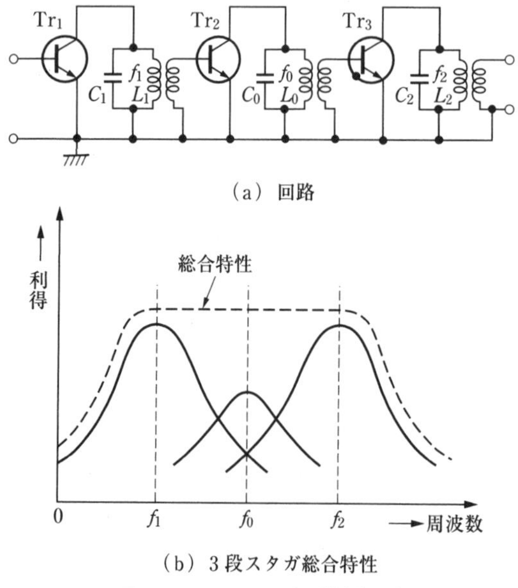

（a）回路

（b）3 段スタガ総合特性

図 10・11　スタガ同調増幅回路

第10章　演習問題

1　図10•2 (b) で，$L = 0.612\,\mathrm{mH}$，$C = 200\,\mathrm{pF}$，$R = 51\,\mathrm{k\Omega}$ のとき，f_0, Q_0 および帯域幅 B を計算せよ.

2　式 (10•20) を誘導せよ.

3　電圧利得 A_v の式 (10•21) を誘導せよ.

4　式 (10•23) は $a = 1$ のとき最大となり，最大値が式 (10•24) となることを示し，相対利得の式 (10•25) を誘導せよ.

5　式 (10•25) の最大値を与える δQ の値が式 (10•27) で与えられることを示せ.

第 **11** 章

差動増幅回路とOPアンプ

これまで学んできた回路は交流信号を取り扱う増幅回路であったが，工業計測や医用電子機器などの発達に伴い，超低周波や直流信号をも増幅する必要が生じてきた．これらの信号を増幅するには *CR* 結合やトランス結合増幅回路では不可能で，コンデンサやトランスを介さない直結回路方式にする必要があり，このような回路を**直流増幅回路**という．ここでは，直流増幅回路の初段に必ずといってよいほど用いられている差動増幅回路の動作原理と，差動増幅回路を基本として構成されている汎用 OP（オペ）アンプの内部回路について述べる．

11・1　直結増幅回路とドリフト

CR 結合増幅回路やトランス結合増幅回路においては，コンデンサやトランスは直流に対して伝達作用がないから，直流信号を増幅することはできない．

そこで**図 11・1** のように回路を直接結合するか，あるいは抵抗 *R* を介して結

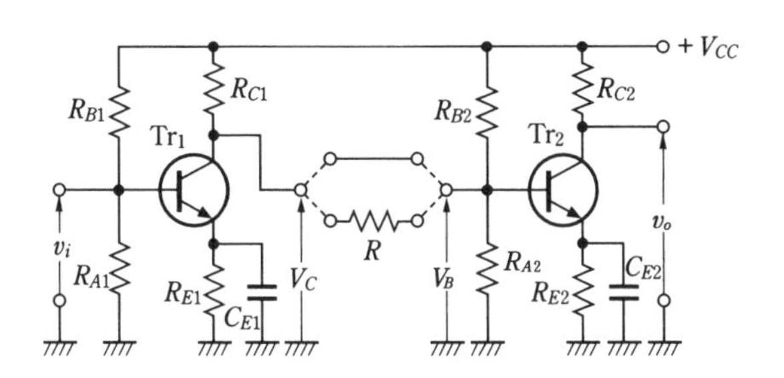

図 11・1　増幅回路の直接結合

合すれば，直流分も次段へ伝達され，増幅が可能となる．ところが，このように単純に結合すると，2つの大きな問題が生じてくる．

その1つは，互いのバイアス電圧が乱されるという問題点である．*CR* 結合やトランス結合の場合は，互いの回路が直流的に分離されていたから，バイアス回路を考える場合はそれぞれ独立した回路として設計すればよかった．ところが同図のように回路を直接結合したり抵抗 *R* で結合すると，直流的にも互いの回路は結合されるから，それぞれの回路のバイアス電圧を最適な状態に設定しても，Tr_1 の高いコレクタ電圧 V_C が Tr_2 のベース電圧 V_B に影響を及ぼし，Tr_2 のバイアス電圧が乱されて動作点が狂ってしまう．

このため実際の回路では，**図11･2** (a) のように Tr_1 のコレクタ電圧 V_C を抵抗 R_1 と R_2 で分圧して Tr_2 のベースと結合したり，図 (b) のように電位の低い Tr_1 のエミッタと Tr_2 のベースを結合するというような方法がとられている．さらに図 (c) のように，npn と pnp のトランジスタをうまく組み合わせてコンプリメンタリ直結回路にする方法もある．

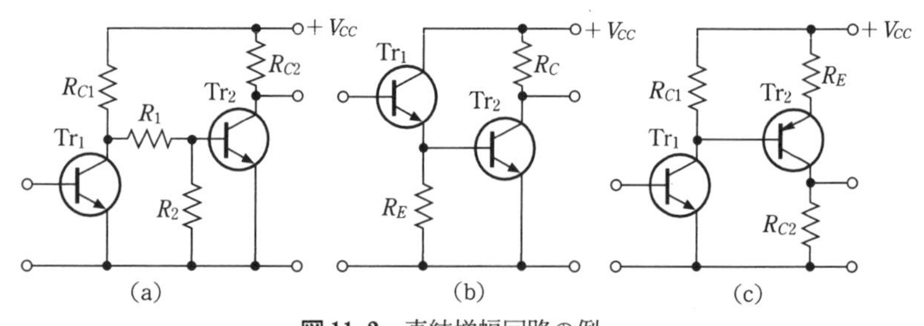

図11･2 直結増幅回路の例

もう1つの問題点は，入力電圧が零でも微小な出力電圧が現れることがあり，この電圧を**オフセット電圧** (off-set voltage) という．このオフセット電圧は，温度や電源電圧などの変化によってゆっくり変動し，この変動分が次段への入力となって増幅されてしまうことである．すなわち，入力信号を加えていないのに，回路内で生じた変動が増幅されて現れる現象で，このような現象を**ドリフト** (drift) という．直流増幅回路では，このドリフトの影響をいかに小さくするかが重要となるが，この問題を解決してくれるのが次に述べる差動増幅回路である．

11·2　差動増幅回路の動作原理

(1)　差動増幅回路のドリフト

差動増幅回路は，**図 11·3** のように特性のそろった 2 個のトランジスタを左右対称に組み合わせた回路で，入力端子は 2 組あり，それぞれの入力端子に供給される電圧の差を増幅して，両トランジスタのコレクタ間から出力を取り出している．したがって，出力電圧は入力電圧の差に比例するから，このことが差動増幅回路といわれるゆえんである．

トランジスタ Tr_1 と Tr_2 のベースはゼロ電位にバイアスされているから，電源 $-V_{EE}$ とエミッタ抵抗 R_E によってエミッタ電位を約 −0.7 V に設定している．また，抵抗 R_E を接続することによって負帰還作用によるバイアスの安定化をはかっているが，実際の回路では後述するように定電流回路に置き換えて，さらに性能を向上させている．

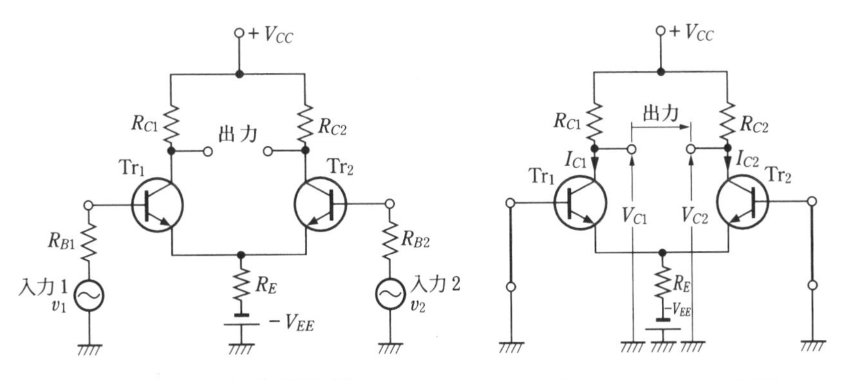

図 11·3　差動増幅回路　　**図 11·4**　ドリフトの低減

差動増幅回路は，左右対称に回路が構成されているため，ドリフトが非常に低減されるという特徴を発揮して，ドリフトが最も大きく影響する直流増幅回路の初段やドリフトの影響を受けやすい微弱な信号の増幅などに必ず用いられている．

それでは，ドリフトが低減される理由を考えてみよう．ここで，**図 11·4** のように 2 組の入力端子を接地して，入力電圧がゼロの状態で考える．差動増幅

（解）　$I_0 = \dfrac{V_{EE} - 0.7}{R_E} = \dfrac{10 - 0.7}{4.7} = 1.98 \fallingdotseq 2\,\text{mA}$

$$I_{C1} = I_{C2} = \frac{I_0}{2} = 1\,\text{mA}$$

$$V_{C1} = V_{C2} = V_{CC} - I_C R_C = 10 - 1 \times 4.7 = 5.3\,\text{V}$$

▩

【例題 11・2】　図 11・5 とは逆に Tr_2 の入力端子のみに信号 v_i を加えたとき，V_{C1} と V_{C2} の波形はどのように変化するか．

（解）　Tr_2 の入力端子に v_i を加えたとき，v_i と V_{C1} は同相，v_i と V_{C2} は逆相となるから，各部の波形は図のようになる．

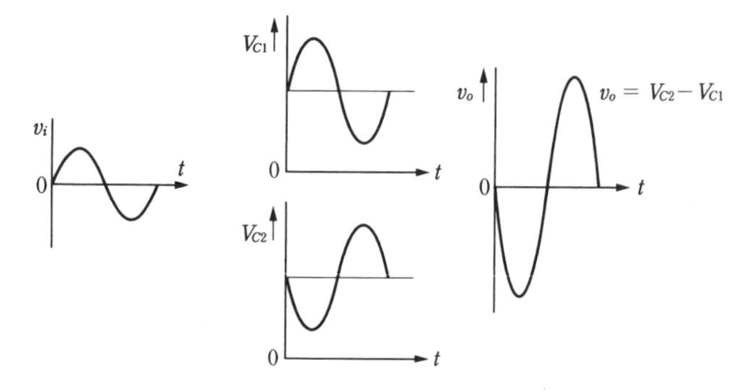

すなわち，この差動増幅回路は信号を加えた側のトランジスタのコレクタ波形は入力と逆相，その反対側のトランジスタのコレクタ波形は入力と同相となる．　▩

（b）　入力信号が同相の場合

同一振幅・同一波形の同相入力を加えた場合，特性のそろった回路であれば，Tr_1 と Tr_2 を流れるコレクタ電流はまったく同じ変化をするはずである．したがって，**図 11・6** に示すようにコレクタの電位も同じように変化するから，出力電圧 v_o は零となる．

（c）　入力信号が逆位相の場合

図 11・7 (a) に示すように，入力 1 と 2 に逆位相の入力を加えたときの出力電圧 v_o を次の 3 つの場合に分けて考えてみよう．

①　入力 v_{i1} のみを入力 1 に加えたときのコレクタ電圧 V_{C1} と V_{C2} の変化

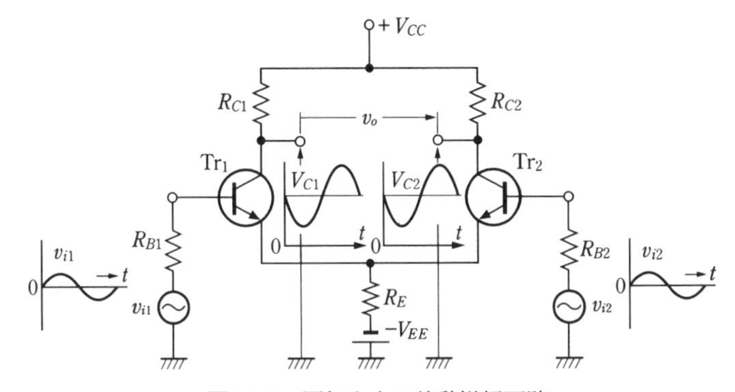

図 11・6　同相入力の差動増幅回路

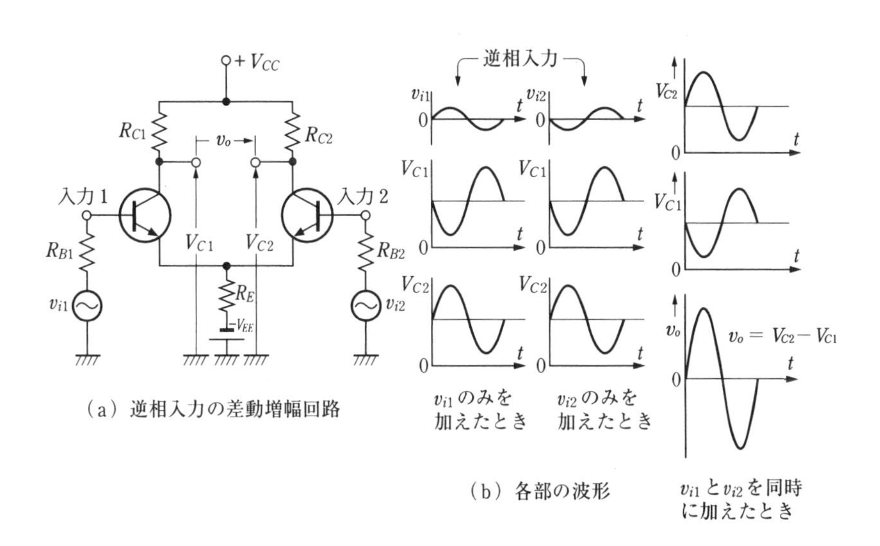

図 11・7　逆相入力の差動増幅回路と入出力波形

②　入力 v_{i1} と逆位相入力 v_{i2} のみを入力 2 に加えたときのコレクタ電圧 V_{C1} と V_{C2} の変化

③　v_{i1} と v_{i2} を同時に加えたときの V_{C1} と V_{C2} の変化

v_{i1} だけ，または v_{i2} だけを加えたときの動作は図 (a) の 1 入力の場合とまったく同様に考えればよい．②の場合は v_{i2} と V_{C1} は同相，v_{i2} と V_{C2} は逆位相となる．したがって，図 (b) に示す波形関係から両コレクタ間の電位差 v_o（=

$V_{C2}-V_{C1}$）は増幅された出力電圧となることがわかる．

実際の回路では，Tr_1 と Tr_2 の特性にばらつきがあるため，同相入力を加えたとしてもわずかな出力電圧が生じて回路の特性が悪くなる．そこで，次式のように同相入力と逆相入力の利得の比をとり，**同相分除去比**（Common Mode Rejection Ratio；**CMRR**）を定義している．

$$\mathrm{CMRR}=\frac{\text{逆相入力の利得}}{\text{同相入力の利得}}$$

このCMRRが大きいほど，差動増幅回路の性能は良いことになる．

(3)　定電流源と差動増幅回路

差動増幅回路の特徴は，同一振幅・同一波形の同相入力を加えたとき，出力電圧が零となることであった．すなわち，両入力端子に共通の雑音電圧などが入ってきても，出力電圧はその影響を受けず，入力電圧 v_{i1} と v_{i2} の差の電圧だけを増幅することである．そのためには，できるだけ大きなCMRRをもった差動増幅回路が必要となる．

このCMRRを大きくするには，エミッタ共通抵抗 R_E をできるだけ大きくすればよいことがわかっている．しかし，R_E を大きくすると必然的に $-V_{EE}$ も大きくなる．このため**図11・8**に示すように，トランジスタまたはFETを用いて R_E を等価的に高い抵抗値を示す定電流回路に置き換えている．

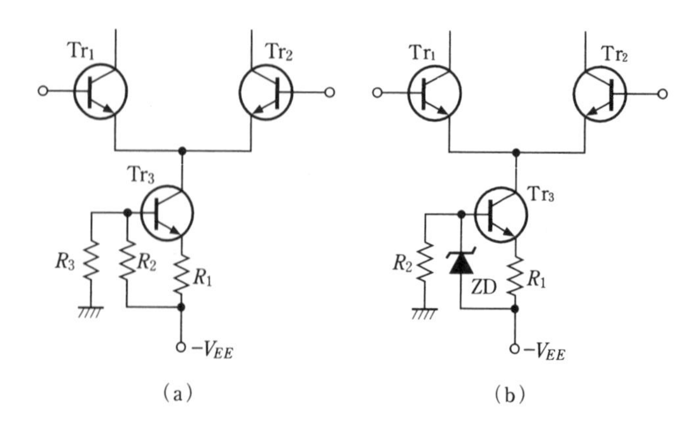

図11・8　差動増幅回路の定電流回路

図 (a) のトランジスタ Tr_3，抵抗 R_1，R_2，R_3 で構成された回路は，出力特性の飽和領域でトランジスタのコレクタ電圧が変化しても，コレクタ電流はあまり変化しないという性質を利用した定電流回路である．Tr_3 のベース・エミッタ間電圧が一定であれば，コレクタ電圧の変動とはほぼ無関係にコレクタに一定電流を流すから，相当に高い内部抵抗を示し，電源 $-V_{EE}$ が低くても等価的に高抵抗が接続された形となる．図 (b) は，定電圧ダイオード ZD を用いて Tr_3 のベース電位を一定電圧 V_Z に固定したもので，図 (a) の定電流回路が $-V_{EE}$ の変動を受けやすいのに対して，この回路では Tr_3 のコレクタ電流は V_Z と R_1 によってほぼ一義的に定まるので，$-V_{EE}$ の変動にほぼ無関係となる．

図 11・9 (a) は，エミッタ共通抵抗 R_E の代わりに定電流源 I_0 に置き換えた差動増幅回路を示している．入力電圧 v_{i1}，v_{i2} に比例してコレクタ電流 I_{C1}，I_{C2} は流れるが，図 (b) に示すように，それらの和は常に定電流源の値 I_0 に保たれる．このため，同振幅・同位相の入力を加えたとしても，定電流源 I_0 は I_{C1} と I_{C2} につねに等しく分配されるから，図 11・6 のようにコレクタ波形が変化することはなく，つねに一定となる．このことが抵抗 R_E と定電流源との大きな相違点となる．

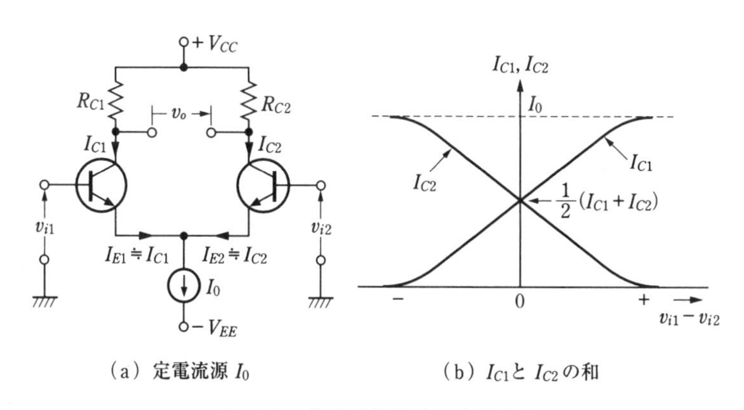

(a) 定電流源 I_0　　(b) I_{C1} と I_{C2} の和

図 11・9　差動増幅回路の定電流源

なお，差動増幅回路は 2 本の出力端子をもっているから，この差動出力をシングル出力へ変換するときの基本回路を**図 11・10** に示す．どちらか一方の出力端子しか使わなければ，同図のようにコレクタの負荷抵抗を取り去ってもよい．

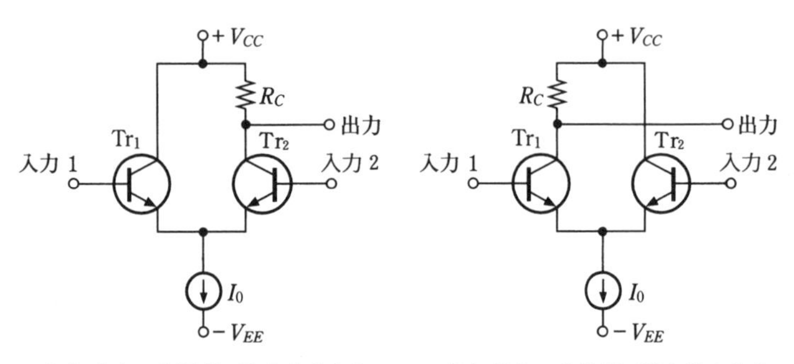

図 11・10　差動入力ーシングル出力変換回路

カレントミラー回路

図 11・11 は，差動増幅回路の定電流源を**カレントミラー**と呼ばれる回路で実現したもので，その基本構成を図 (b)，(c) に示す．この回路は，基準電流 I_1 に正確に追従する電流 I_0 を流すことができる性質をもった定電流回路の一種で，OP アンプ IC の内部回路の各所に用いられている．

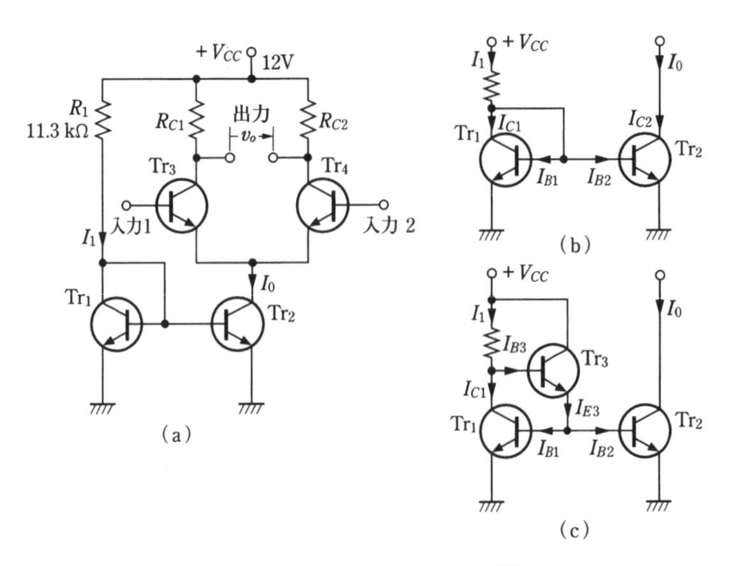

図 11・11　カレントミラー回路

【例題 11・3】　図 11・11 (a) の電流 I_0 を求めよ．ただし，Tr_1 のベース・エミッタ間電圧を 0.7 V とする．また，図 (b) の定電流回路で I_0 と I_1 の関係を求め，I_0 が I_1 に追従することを示せ．ただし，$h_{FE1}=h_{FE2}=h_{FE}$，$I_{B1}=I_{B2}$ とする．

(解)　$I_0=I_1=\dfrac{V_{CC}-0.7}{R_1}=\dfrac{12-0.7}{11.3}$

$=1\,\mathrm{mA}$

図 (b) より，$h_{FE1}=h_{FE2}=h_{FE}$, $I_{B1}=I_{B2}=I_B$ として，

$$I_1=I_{C1}+2I_B \quad \cdots\cdots\cdots ①$$

$$I_{C1}=h_{FE}I_B \quad \cdots\cdots\cdots ②$$

$$I_0=I_{C2}=h_{FE}I_B \quad \cdots\cdots\cdots ③$$

式②，③を式①に代入して，

$$I_1=h_{FE}I_B+2I_B=(2+h_{FE})I_B$$

$$\therefore \quad I_B=\frac{I_1}{2+h_{FE}} \quad \cdots\cdots\cdots ④$$

式③と式④から

$$I_0=\frac{I_1}{2+h_{FE}}\cdot h_{FE}=\frac{1}{1+\dfrac{2}{h_{FE}}}I_1 \fallingdotseq I_1$$

▩

能動負荷

一般に，増幅回路の電圧利得を大きくするには負荷抵抗を大きくすればよいが，そのためにコレクタ電流が減少してしまい，おのずとその限界がある．抵抗負荷の代わりに定電流回路を用いれば，等価的に大きな抵抗値が得られ，高利得の増幅回路が実現できる．このような負荷を**能動負荷** (active load) という．

図 11・12 は，差動増幅回路 (Tr_3，Tr_4) のコレクタ負荷としてカレントミラー回路の能動負荷 (Tr_5，Tr_6) を利用していて，OP アンプ IC の初段によく用いられている．この npn トランジスタ差動増幅回路を pnp トランジスタで置き換えたのが**図 11・13** の回路である．

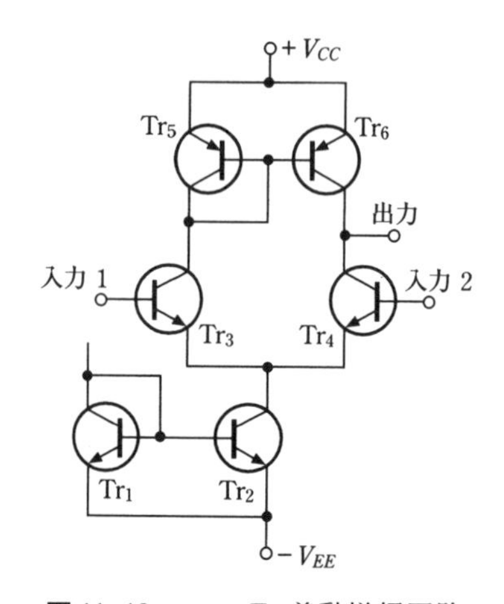

図11・12　npn Tr 差動増幅回路の能動負荷

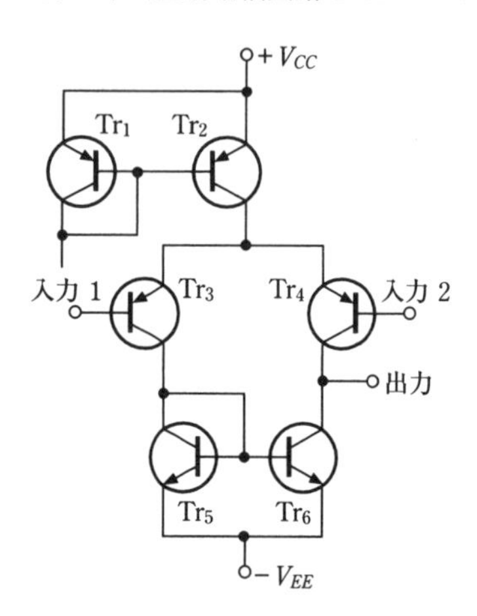

図11・13　pnp Tr 差動増幅回路の能動負荷

11・3　OPアンプの内部回路構成

ここでは，今日汎用OPアンプICの中でも最も代表的なμA 741を例に，その内部回路の構成と特長について述べる．現在市販されているOPアンプICの内部回路に共通する特長を要約すれば，次の項目をあげることができる．

① コンデンサや抵抗の使用をできるだけ避け，トランジスタやFETなどの半導体素子を使った回路構成となっている．

② 直流からの増幅を可能とするため，内部回路は必然的に直結回路が採用されている．

③ 入力段には差動増幅回路，出力段にはコンプリメンタリ回路またはシングルエンド・プッシュプル回路を採用している．

④ 回路内の高抵抗（インピーダンス）が要求される部分には，定電流回路（カレントミラー）が多用されている．

⑤ 直結回路で構成されているので，各種のレベルシフト回路が採用されている．

図11・14は代表的なOPアンプICμA 741の内部回路を示している．全体の

回路構成は，入力段が Tr_1 と Tr_2 の差動増幅回路で，そのエミッタをベース接地差動増幅回路 Tr_3，Tr_4 で受けると同時に，差動出力点の直流電位をレベルシフトしている．

この回路の出力は，Tr_{16}，Tr_{17} で構成されたダーリントン接続エミッタ接地増幅回路に加えられ，ここで増幅されたのち，Tr_{14}，Tr_{20} のコンプリメンタリ出力で低インピーダンス化して出力される．Tr_{18} はそのためのバイアス回路で，Tr_{15} は出力短絡保護回路である．

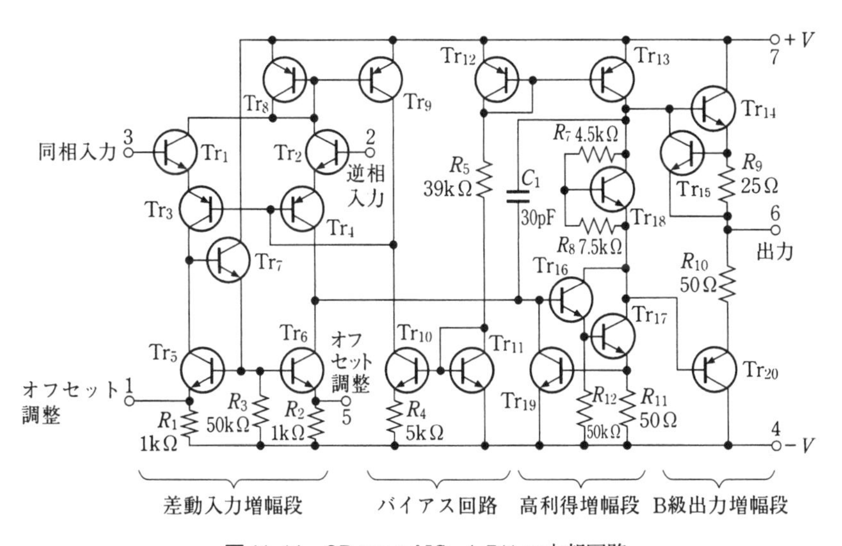

図 11・14　OP アンプ IC μA 741 の内部回路

図 11・15 に IC μA 741 の接続と表示記号を示す．OP アンプは差動増幅器であるから，2 つの入力端子をもっている．入力電圧と出力電圧の位相が逆相になる端子②を反転入力端子（−記号），同相になる端子③を非反転入力端子（+記号）という．また，出力端子は⑥である．

OP アンプを動作させるためには，端子⑦，④に正負の両電源が必要で，普通は⑦に外部回路のアースに対して +15 V，④には −15 V の電圧を加える．

OP アンプ IC の内部回路は，回路的にも熱的にも大変バランスよく作られているはずであるが，それでも②と③の両入力ピン間に若干の電圧差が発生し，そのため入力電圧がゼロでも出力側に多少の電圧が現れることがある．これが

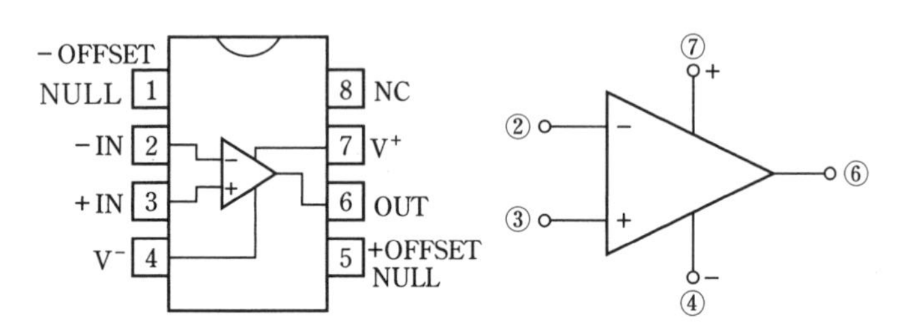

（a）端子接続（8ピンミニDIP）　（b）電源も含めた表示記号

図11･15　μA741のピン接続と表示記号

オフセット電圧で，この電圧をキャンセルするための端子が①と⑤である．方法は簡単で，①と⑤ピン間に10 kΩの可変抵抗を接続し，その中点を －15 Vの電源に接続する．そして②と③を短絡して入力電圧をゼロにした状態で，出力電圧が完全にゼロとなるように可変抵抗を調整すればよい．

第11章　演習問題

1　図11･3の差動増幅回路の等価回路を**図問11･1**に示す．この等価回路から，出力電圧v_oが

$$v_o = \frac{h_{fe}R_C}{h_{ie}}(v_{b1} - v_{b2})$$

で与えられることを示せ．ただし，両トランジスタの特性はそろっていて，$R_{C1} = R_{C2} = R_C$とする．

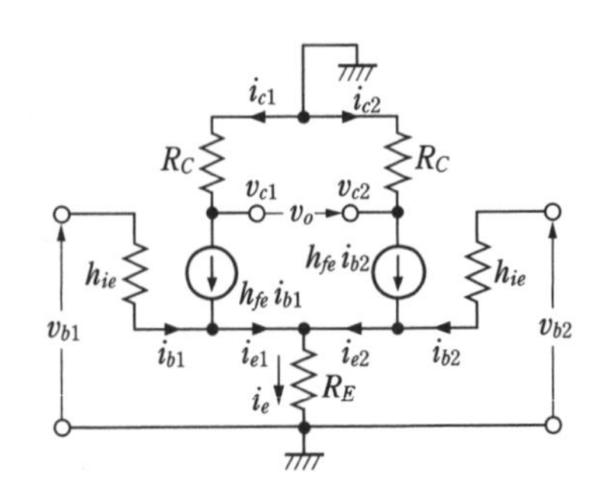

図問11･1

2　**図問 11・2** (a), (b) の定電流源回路に流れる電流 I を計算せよ．ただし，ベース・エミッタ間電圧 V_{BE} は 0.7 V とする．

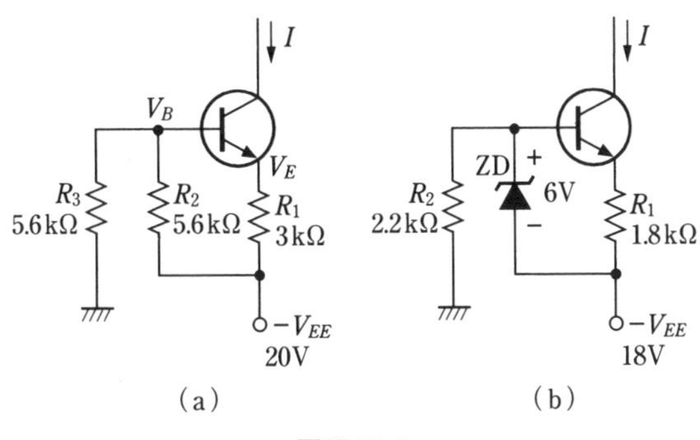

図問 11・2

3　図 11・11 (c) の定電流回路で I_o と I_1 の関係を求め，I_o が I_1 に追従することを示せ．ただし，$h_{FE1} = h_{FE2} = h_{FE}$, $I_{B1} = I_{B2}$ とする．

第12章 OPアンプの基本応用回路

OP アンプは Operational Amplifier の略で，**演算増幅器**とも呼ばれている．演算増幅器はもともとアナログ電子計算機用の高利得直流増幅器として，加減算器，微積分器などに使用されていたためこの名の由来がある．

近年の半導体技術の向上により，高性能の OP アンプ IC が安価に入手できるようになった．その機能は加算，減算，乗算，除算，微分，積分，高精度の増幅，対数増幅などのアナログ演算を始めとして，電圧比較器，関数発生器，発振器，高帯域増幅器，狭帯域増幅器，各種フィルタなど非常に広範囲にわたっているが，ここでは最も基本的な応用回路にとどめる．

現在市販されている OP アンプ IC の中味はかなり理想的に設計されているので，利用者は IC 内部の回路構成に立ち入ることなく簡単に目的の回路を作ることができる．

12・1 理想 OP アンプ

もともと OP アンプはアナログ演算のシミュレーション回路に使用できる高性能な増幅器のことを指していたが，現在ではむしろ高性能な汎用増幅器のことを一般的に **OP（オペ）アンプ**と呼んでいる．

市販されている OP アンプはそれぞれの特長をもっているが，共通する主な点を要約すれば，およそ次のようになる．

① 入力段は差動増幅回路構成になっていて，同相（非反転：+）および逆相（反転：−）の 2 本の入力ピンをもっている．

② 出力ピンは 1 本だけである．すなわち，差動出力にはなっていない．

③　増幅器自身のもっている裸の増幅度（**開ループ利得**または**オープンループゲイン**，open loop gain）は非常に大きく，少なくとも10^4倍以上，通常10^5倍（100 dB）程度である．

④　負帰還回路で使用することを前提として作られているから，それに伴う不正発振を防止するための位相補正用CとRの外部接続ピンを設けたり，あるいは内部回路にその対策を施してある．

⑤　内部回路のアンバランスによって発生するオフセット電圧を補正できる回路構成になっているものが多い．

⑥　増幅器として一般に要求される高入力インピーダンス，低出力インピーダンスの条件は，かなり満足のできる程度に作られている．

以上のようなOPアンプに共通する項目から，**理想OPアンプ**とはどのようなものかを考えると，次のようになる．

①　電圧利得（開ループ利得）A_0が無限大である．すなわち，$A_0 = \infty$であること．

②　電圧利得A_0の帯域幅はDC～∞である．

③　入力インピーダンスZ_iが無限大である．すなわち，$Z_i = \infty$であること．

④　出力インピーダンスZ_oがゼロである．すなわち，$Z_o = 0$であること．

⑤　オフセット電圧，オフセット電流がゼロである．

ところが，この①～⑤を満足するようなOPアンプICを作ることは無理なことで，現実的なとらえ方をすれば，①の場合は，出力電圧に対して入力電圧は十分に無視できるほど小さい量であること．②の場合は，扱う信号の周波数に対してOPアンプの帯域幅が十分に広いこと．③の場合は，OPアンプの入力に流れ込む電流が回路の入力に流れ込む電流に比較して十分無視し得ること．④の場合は，出力インピーダンスが十分に低く，負荷インピーダンスの変動がOPアンプの特性に影響を与えないことを意味している．また⑤の場合は，入

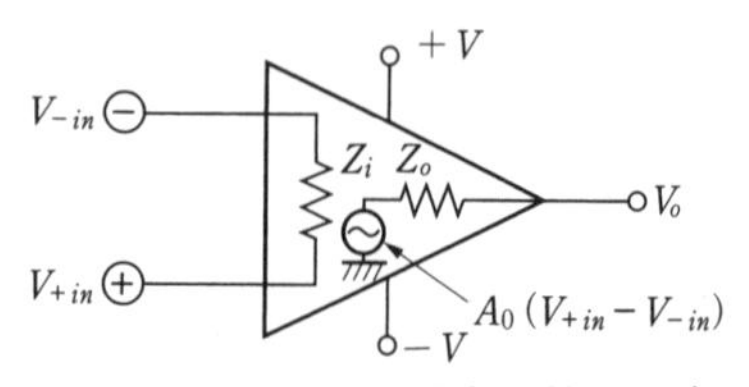

図12・1　OPアンプ内部の等価回路

力端子間の電圧をゼロと見なせば，回路を解析する上で大変都合がよい．

以上の結果を総合すれば，OP アンプ内部の等価回路は**図 12・1** のように表すことができる．

12・2　理想 OP アンプの基本回路

OP アンプを用いた増幅回路は負帰還をかけて使用することを前提としているから，特殊な使い方を除けば，**図 12・2** に示すように 3 種類の基本増幅回路がある．図 (a) は入力と出力の位相が逆になる反転増幅回路，図 (b) は入力と出力の位相が同じになる非反転増幅回路，図 (c) は＋入力と－入力の差を増幅する差動増幅回路である．

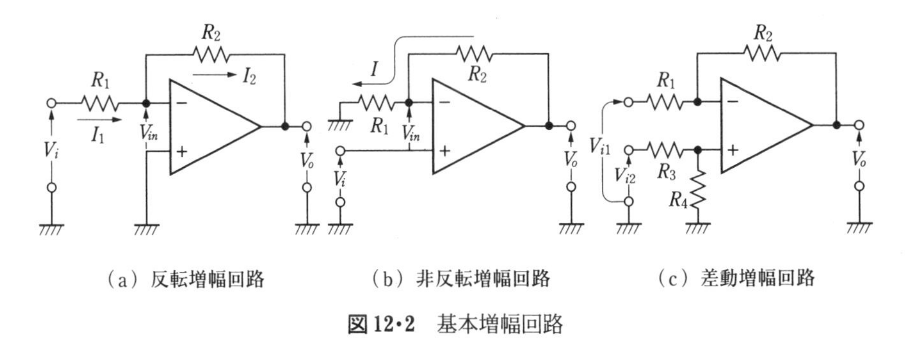

図 12・2　基本増幅回路

(1)　反転増幅回路

図 (a) に示すように OP アンプの開ループ利得を A_0，回路の入力に加わる電圧を V_i，入力抵抗を R_1，フィードバック抵抗を R_2，出力に現れる電圧を V_o，入力端子－と＋間の電圧を V_{in}，R_1 を流れる電流を I_1，R_2 を流れる電流を I_2 とすると，次式が成立する．

$$I_1 = \frac{V_i - V_{in}}{R_1},\quad I_2 = \frac{V_{in} - V_o}{R_2} \tag{12・1}$$

理想的な OP アンプの入力インピーダンスは無限大で，入力端子には電流が流れないから，

$$I_1 = I_2 \tag{12・2}$$

が成立する．したがって，

$$\frac{V_i - V_{in}}{R_1} = \frac{V_{in} - V_o}{R_2} \tag{12•3}$$

ところで，V_{in} と V_o の間には，次式が成り立つ．

$$V_{in} = -\frac{V_o}{A_0} \tag{12•4}$$

仮想接地

理想 OP アンプでは $A_0 = \infty$ であるから，V_o がある有限の値をもつとすれば，式 (12•4) より $V_{in} = 0$ となる．すなわち，見かけ上－入力と＋入力の端子が短絡してアースに接地された現象となり，このことを**仮想接地**（**イマジナリショート**，imaginary short）という．

仮想接地より $V_{in} = 0$ とすれば式 (12•3) は，

$$A_v = \frac{V_o}{V_i} = -\frac{R_2}{R_1} \tag{12•5}$$

となり，反転増幅回路の電圧利得 A_v は R_1 と R_2 で決まることがわかる．つまり，外部抵抗 R_1 と R_2 の比で電圧利得 A_v を自由に決定することができるので大変便利である．ここで，A_v を**閉ループ利得**（**クローズドループゲイン**，closed loop gain）という．回路の動作は，入力に電圧 V_i が加わると R_1 に電流が流れ，－入力端子に電圧が発生しようとする．すると OP アンプの出力は，無限大の利得でフィードバック抵抗 R_2 を通して－入力端子の電圧がゼロになるように変化し，結局出力電圧が V_o となった時点で $V_{in} = 0$ となり，動作は安定する．

(2) 非反転増幅回路

＋入力端子に加わる電圧を V_i，出力に現れる電圧を V_o，入力端子－と＋間に加わる電圧を V_{in}，出力電圧を分圧して入力側にフィードバックするための抵抗を R_1，R_2 とする．この R_1，R_2 を流れる電流を I とすると，次式が成立する．

$$\frac{V_i + V_{in}}{R_1} = \frac{V_o - (V_i + V_{in})}{R_2} \tag{12•6}$$

仮想接地より $V_{in} = 0$ として，

$$A_v = \frac{V_o}{V_i} = \frac{R_1+R_2}{R_1} = 1+\frac{R_2}{R_1} \qquad (12\cdot7)$$

となり，非反転増幅回路の電圧利得 A_v も同様に R_1 と R_2 の比で決まることがわかる．

(3) 差動増幅回路

この回路の出力電圧 V_o は，**重ね合わせの理**（**重畳の理**，principle of superposition）を用いて，反転と非反転の増幅回路の結果から簡単に求められる．まず，$V_{i2}=0$ として R_3 をアースに接地すれば反転増幅回路となる．したがって，入出力の関係は $V_i = V_{i1}$ とおいて，式(12･5)より，

$$V_{o1} = -\frac{R_2}{R_1}V_{i1} \qquad (12\cdot8)$$

となる．ここで，理想OPアンプの入力端子には電流は流れ込まないから，R_3 と R_4 の並列合成抵抗 $R_3 /\!/ R_4$ の影響を考える必要はない．

次に $V_{i1}=0$ とすれば非反転増幅回路となり，入力電圧 V_{i2} は R_3 と R_4 によって分圧されるから，R_4 の端子電圧が非反転増幅回路の入力となる．したがって，このときの入出力関係は式(12･7)で $V_i = R_4/(R_3+R_4)\cdot V_{i2}$ とおいて，次式を得る．

$$V_{o2} = \frac{R_1+R_2}{R_1}\cdot\frac{R_4}{R_3+R_4}V_{i2} \qquad (12\cdot9)$$

式(12･8)，(12･9)より，結局差動増幅回路の入出力関係は次式で表すことができる．

$$V_o = V_{o1}+V_{o2} = \frac{R_1+R_2}{R_1}\cdot\frac{R_4}{R_3+R_4}V_{i2}-\frac{R_2}{R_1}V_{i1} \qquad (12\cdot10)$$

ここで，$R_1=R_3$，$R_2=R_4$ とすれば，式(12･10)は次式となる．

$$V_o = \frac{R_2}{R_1}(V_{i2}-V_{i1}) \qquad (12\cdot11)$$

すなわち，入力電圧 V_{i1} と V_{i2} が等しければ出力はゼロとなり，V_{i1} と V_{i2} に差があるときのみ R_2/R_1 倍されて出力電圧 V_o が現れることを示している．すなわち，V_{i1} と V_{i2} が同極性であればその差の電圧が増幅され，異極性であればその

和の電圧が増幅される．

(4)　電圧ホロワ

図 12・2 (b) の非反転増幅回路で $R_1 = \infty$，$R_2 = 0$ とすれば，図 12・3 の**電圧ホロワ**（**ボルテージホロワ**，voltage follower）と呼ばれる回路が得られる．

この回路の電圧利得は $A_v = 1$ であるが，高入力，低出力インピーダンスが実現できるので，回路と回路を接続するとき相互間の干渉を低減させる**バッファ**（**緩衝増幅器**，buffer）としてよく用いられる．

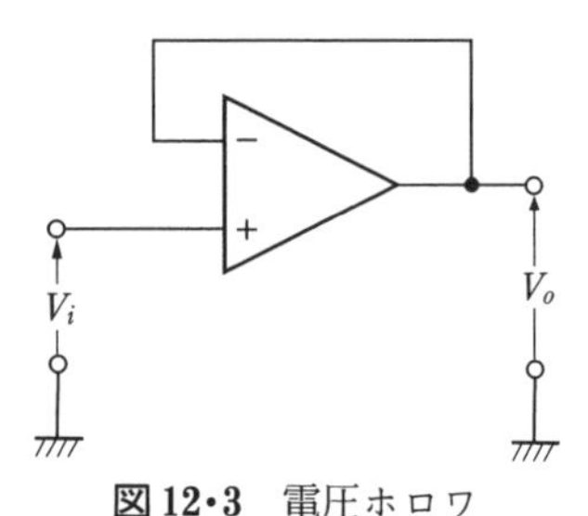

図 12・3　電圧ホロワ

12・3　実際の OP アンプ回路と基本パラメータ

(1)　開ループ利得とゲインエラー

理想的な OP アンプの開ループ利得 A_0 は，高い周波数まで一定の利得を維持しているはずである．ところが実際の OP アンプの開ループ利得の周波数特性は，**図 12・4** に示すように直流での値が最も大きく（90 ～ 120 dB），数 10 Hz 程度以上の周波数では −6 dB/oct（−20 dB/dec）の割合で減少してしまう．この減少率を**ロールオフ**（roll off）という．

OP アンプの開ループ利得 A_0 が有限な場合にどのような誤差が生ずるか，反転増幅回路と非反転増幅回路について回路解析を行ってみよう．反転増幅回路では，式 (12・3)，(12・4) から V_{in} を消去して V_i と V_o の関係を求めると，次式になる．

$$\frac{V_o}{V_i} = \frac{-R_2/R_1}{1+\dfrac{1}{A_0}\cdot\dfrac{R_1+R_2}{R_1}} \tag{12・12}$$

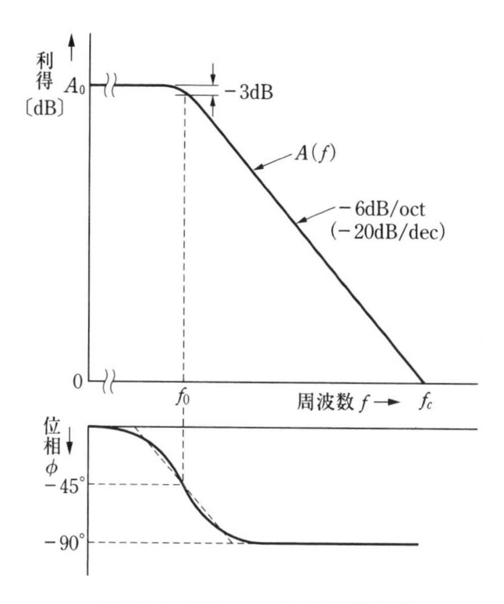

図 12・4　OPアンプの周波数特性

また，非反転増幅回路は式(12・4)，(12・6)より，

$$\frac{V_o}{V_i}=\frac{(R_1+R_2)/R_1}{1+\dfrac{1}{A_0}\cdot\dfrac{R_1+R_2}{R_1}} \tag{12・13}$$

となる．ここで，$\beta=R_1/(R_1+R_2)$ とおけば，式(12・12)，(12・13)はそれぞれ次式のようになる．

$$A_v=\frac{V_o}{V_i}=-\frac{R_2}{R_1}\cdot\frac{1}{1+1/A_0\beta} \tag{12・14}$$

$$A_v=\frac{V_o}{V_i}=\frac{R_1+R_2}{R_1}\cdot\frac{1}{1+1/A_0\beta} \tag{12・15}$$

ここで β は負帰還増幅回路の β と同じ帰還率である．
式(12・14)の V_o/V_i は反転増幅回路の真の閉ループ利得 A_v であり，$-R_2/R_1$ は理想OPアンプとした反転増幅回路の閉ループ利得である．また，式(12・15)の V_o/V_i は非反転増幅回路の真の閉ループ利得で，$(R_1+R_2)/R_1$ は理想OPアンプとした非反転増幅回路の閉ループ利得である．両式において，

$1/A_0\beta$ は理想化閉ループ利得に対して真の閉ループ利得に誤差を与える量で，**ゲインエラー** (gain error) $\varepsilon = 1/A_0\beta$ という．

(2)　周波数特性と位相特性

図 12•4 で示したように，実際の OP アンプの周波数特性は直流から数 10 Hz 程度まではフラットであるが，それ以上の周波数では −6 dB/oct（−20 dB/dec）の割合で減少してしまう．直流からフラットな領域の開ループ利得 A_0 から −3 dB 低下する周波数を f_0 とすると，OP アンプの開ループ利得の周波数特性 $A(f)$ は位相の変化も含めて次式のように表すことができる．

$$A(f) = \frac{A_0}{1+j\dfrac{f}{f_0}} \tag{12•16}$$

したがって，$f_0 \ll f$ の周波数範囲では $|A(f)|$ は次式のように表すことができる．

$$|A(f)| = \frac{A_0}{\sqrt{1+(f/f_0)^2}} \fallingdotseq \frac{A_0}{f/f_0} \tag{12•17}$$

【例題 12•1】　式 (12•17) で f_0 を 100 Hz として，f を 200，400，800，1 600Hz と 1 オクターブずつ増していくと，開ループ利得が −6 dB ずつ減少することを示せ．

（解）　式 (12•17) より，

$A_v = 20 \log_{10} |A(f)| = 20 \log_{10} A_0 - 20 \log_{10} (f/f_0)$

$f = 200$ Hz のとき　$A_v = 20 \log_{10} A_0 - 6.02$ dB

$f = 400$ Hz のとき　$A_v = 20 \log_{10} A_0 - 12.04$ dB

$f = 800$ Hz のとき　$A_v = 20 \log_{10} A_0 - 18.06$ dB

$f = 1600$ Hz のとき　$A_v = 20 \log_{10} A_0 - 24.08$ dB

ゆえに，開ループ利得は − 6 dB/oct で減少することがわかる．■

周波数対利得の特性で 1，すなわち 0 dB となる周波数を f_c とすれば，f_c を**ゲイン帯域幅** (gain band width) という．このとき，$f = f_c$ を式 (12•17) に代入して，

$$|A(f_c)| = 1 = \frac{A_0}{f_c/f_0}$$

$$\therefore \quad f_c = f_0 \cdot A_0 \tag{12・18}$$

の関係が得られる．これより，ゲイン帯域幅 f_c は -3 dB 周波数 f_0 と開ループ利得 A_0 との積で与えられることがわかる．この f_0 と A_0 の積を**ゲイン帯域幅積**（***GB*** **積**）といい，開ループ利得の減衰特性の傾斜が -6 dB/oct であれば，f_c と GB 積は一致する．

位相変化も含めた開ループ利得の周波数特性は式（12・16）で与えられるから，OP アンプ内部で生じる位相シフト ϕ は次式のように遅れ位相となる．

$$\phi = \tan^{-1}\left(-\frac{f}{f_0}\right) \tag{12・19}$$

上式で $f=0$ のとき位相シフトはゼロで，f が大きくなるとそれに伴って位相シフトは増加し，$f=f_0$ で $-45°$ の位相シフトとなる．f が f_0 より大きくなると，さらに位相シフトは増加して，$f=f_c$ で利得が 1 以上の範囲における最大の位相シフト ϕ_{max} となる．$f_0 \ll f_c$ を考慮すれば $\phi_{max} \fallingdotseq -90°$ であり，図 12・4 の位相特性が得られる．

負帰還増幅回路は，位相回転が 180° 以上になる周波数でループ利得が 1 より大きいと，正帰還がかかり発振状態となる．ところが，-6 dB/oct のロールオフ特性をもつ OP アンプでは，深い負帰還をかけてループ利得が 1 以上の周波数範囲でも位相が $-90°$ 以上は遅れないから，必ず安定な動作をする．ただし，OP アンプが 2 ～ 3 段に縦続接続された回路では，各段の位相回転が加算されるため問題となることがある．

反転増幅回路の電圧利得は式（12・14）で与えられたが，この式の A_0 に式（12・16）の関係を代入すれば，周波数特性を考慮した反転増幅回路の式が得られ，さらに式（12・18）を用いて次式を得る．

$$A_v(f) = \frac{-R_2/R_1}{1+\dfrac{R_1+R_2}{R_1}\cdot\dfrac{f_0}{f_c}+j\dfrac{R_1+R_2}{R_1}\cdot\dfrac{f}{f_c}} \tag{12・20}$$

ここで，$(R_1+R_2)/R_1 \cdot (f_0/f_c)$ は 1 より十分小さいから無視すれば，

$$A_v(f)=\frac{-R_2/R_1}{1+j\dfrac{R_1+R_2}{R_1}\cdot\dfrac{f}{f_c}} \tag{12・21}$$

を得る．上式より電圧利得が -3 dB だけ低下する周波数 f_{hc} は次式で与えられる．

$$f_{hc}=\frac{R_1}{R_1+R_2}f_c=\beta\cdot f_c \tag{12・22}$$

図 12・5 は A_0 が 100 dB，f_c が 10 MHz の OP アンプを用いて，閉ループ利得を変えたときの周波数特性を示している．

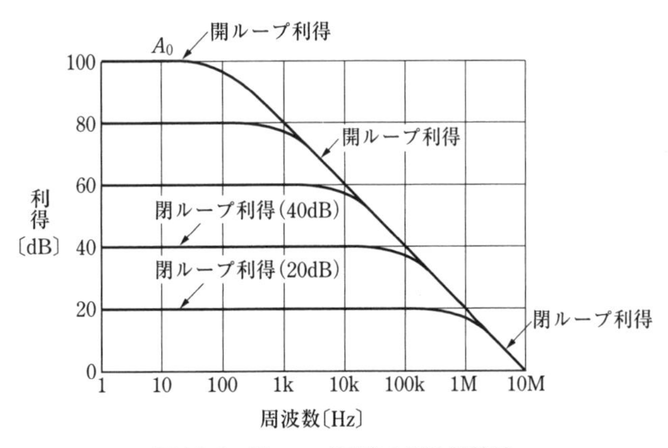

図 12・5　閉ループ回路の周波数特性

> **【例題 12・2】**　A_0 が 100 dB，f_c が 10 MHz の OP アンプを用いて利得 20 dB の反転増幅回路を作ったとすれば，周波数 f_{hc} はいくらになるか．また，同じ OP アンプで 40 dB の反転増幅回路の f_{hc} を求めよ．

(解)　利得 20 dB の反転増幅回路で $R_2/R_1=10$，$\beta=1/11$，したがって，式 (12・22) より

$$f_{hc}=\beta\cdot f_c=\frac{1}{11}\times 10=0.909=909\ \text{kHz}$$

利得 40 dB では $R_2/R_1=100$，$\beta=\dfrac{1}{101}$ であるから，

$$f_{hc}=\beta\cdot f_c=\frac{1}{101}\times 10=0.099=99\ \text{kHz}$$

▨

一方，周波数特性を考慮した非反転増幅回路の式は次式となる.

$$A_v(f)=\frac{(R_1+R_2)/R_1}{1+j\frac{R_1+R_2}{R_1}\cdot\frac{f}{f_c}} \tag{12・23}$$

したがって，電圧利得が −3 dB だけ低下する周波数 f_{hc} は反転増幅回路と同様，式 (12・22) で与えられる.

(3)　スルーレート (SR)

OP アンプの入力電圧がある速さで変化したとき，出力電圧も当然それに追従して変化するはずである．ところが実際には**図 12・6** に示すように，内部回路の追従性能による制約から出力電圧はある限界値以上の速さで変化することができない．この限界値のことを**スルーレート** (slew rate) という．すなわち，入力に大振幅のステップ電圧が加えられたとき，出力電圧が 1 μs につき何 V の変化で追従できるかを示す数値がスルーレートで，次式のように表している.

$$\mathrm{SR}=\left(\frac{\Delta v_o}{\Delta t}\right)_{\max}〔\mathrm{V}/\mu\mathrm{s}〕 \tag{12・24}$$

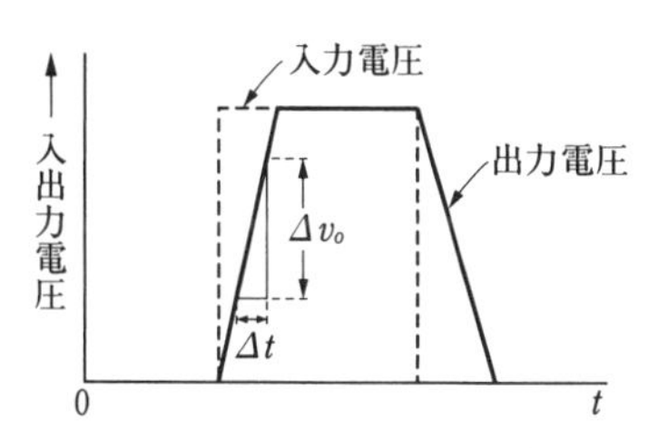

図 12・6　スルーレート特性

スルーレートは，ステップ電圧のような立ち上りの速い波形だけでなく，正弦波などにおいても大振幅で周波数が高い場合には問題となる．すなわち，正弦波の振幅と周波数がスルーレートの規定値を越えると，出力波形がひずむことになる．いま，角周波数 ω（$=2\pi f_0$）の正弦波出力 $V_m\sin\omega t$ を考えると，出力電圧の振幅変化率は,

$$\frac{dv_o(t)}{dt}=\frac{d}{dt}V_m\sin\omega t=\omega V_m\cos\omega t \tag{12・25}$$

で与えられ，最大変化率は ωV_m となる．

入力周波数を MHz で表せば $2\pi f_0 V_m$ の単位は〔V/μs〕となるから，無ひずみの条件は，

$$\mathrm{SR} \geqq \omega V_m = 2\pi f_0 V_m \qquad (12\cdot26)$$

によって与えられる．

【例題 12･3】 スルーレート SR = 5 V/μs の OP アンプを 500 kHz で使用する場合の最大無ひずみ出力電圧を求めよ．

（解） 式（12･26）より

$$V_m = \frac{\mathrm{SR}}{2\pi f_0} = \frac{5}{6.28 \times 0.5} = 1.59 \fallingdotseq 1.6\ \mathrm{V}$$

(4) CMRR

CMRR については，すでに差動増幅回路のところで述べたが，OP アンプは差動増幅回路を基本として構成されているから，当然この CMRR が問題となる．

同相入力電圧が加えられたとき，理想的な OP アンプの出力電圧はゼロであるが，実際にはわずかではあるが出力電圧が生じてしまう．差動入力電圧に対する増幅度を A_d，同相入力電圧に対する増幅度を A_c とすれば，OP アンプの CMRR は次式によって定義される．

$$\mathrm{CMRR} = 20 \log_{10}\left(\frac{A_d}{A_c}\right) \ \text{〔dB〕} \qquad (12\cdot27)$$

周波数は 100 Hz 以下で規定するのが一般的で，汎用 OP アンプの CMRR はほぼ 90 dB 以上を確保しているが，周波数が高くなるにつれて CMRR は劣化してしまう．

12･4 OP アンプの基本応用回路

(1) 加算回路

図 12･7 は反転増幅器を利用した反転形加算回路である．仮想接地により

$v_{in}=0$ とすれば，抵抗 R_1，R_2，R_3 に流れる電流はそれぞれ，

$$i_1=\frac{v_1}{R_1},\ i_2=\frac{v_2}{R_2},\ i_3=\frac{v_3}{R_3} \tag{12・28}$$

であり，これらの電流はすべて抵抗 R_f に流れ込む．したがって，出力電圧 v_o は次式となり，

$$v_o=-R_f(i_1+i_2+i_3)=-\frac{R_f}{R_1}v_1-\frac{R_f}{R_2}v_2-\frac{R_f}{R_3}v_3 \tag{12・29}$$

各入力電圧に任意の重み係数を掛けた和の計算となる．上式で $R_1=R_2=R_3=R_f$ とすれば，各入力電圧の加算回路となる．

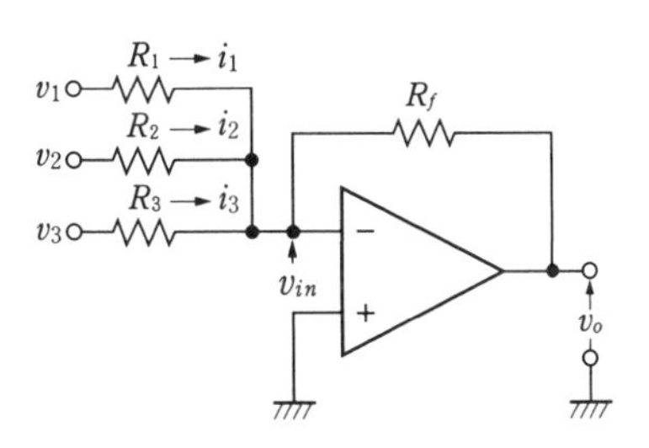

図 12・7　加算回路

(2)　減算回路

図 12・2 (c) の差動増幅回路で述べたように，**図 12・8** の出力電圧 v_o は次式によって与えられる．すなわち，減算回路として動作することがわかる．ただし，$R_1=R_3$，$R_2=R_4$ とする．

$$v_o=-\frac{R_2}{R_1}(v_1-v_2) \tag{12・30}$$

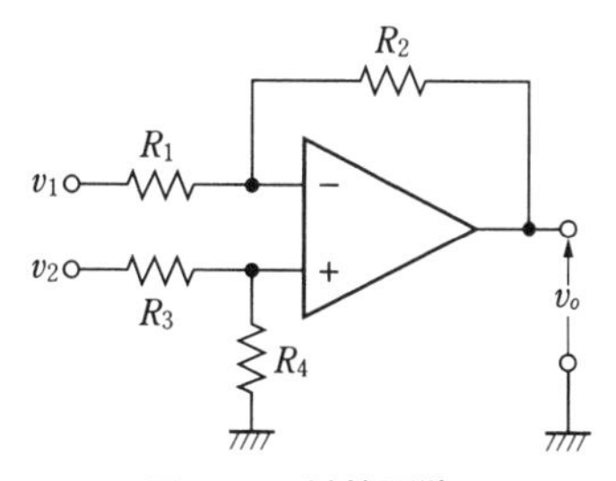

図 12・8　減算回路

(3)　積分回路

図 12・9 に積分回路の基本構成を示す．仮想接地の条件から，$v_{in}=0$ とすると，

$$i_i(t)=\frac{v_i(t)}{R}=i_f(t) \tag{12・31}$$

$$v_o(t)=-\frac{1}{C}\int i_f(t)\,dt=-\frac{1}{C}\int i_i(t)\,dt \tag{12・32}$$

が成り立ち，この両式から出力電圧 v_o は次式となる．

$$v_o(t)=-\frac{1}{CR}\int v_i(t)\,dt \tag{12・33}$$

上式は，出力電圧 v_o が入力電圧 v_i の時間積分に比例した電圧として得られることを示している．入力電圧の周波数が 2 倍になれば，コンデンサのインピーダンスは 1/2 となるから出力電圧は 1/2 倍，すなわち −6 dB/oct の特性をもつことになる．

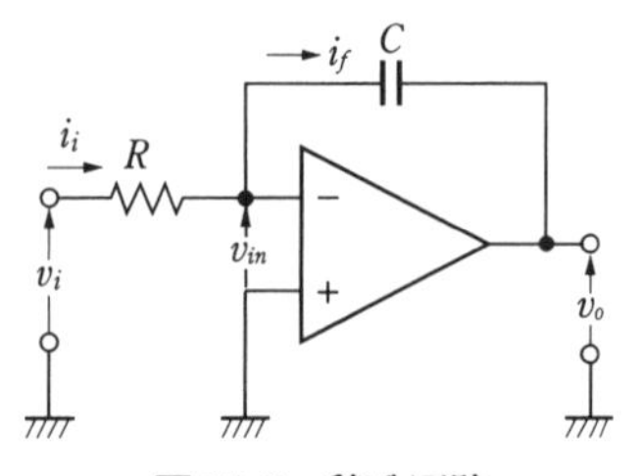

図 12・9　積分回路

OP アンプの開ループ利得を A_0 とすれば，コンデンサのインピーダンスと抵抗との比が開ループ利得と等しくなる周波数 f_1 は次式によって与えられる．

$$f_1=\frac{1}{2\pi CRA_0}\quad\text{〔Hz〕} \tag{12・34}$$

理想的な積分回路の周波数特性は，**図 12・10** (b) の破線で示すように利得が 0 dB のラインと，

$$f_3=\frac{1}{2\pi CR}\quad\text{〔Hz〕} \tag{12・35}$$

の周波数で交差する −6 dB/oct の直線となる．ところが，実際の OP アンプ

の開ループ利得の周波数特性は図 (b) の実線で示すように f_1 より低い周波数範囲で利得が制限されてしまい，積分動作は行われないことになる．また，超低周波になると回路の利得が大きくなり過ぎて回路が不安定となる．

そこで図 (a) のようにコンデンサ C と並列に抵抗 R_f を接続して負帰還をかけ，図 (b) に示すように利得を $A_v = -R_f/R$ にして，積分動作の下限を設定している．下限周波数 f_2 は，

$$f_2 = \frac{1}{2\pi CRA_v} = \frac{1}{2\pi CR_f} \quad \text{〔Hz〕} \tag{12・36}$$

によって与えられる．すなわち，f_2 以上の周波数で積分動作が行われ，f_2 以下では利得が $A_v = -R_f/R$ 増幅器として動作する．

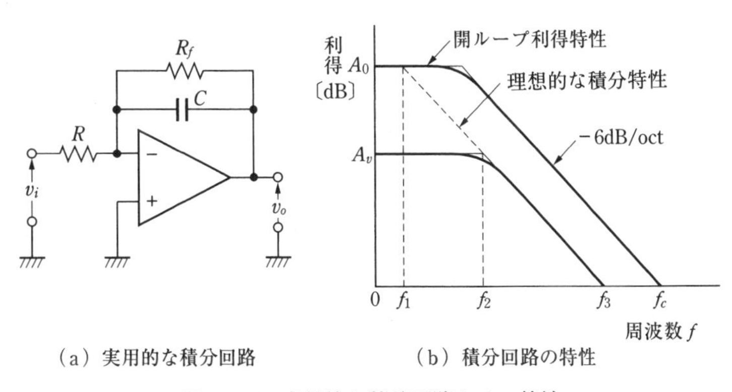

(a) 実用的な積分回路　　(b) 積分回路の特性

図 12・10　実用的な積分回路とその特性

図 12・11 に，入力が方形波と正弦波の場合の入出力の波形関係を示す．

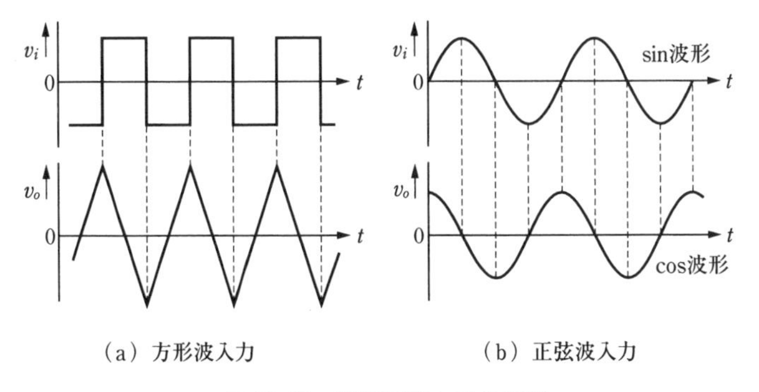

(a) 方形波入力　　(b) 正弦波入力

図 12・11　積分回路の動作波形

(4)　微分回路

図 12・12 は微分回路の基本構成で，積分回路とは逆に外部素子の抵抗とコンデンサを入れ換えた回路構成となっている．仮想接地の条件から，$v_{in}=0$ とすると，

$$i_i(t)=C\frac{dv_i(t)}{dt},\ \ i_f(t)=-\frac{v_o(t)}{R_f},\ \ i_i(t)=i_f(t) \tag{12・37}$$

となり，これらの式から，

$$v_o(t)=-CR_f\frac{dv_i(t)}{dt} \tag{12・38}$$

が得られ，出力電圧 v_o が入力電圧 v_i の時間微分に比例した電圧として得られることを示している．入力電圧の周波数が 2 倍になれば，コンデンサのインピーダンスは 1/2 となるから出力電圧は 2 倍，すなわち +6 dB/oct の特性をもつことになる．

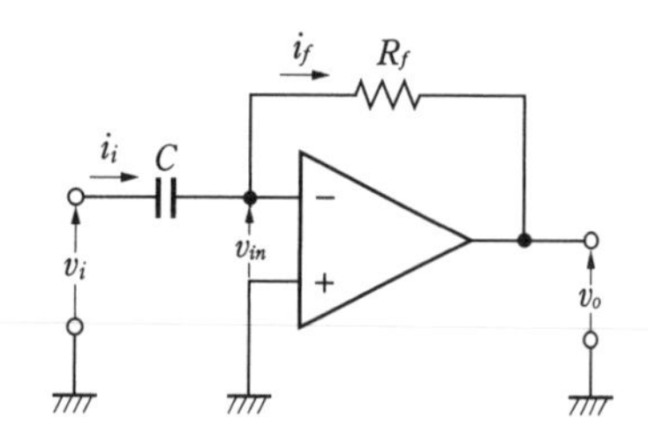

図 12・12　微分回路

理想的な微分回路の周波数特性は**図 12・13** (b) の破線で示すように，利得が 0 dB のラインと，

$$f_1=\frac{1}{2\pi CR_f}\ \ \text{〔Hz〕} \tag{12・39}$$

の周波数で交差する +6 dB/oct の直線となる．ところが，実際の OP アンプでは利得帯域幅（*GB* 積）の制限があり，その周波数特性は −6 dB/oct であるから微分回路の周波数特性と交差してしまい，それ以上の周波数では微分動作は行われない．また，周波数が高くなるにつれて回路の利得が大きくなりす

ぎて回路が不安定となり，発振するおそれがある．

このため，実用的な微分回路では，図(a)のようにコンデンサ C と直列に抵抗 R を接続し，周波数の高いところで図(b)の実線で示すように，閉ループ利得 A_v を R_f/R に制限している．したがって，微分動作をする限界周波数 f_2 は，

$$f_2 = \frac{1}{2\pi CR} \quad \text{〔Hz〕} \tag{12・40}$$

によって与えられる．すなわち，f_2 以下の周波数で微分動作が行われ，f_2 以上では利得が $A_v = -R_f/R$ の反転増幅器として動作する．

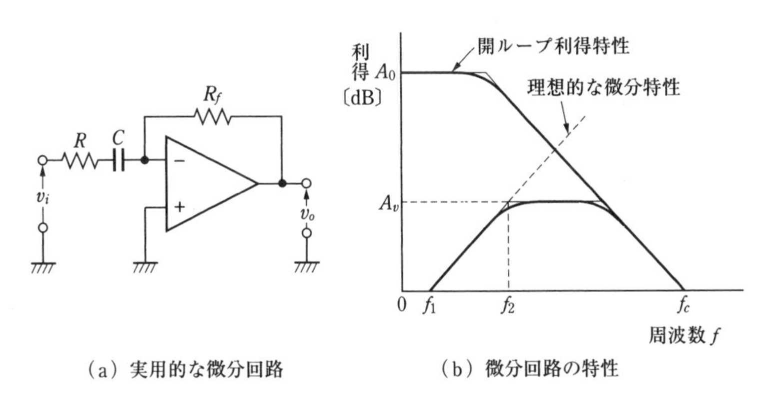

(a) 実用的な微分回路　　(b) 微分回路の特性

図12・13　実用的な微分回路とその特性

入力が三角波と正弦波の場合の入出力の波形関係を**図12・14**に示す．

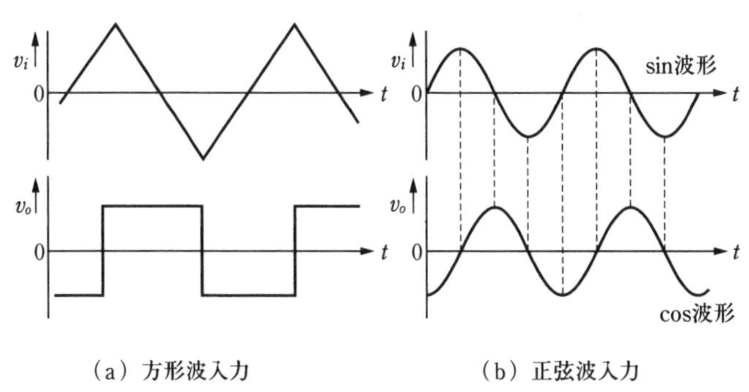

(a) 方形波入力　　(b) 正弦波入力

図12・14　微分回路の動作波形

第12章　演習問題

1　反転増幅回路で式(12･3)と式(12･4)からV_{in}を消去して式(12･14)を，非反転増幅回路で式(12･4)と式(12･6)からV_{in}を消去して式(12･15)を誘導せよ.

2　SR = 10 V/μsのOPアンプがある．このOPアンプで±10 V_pの正弦波をひずみなく何kHzまで出力することができるか.

3　**図問12･3**は抵抗重みつき電流加算形DAコンバータの原理図を示している．出力電圧V_oは，ディジタル入力に応じてスイッチD_0～D_3を1または0として，

$$V_o = -\frac{R_f}{8R}(8D_3+4D_2+2D_1+D_0)V_r$$

で与えられることを示せ．また同図でV_r = 8 V，R = 100 kΩ，R_f = 20 kΩのとき，出力電圧V_oは何ボルトになるか.

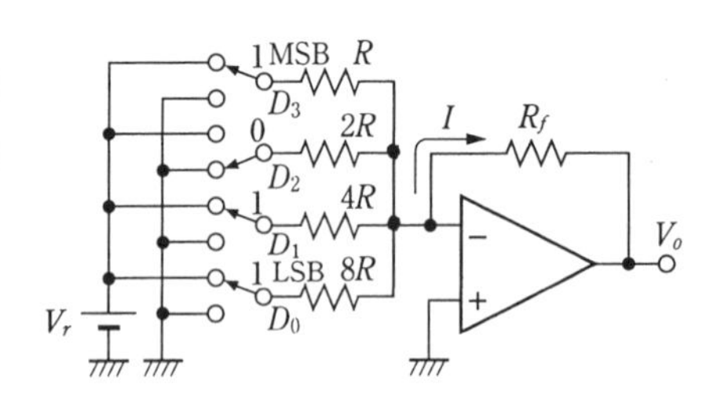

図問12･3

4　図12･10(a)の積分回路で，式(12･36)のf_2以上の周波数で積分動作が行われ，f_2以下で反転増幅回路として動作する．式(12･36)を誘導せよ.

5　図12･13(a)の微分回路で，式(12･40)のf_2以下の周波数で微分動作が行われ，f_2以上で反転増幅回路として動作する．式(12･40)を誘導せよ.

第13章 発振回路

電子回路の中には一般の増幅回路と異なり，外部から信号を加えなくても増幅回路自身で電気振動を発生する回路がある．これを**発振回路**という．発振回路には，正弦波状の波形を発生する発振回路とパルス状の波形を発生する発振回路とがあるが，ここでは正弦波発振回路について述べる．

正弦波発振回路は，出力側と入力側が同相となる正帰還回路を構成しているので帰還増幅回路とも呼ばれている．ここでは，発振の原理と発振するための条件を理解した後，比較的高い周波数で発振する***LC*** **発振回路**，低い周波数で発振する***CR*** **発振回路**および発振周波数が一段と高く周波数の変動が極めて少ない**水晶発振回路**について学ぶ．

13･1 発振とは

図13･1 (a) は入力側が CR 結合，出力側がトランス結合の増幅回路である．この増幅回路はエミッタ接地であるから，ベース側とコレクタ側では位相が180° 異なっていて，トランスTで位相を180° 推移させれば，出力波形は入力波形と同相となる．

この状態で図 (b) のように入力信号をなくしてしまうと，トランスの2次側には何も出てこないように思われるが，電源を入れた瞬間トランジスタ内部に微弱ではあるが雑音電圧が発生し，この電圧の周波数成分は低い周波数から高い周波数にわたって分布している．このため，コレクタ側に出てきた雑音電圧のうち L_1 と C_1 の同調回路の同調周波数に等しい周波数の雑音電圧が選択されて正弦波の出力が L_2 に出てくる．ただし，この雑音出力は非常に小さい値

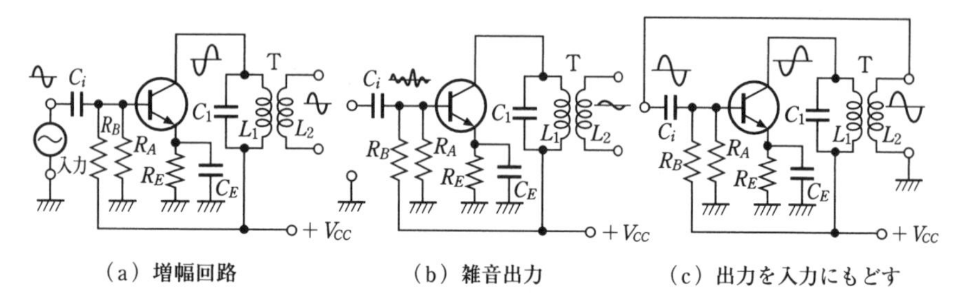

図 13・1　発振回路の原理

なので通常は無視される．

次に，図 (c) のように出力と入力を結ぶと，この雑音電圧は入力に戻ってきて増幅回路で増幅され，出力波形と入力波形が同相であれば**図 13・2** に示すように，出力波形が成長して一定振幅の正弦波出力が得られるようになる．ここで，出力波形を入力波形の位相と同相に加えることを**正帰還** (positive feedback) ということはすでに述べたが，入力に何も加えなくても一定振幅の正弦波が得られる現象が発振で，このような回路を**発振回路** (oscillator) という．

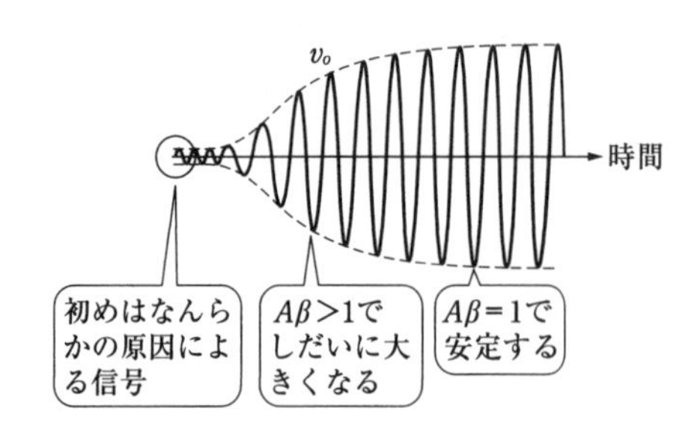

図 13・2　出力の成長

13・2　発 振 条 件

図 13・1 (c) の回路が発振するためにはある条件を満足しなければならない．これを**発振条件**といい，ループゲインによる解法，回路方程式による解法などによって発振条件を求めることができる．

(1) ループゲインによる解法

図 13·3 は発振回路のブロック図を示していて，入力信号を増幅する増幅回路と出力信号を入力に戻す帰還回路から構成されている．

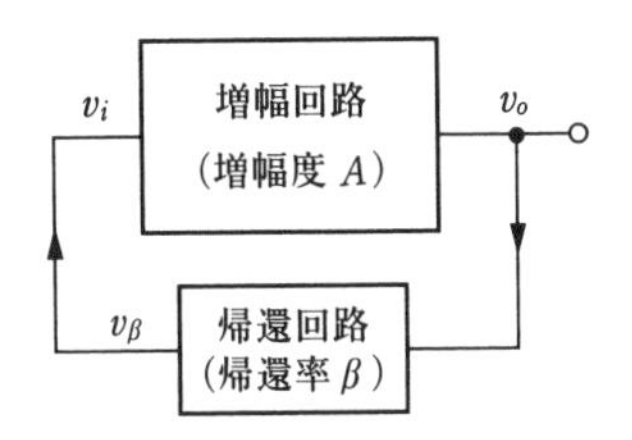

図 13·3 発振回路のブロック図

同図で，入力に v_i という入力信号が加わったとすると，増幅回路の増幅度が A であるから出力には $v_o = Av_i$ の信号が出力される．この出力信号が帰還率 β の帰還回路を通して入力側に帰還されるから，帰還回路の出力は $v_\beta = A\beta v_i$ となる．発振出力が増大している間は $v_\beta > v_i$ であり，その v_β が新たな v_i となる．しかし，この状態は長く続かず，発振回路では電源スイッチを入れてからほぼ瞬時に一定振幅の正弦波出力が得られ，このとき $v_\beta = v_i$ となる．したがって，発振条件は，

$$\frac{v_\beta}{v_i} = A\beta = 1 \tag{13·1}$$

となり，この $A\beta$ を**ループゲイン（一巡利得）**という．

すなわち，$A\beta > 1$ は発振が立ち上がる条件，$A\beta = 1$ は発振が持続する条件となるが，発振条件は $A\beta = 1$ のみを考えればよい．一般に $A\beta$ は複素数の形となるから，発振条件は次の 2 つとなる．

v_β と v_i は同相でなければ発振しないから，

① **位相条件（周波数条件）：$A\beta$ の虚数部 $= 0$** (13·2)

位相条件を満足してもループゲインが 1 でないと発振しないから，

② **利得条件（振幅条件）：$A\beta$ の実数部 $= 1$** (13·3)

位相条件は正帰還であることを意味していて，利得条件はループゲインが 1 であることを意味しているから，発振条件を次のように表現してもよい．

① **正帰還であること**

② **ループゲインが1であること**

(2) 回路方程式による解法

発振回路の発振条件を求めるもう一つの方法は，キルヒホッフの法則を適用した解法である．一般の増幅回路の回路解析と同様，増幅回路の能動素子の部分を等価回路で表し，受動素子で構成される帰還回路を接続すると，等価回路の中にいくつかのキルヒホッフの法則が成り立ち，次式のような連立一次方程式が得られる．

$$\left.\begin{aligned} Z_{11}i_1+Z_{12}i_2+\cdots\cdots+Z_{1n}i_n&=0\\ Z_{21}i_1+Z_{22}i_2+\cdots\cdots+Z_{2n}i_n&=0\\ \vdots\qquad\qquad\qquad\vdots\quad&\\ Z_{n1}i_1+Z_{n2}i_2+\cdots\cdots+Z_{nn}i_n&=0 \end{aligned}\right\} \tag{13・4}$$

この連立一次方程式の係数で作った行列式 $\varDelta$ が $\varDelta \fallingdotseq 0$ であれば，$i_1=i_2=\cdots\cdots=i_n=0$ でなければならない．また，$i_1=i_2=\cdots\cdots=i_n=0$ 以外の解をもてば，$\varDelta=0$ である．発振回路に回路電流が存在するのは明白な事実であるから，

$$\varDelta=0 \tag{13・5}$$

が成立する．式 (13・4) の連立一次方程式の係数 Z_{11}，Z_{12}，……，Z_{nn} にはリアクタンス分が含まれるので，これらの係数から作られた行列式 $\varDelta$ は複素数となる．したがって，式 (13・5) の左辺の実数部と虚数部は，

$$\mathrm{Re}(\varDelta)=0 \tag{13・6}$$

$$\mathrm{Im}(\varDelta)=0 \tag{13・7}$$

でなければならない．これよりループゲインの解法と同様，式 (13・6) から**利得条件**，式 (13・7) から**位相条件**を求めることができる．

13・3　発振回路の分類

増幅回路の出力の一部を帰還させ，位相条件と利得条件さえ満足すれば発振回路を作ることができる．この条件を満足する正弦波発振回路の種類は LC 発振回路，CR 発振回路および発振周波数が極めて安定な水晶発振回路の 3 つに

表 13•1　正弦波発振回路の分類

<table>
<tr><td rowspan="6">発振回路</td><td rowspan="2">LC 発振回路</td><td>同調形発振回路</td><td>コレクタ同調形
ベース同調形
エミッタ同調形</td></tr>
<tr><td>3 素子形発振回路</td><td>ハートレー形
コルピッツ形</td></tr>
<tr><td rowspan="2">CR 発振回路</td><td>移相形発振回路</td><td>HP（進相）形
LP（遅相）形</td></tr>
<tr><td colspan="2">ウィーンブリッジ形発振回路</td></tr>
<tr><td>水晶発振回路</td><td colspan="2">ピアス B-E 形発振回路（ハートレー形）
ピアス B-C 形発振回路（コルピッツ形）
無調整水晶発振回路（サバロフ回路）</td></tr>
</table>

大別され，さらに**表 13•1** に示すように各種発振回路がある．なお，非正弦波発振回路としてパルス状の出力波形が得られる無安定マルチバイブレータが代表的であるが，ここでは割愛する．

13•4　LC 発振回路

すでに図 13•1 で示したように，発振回路の発振周波数が LC 同調（共振）回路の同調周波数にほぼ等しくなるような発振回路を **LC 発振回路**という．正帰還の方法として，出力の一部を入力側に結合する方法を**反結合**と呼んでいるが，LC 発振回路にはトランスを使って反結合する同調形発振回路とトランスを使わないで反結合する 3 素子形（3 点接続形，3 端子形）発振回路の 2 種類がある．

(1)　同調形発振回路

同調形発振回路はインダクタンス L とコンデンサ C で並列共振回路を構成し，トランジスタ増幅回路の出力から入力への帰還をトランス結合で正帰還になるようにした発振回路である．LC 同調回路がトランジスタの端子のいずれに接続されるかにより，コレクタ同調形，ベース同調形，エミッタ同調形の 3

つに分けられ，**表 13・2** はそれぞれの原理図（交流等価回路）と実用回路を示している．

L_1 と C_1 で同調回路を構成し，L_1 と L_2 の反結合により増幅された出力側の電圧を入力側に正帰還させている．R_A，R_B および R_E はバイアス抵抗で，電流帰還バイアス回路となっている．また，C_C は結合用のコンデンサで同調周波数に対して短絡となるような値が用いられている．ベースおよびエミッタ同調形の実用回路では，その入力インピーダンスが低いので同調回路に中間タップを設けてトランジスタと正帰還回路とのインピーダンス整合を行っている．

トランスの 1 次側と 2 次側の結合には 2 種類あって，1 次側と 2 次側のコイルの巻く方向が同じであれば同相結合で・印の位置をそろえて，コイルの巻く方向が逆であれば逆相結合で，1 次側と 2 次側の位相は 180° 異なり，・印の位置をずらして表している．したがって，表 13・2 からコレクタ同調形とベース同調形は逆相結合，エミッタ同調形は同相結合のトランスを使用して正帰還をかけていることがわかる．

ループゲインによる解法から，コレクタ同調形発振回路の発振条件を求めてみよう．表 13・2 の実用回路を簡略化した h 定数等価回路に書き直すと**図 13・4**

表 13・2　同調形発振回路の原理図と実用回路

	コレクタ同調形	ベース同調形	エミッタ同調形
原理図	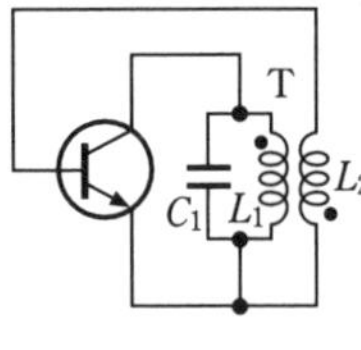 T, C_1, L_1, L_2	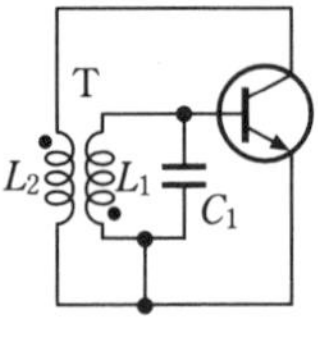 T, L_2, L_1, C_1	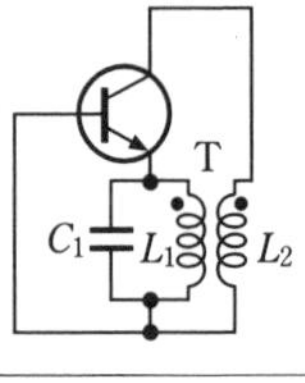 T, C_1, L_1, L_2
実用回路	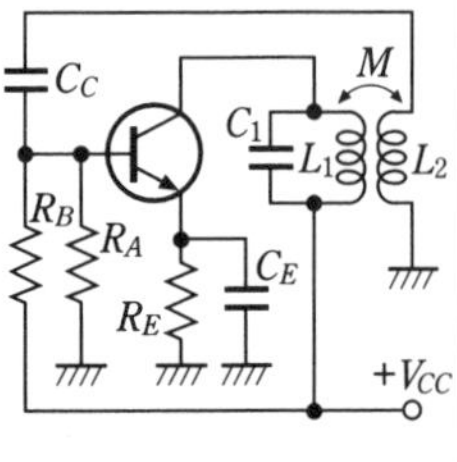 C_C, M, C_1, L_1, L_2, R_B, R_A, R_E, C_E, $+V_{CC}$	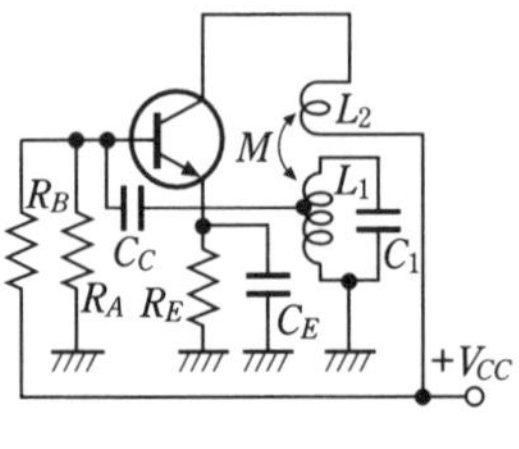 L_2, M, L_1, C_1, R_B, C_C, R_A, R_E, C_E, $+V_{CC}$	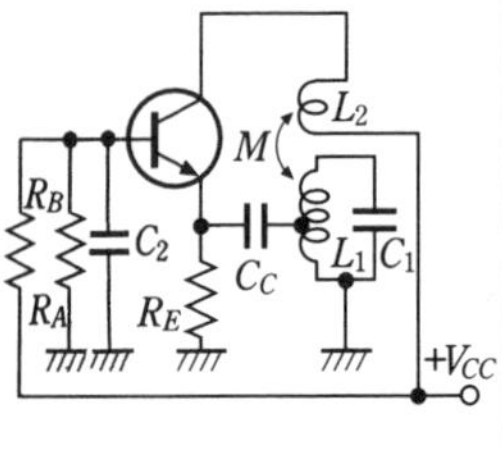 L_2, M, R_B, C_2, C_C, L_1, C_1, R_A, R_E, $+V_{CC}$

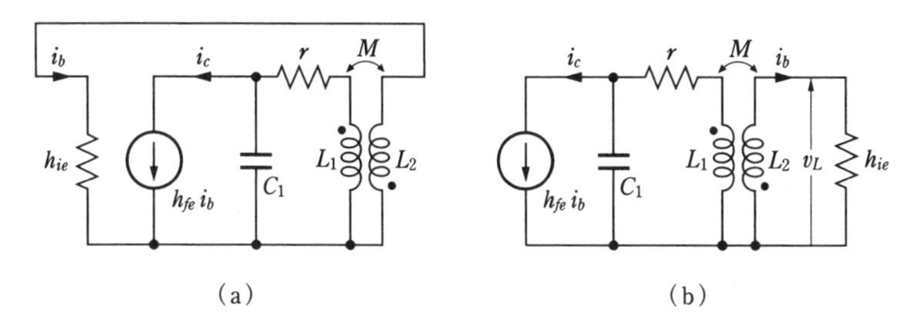

図 13・4 コレクタ同調形発振の等価回路

となる．ただし，$R_A /\!/ R_B \gg h_{ie}$ とする．

増幅回路の入力電流 i_b に対する出力電流は i_c であるから，増幅度 A は次式となる．

$$A = \frac{i_c}{i_b} = \frac{h_{fe} i_b}{i_b} = h_{fe} \tag{13・8}$$

図 (b) の帰還回路で L_1 に流れる電流を i_L，L_2 に発生する電圧を v_L とすれば，

$$i_L = \frac{1/j\omega C_1}{r + j\omega L_1 + 1/j\omega C_1} i_c \tag{13・9}$$

$$v_L = j\omega M i_L = \frac{M/C_1}{r + j\omega L_1 + 1/j\omega C_1} i_c \tag{13・10}$$

となり，v_L を h_{ie} で割れば i_b が得られ，次式となる．

$$i_b = \frac{v_L}{h_{ie}} = \frac{1}{h_{ie}} \cdot \frac{M/C_1}{r + j\omega L_1 + 1/j\omega C_1} i_c \tag{13・11}$$

帰還率 β は i_b と i_c の比で求められるから，β は

$$\beta = \frac{i_b}{i_c} = \frac{M/C_1}{h_{ie} r + j h_{ie}(\omega L_1 - 1/\omega C_1)} \tag{13・12}$$

となる．したがって，$A\beta$ は次式となる．

$$A\beta = \frac{h_{fe} \cdot M/C_1}{h_{ie} r + j h_{ie}(\omega L_1 - 1/\omega C_1)} \tag{13・13}$$

$A\beta$ の虚数部＝0 から位相条件（発振周波数）は，

$$\omega L_1 = \frac{1}{\omega C_1} \qquad \therefore \quad f = \frac{1}{2\pi\sqrt{L_1 C_1}} \text{〔Hz〕} \tag{13・14}$$

また，$A\beta$ の実数部＝1から利得条件は次式となる．

$$\frac{h_{fe} \cdot M/C_1}{h_{ie} r} = 1 \qquad \therefore \quad h_{fe} = \frac{h_{ie} C_1 r}{M} \tag{13・15}$$

【例題 13・1】 表 13・2 のコレクタ同調形発振回路で，$L_1 = 250\,\mu\text{H}$，$C_1 = 0.001\,\mu\text{F}$ のときの発振周波数を求めよ．

(解) 式(13・14)より，

$$f = \frac{1}{2\pi\sqrt{L_1 C_1}} = \frac{1}{2\pi\sqrt{250 \times 10^{-6} \times 0.001 \times 10^{-6}}}$$

$$= \frac{1}{2\pi \times 10^{-6} \times 0.5} = \frac{10^6}{\pi} \fallingdotseq 318\,\text{kHz}$$

■

(2) 3素子形発振回路

図 13・5 に示すように，トランジスタや FET の各端子間にコイルまたはコンデンサの受動素子のインピーダンス Z_1，Z_2 および Z_3 を接続することにより，発振回路を構成することができる．これを**3素子形発振回路**または**3点接続形発振回路** (three point oscillator) と呼び，種類として**コルピッツ発振回路** (Colpitts oscillator) および**ハートレー発振回路** (Hartley oscillator) がある．

図(a)のトランジスタ回路の等価回路を図(c)に示す．これより発振条件

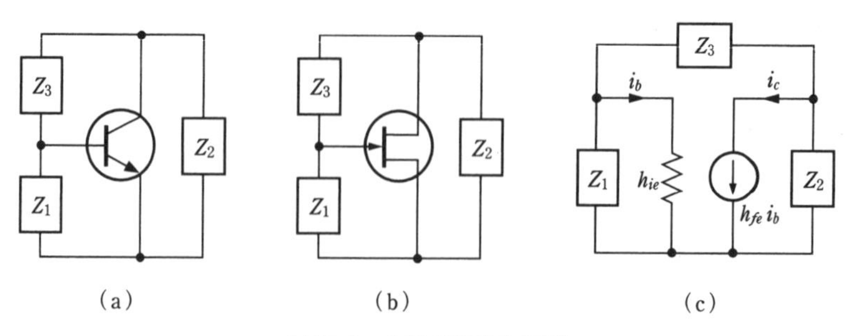

図 13・5 3素子形発振回路

を求めてみよう．トランジスタの電流増幅度 A は h_{fe} であるから，$\beta(=i_b/i_c)$ を求めるためまず i_b を計算する必要がある．等価回路より i_b は次式となる．

$$i_b=\frac{-Z_2 i_c}{Z_2+Z_3+\dfrac{h_{ie}Z_1}{h_{ie}+Z_1}}\cdot\frac{Z_1}{h_{ie}+Z_1} \tag{13･16}$$

したがって，β を求めると，

$$\beta=\frac{i_b}{i_c}=\frac{-Z_1Z_2}{(Z_2+Z_3)(h_{ie}+Z_1)+h_{ie}Z_1}=\frac{-Z_1Z_2}{Z_1(Z_2+Z_3)+h_{ie}(Z_1+Z_2+Z_3)} \tag{13･17}$$

となるから，ループゲイン $A\beta$ は次式となる．

$$A\beta=\frac{-h_{fe}Z_1Z_2}{Z_1(Z_2+Z_3)+h_{ie}(Z_1+Z_2+Z_3)} \tag{13･18}$$

上式の Z_1，Z_2，Z_3 をそれぞれ純リアクタンス X_1，X_2，X_3 に置き換えれば，

$$A\beta=\frac{h_{fe}X_1X_2}{-X_1(X_2+X_3)+jh_{ie}(X_1+X_2+X_3)}=1 \tag{13･19}$$

となる．すなわち，発振条件は次のようになる．

① 位相条件： $X_1+X_2+X_3=0$ (13･20)

② 利得条件： $h_{fe}\dfrac{X_2}{X_1}=1$ (13･21)

ここで，X_1，X_2，X_3 は誘導性リアクタンスのときは正，容量性リアクタンスのときは負であるから，式 (13･21) より X_1 と X_2 は同符号のリアクタンス，式 (13･20) より X_3 は X_1，X_2 と異符号のリアクタンスでなければならない．したがって，発振回路の形式として次のハートレー発振回路とコルピッツ発振回路の 2 種類が考えられる．

X_1，$X_2>0$ で $X_3<0$ のとき ⟶ ハートレー発振回路

X_1，$X_2<0$ で $X_3>0$ のとき ⟶ コルピッツ発振回路

(a) ハートレー発振回路

図 13･6 にハートレー発振回路の原理図（交流等価回路）と実用回路を示す．発振の原理は，ベース・エミッタ間に図 (a) の極性で電圧が加わったとすると，同調コイル L_1，L_2 に逆起電力が発生し，コイル L_1 の極性電圧が最初の

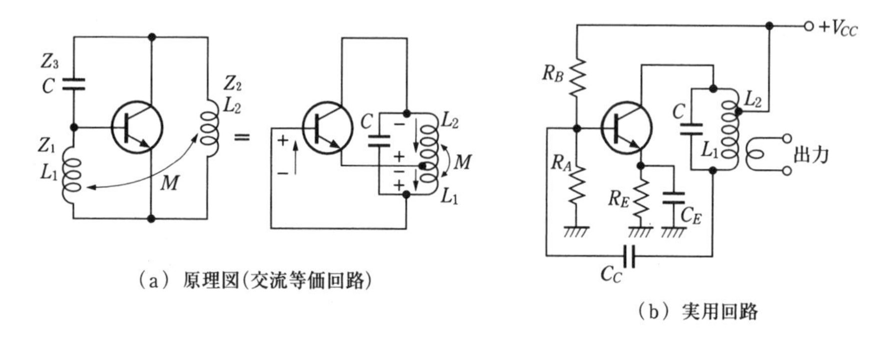

(a) 原理図(交流等価回路)

(b) 実用回路

図 13•6 ハートレー発振回路

ベース・エミッタ間電圧と同相に帰還されるため，発振が持続される.

> **【例題 13•2】** ハートレー発振回路の位相条件と利得条件を求めよ.

(解) 図 13•5 (a) と図 13•6 (a) を比較して,

$$\left.\begin{aligned} X_1 &= \omega(L_1+M) \\ X_2 &= \omega(L_2+M) \\ X_3 &= -\frac{1}{\omega C} \end{aligned}\right\}$$

上式を式 (13•20) に代入して,

$$\omega(L_1+M)+\omega(L_2+M)-\frac{1}{\omega C}=0$$

$$\omega^2=\frac{1}{C(L_1+L_2+2M)} \qquad \therefore \quad f=\frac{1}{2\pi\sqrt{C(L_1+L_2+2M)}}$$

また，式 (13•21) より,

$$h_{fe}\frac{X_2}{X_1}=h_{fe}\frac{L_2+M}{L_1+M}=1 \qquad \therefore \quad h_{fe}=\frac{L_1+M}{L_2+M}$$ ■

(b) コルピッツ発振回路

図 13•7 にコルピッツ発振回路の原理図 (交流等価回路) と実用回路を示す. 発振の原理は，ベース・エミッタ間に同図 (a) の極性で電圧が加わったとすると，同調コイル L に逆起電力が発生し，この逆起電力により同調用のコン

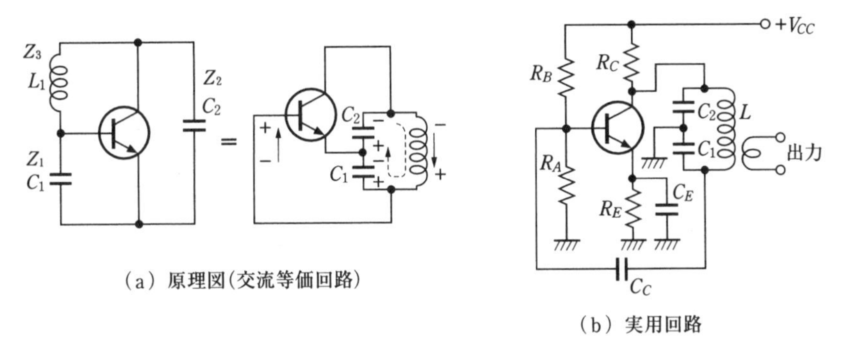

（a）原理図（交流等価回路）　　（b）実用回路

図 13·7　コルピッツ発振回路

デンサ C_1，C_2 に充電電流が流れて，C_1 の極性電圧が最初のベース・エミッタ間電圧と同相に帰還されるため，発振が持続される．

【例題 13·3】　コルピッツ発振回路の位相条件と利得条件を求めよ．

（解）　図 13·5 (a) と図 13·17 (a) を比較して，

$$X_1 = -\frac{1}{\omega C_1},\quad X_2 = -\frac{1}{\omega C_2},\quad X_3 = \omega L$$

上式を式 (13·20) に代入して，

$$-\left(\frac{1}{\omega C_1}+\frac{1}{\omega C_2}\right)+\omega L = 0,\ \omega^2 = \frac{1}{L}\left(\frac{1}{C_1}+\frac{1}{C_2}\right)$$

$$\therefore\quad f = \frac{1}{2\pi}\sqrt{\frac{1}{L}\left(\frac{1}{C_1}+\frac{1}{C_2}\right)} = \frac{1}{2\pi}\cdot\frac{1}{\sqrt{L\cdot\left(\dfrac{C_1C_2}{C_1+C_2}\right)}}$$

また，式 (13·21) より，

$$h_{fe}\frac{X_2}{X_1} = h_{fe}\frac{1/C_2}{1/C_1} = h_{fe}\frac{C_1}{C_2} = 1\qquad\therefore\quad h_{fe} = \frac{C_2}{C_1}$$

■

13·5　*CR* 発振回路

CR 発振回路は，帰還回路がコンデンサ *C* と抵抗 *R* だけで構成されていて，**ウィーンブリッジ形発振回路**（Wien bridge oscillator）と**移相形発振回路**

(phase shift oscillator) がある.

(1)　ウィーンブリッジ形発振回路

図 13•8 は**ターマン形**と呼ばれる発振回路の原理図を示していて，入力電圧 v_i と出力電圧 v_o は同相となる増幅回路を用いている．したがって，ある特定の周波数で同相となるような移相回路によって正帰還をかけてやれば，この回路は発振する．

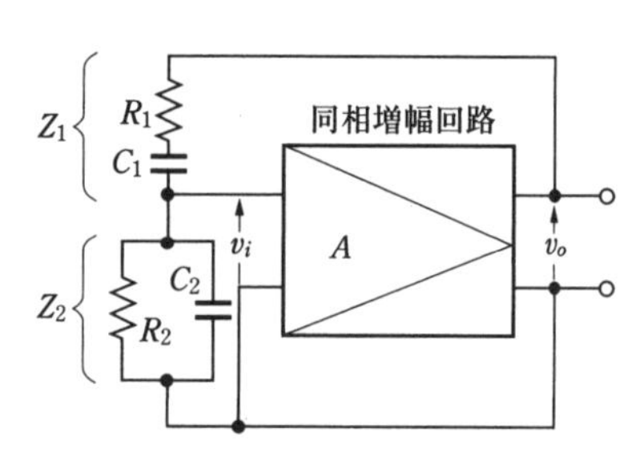

図 13•8　ターマン形発振回路

直列インピーダンスを Z_1，R_2 と C_2 の並列インピーダンスを Z_2 とすれば，帰還率 β は次式によって求めることができる．

$$\beta=\frac{v_i}{v_o}=\frac{Z_2}{Z_1+Z_2} \tag{13•22}$$

上式に Z_1，Z_2 の直並列インピーダンスを代入すれば次式を得る．

$$\beta=\frac{1}{1+R_1/R_2+C_2/C_1+j(\omega C_2R_1-1/\omega C_1R_2)} \tag{13•23}$$

ここで，増幅回路の入出力は同相であるから，正帰還となるためには式(13•23) の虚数部がゼロでなければならない．したがって，

$$\omega C_2R_1-\frac{1}{\omega C_1R_2}=0 \qquad \therefore \quad \omega=\frac{1}{\sqrt{C_1C_2R_1R_2}} \tag{13•24}$$

となるから，発振周波数 f は次式によって与えられる．

$$f=\frac{1}{2\pi\sqrt{C_1C_2R_1R_2}}\ \text{〔Hz〕} \tag{13•25}$$

また，$A\beta=1$ より $A=1/\beta$ であるから，

$$A = 1 + \frac{R_1}{R_2} + \frac{C_2}{C_1} \tag{13・26}$$

が得られ，さらに $C = C_1 = C_2$，$R = R_1 = R_2$ のときは次式の発振条件を得る．

$$f = \frac{1}{2\pi CR} \text{〔Hz〕} \tag{13・27}$$

$$A = 3 \tag{13・28}$$

この発振回路は増幅度 A が 3 以上になると不安定となり，ひずみも生じやすくなる．このため，**図 13・9** に示すようにターマン形発振回路の帰還回路と並列に R_3 と R_4 を接続して安定化したのが**ウィーンブリッジ形発振回路**である．

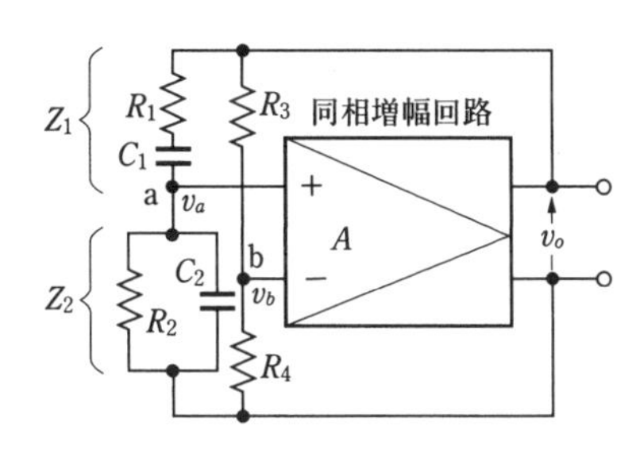

図 13・9　ウィーンブリッジ形発振回路

同図で a 点の電圧を v_a，b 点の電圧を v_b とすると，

$$v_a = \frac{Z_2}{Z_1 + Z_2} v_o \tag{13・29}$$

$$v_b = \frac{R_4}{R_3 + R_4} v_o \tag{13・30}$$

であるから，ab 間の電圧 v_{ab} は次式となる．

$$v_{ab} = \left(\frac{Z_2}{Z_1 + Z_2} - \frac{R_4}{R_3 + R_4} \right) v_o \tag{13・31}$$

したがって，帰還率 β は $\beta = v_{ab}/v_o$ を計算すればよい．

増幅回路に OP アンプを用いたウィーンブリッジ形発振回路を**図 13・10** に示す．図 (a) のブリッジ回路を書き直したのが同 (b) で，抵抗 R_3 と R_4 で非反転増幅回路を，インピーダンス Z_1 と Z_2 で正帰還回路を構成している．

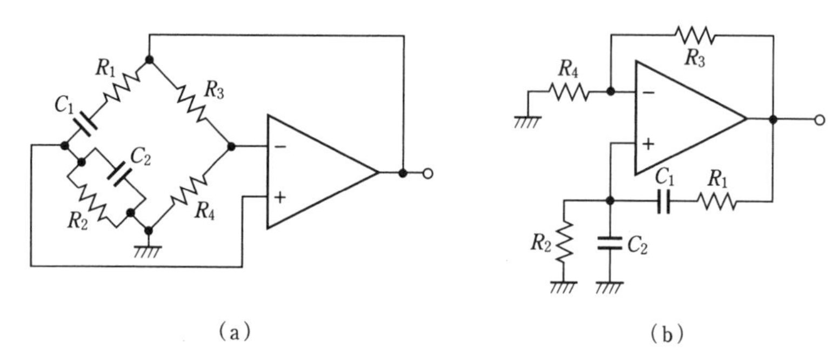

(a)　(b)

図13・10　OPアンプを用いたウィーンブリッジ形発振回路

【例題13・4】　ウィーンブリッジ形発振回路の発振条件を求めよ．また，$C=C_1=C_2$，$R=R_1=R_2$ のとき，発振周波数と発振に必要な電圧増幅度 A が次式で与えられることを示せ．

$$\left.\begin{aligned} f &= \frac{1}{2\pi CR}\,〔\mathrm{Hz}〕 \\ A &= \frac{1}{\dfrac{1}{3}-\dfrac{R_4}{R_3+R_4}} \end{aligned}\right\} \qquad (13\cdot32)$$

(解)　$Z_1=R_1+\dfrac{1}{j\omega C_1}$，　$Z_2=\dfrac{R_2/j\omega C_2}{R_2+1/j\omega C_2}=\dfrac{R_2}{1+j\omega C_2R_2}$

$$\therefore\quad \frac{Z_2}{Z_1+Z_2}=\frac{1}{1+R_1/R_2+C_2/C_1+j(\omega C_2R_1-1/\omega C_1R_2)}$$

式(13・31)と $\beta=v_{ab}/v_o$ の関係より，

$$\beta=\frac{1}{1+R_1/R_2+C_2/C_1+j(\omega C_2R_1-1/\omega C_1R_2)}-\frac{R_4}{R_3+R_4}$$

虚数部＝0より，

$$\omega C_2R_1=\frac{1}{\omega C_1R_2},\qquad \omega^2=\frac{1}{C_1C_2R_1R_2}\qquad \therefore\quad f=\frac{1}{2\pi\sqrt{C_1C_2R_1R_2}}$$

$A\beta=1$ より，

$$A=\frac{1}{\beta}=\left(\frac{1}{1+R_1/R_2+C_2/C_1}-\frac{R_4}{R_3+R_4}\right)^{-1}$$

$C=C_1=C_2$，$R=R_1=R_2$ とすれば，

$$
\left.
\begin{aligned}
f &= \frac{1}{2\pi CR} \\
A &= \frac{1}{\dfrac{1}{3} - \dfrac{R_4}{R_3+R_4}}
\end{aligned}
\right\}
$$

［注意］ $R_3 = 2R_4$ とすると $A = \infty$ となって発振できない．したがって $R_3 > 2R_4$ とする．

(2)　移相形発振回路

移相形発振回路には**図 13・11** (a) の HP 形（進相形）と図 (b) の LP 形（遅相形）の 2 種類があり，入力電圧 v_i と出力電圧 v_o は逆相となる増幅回路を用いている．HP (High Pass) はハイパス，LP (Low Pass) はローパスの略である．

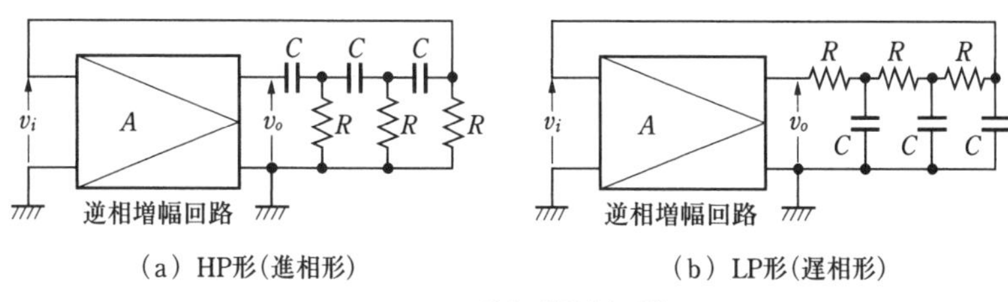

（a）HP形（進相形）　（b）LP形（遅相形）

図 13・11　移相形発振回路

増幅回路で入出力の位相が反転するから，*CR* の帰還回路で 180° 位相を推移させれば正帰還となるある特定の周波数で発振する．このとき，*CR* 回路 1 段当たりの位相推移は 90° 以内であるから，3 段の *CR* 回路構成にして 180° の位相推移を得ている．

図 (a) の HP 形（進相形）の発振条件を求めてみよう．**図 13・12** の推移回路で電流 i_1，i_2，i_3 を決めれば，キルヒホッフの法則より次の方程式が成立する．

$$
\left.
\begin{aligned}
&\frac{1}{j\omega C} i_1 + R(i_1 - i_2) = v_o \\
&\frac{1}{j\omega C} i_2 + R(i_2 - i_3) - R(i_1 - i_2) = 0 \\
&\left(R + \frac{1}{j\omega C}\right) i_3 - R(i_2 - i_3) = 0
\end{aligned}
\right\} \qquad (13・33)
$$

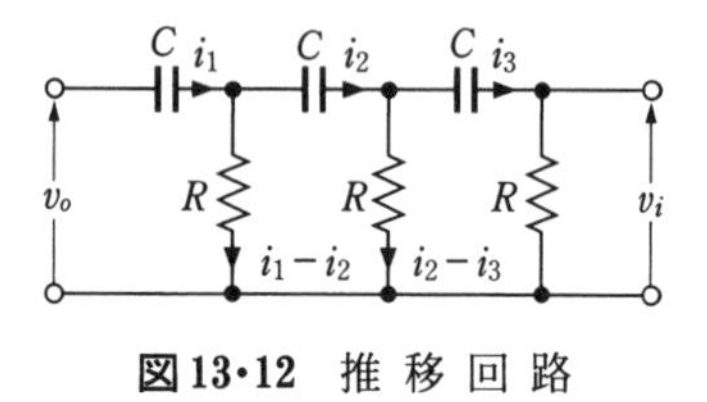

図13・12　推 移 回 路

各式を i_1，i_2，i_3 について整理すると，次式が得られる．

$$\left.\begin{aligned}\left(\frac{1}{j\omega C}+R\right)i_1 \quad -Ri_2 \quad 0 &= v_o\\ -Ri_1 \quad \left(\frac{1}{j\omega C}+2R\right)i_2 \quad -Ri_3 &= 0\\ 0 \quad -Ri_2 \quad \left(\frac{1}{j\omega C}+2R\right)i_3 &= 0\end{aligned}\right\} \tag{13・34}$$

行列式 $\varDelta$ を用いて i_3 を求めると，

$$i_3 = \frac{1}{\varDelta}\begin{vmatrix}\dfrac{1}{j\omega C}+R & -R & v_o\\ -R & \dfrac{1}{j\omega C}+2R & 0\\ 0 & -R & 0\end{vmatrix} = \frac{1}{\varDelta}R^2 v_o \tag{13・35}$$

ただし，

$$\varDelta = \begin{vmatrix}\dfrac{1}{j\omega C}+R & -R & 0\\ -R & \dfrac{1}{j\omega C}+2R & -R\\ 0 & -R & \dfrac{1}{j\omega C}+2R\end{vmatrix}$$

すなわち，i_3 は次式となる．

$$i_3 = \frac{v_o}{R}\cdot\frac{1}{1-5/(\omega CR)^2-j\{6/\omega CR-1/(\omega CR)^3\}} \tag{13・36}$$

$v_i = Ri_3$ および $\beta = v_i/v_o$ から β は，

$$\beta = \frac{1}{1-5/(\omega CR)^2-j\{6/\omega CR-1/(\omega CR)^3\}} \tag{13・37}$$

となる，上式より，位相条件を求めると，

$$\frac{1}{\omega CR}\left\{6-\frac{1}{(\omega CR)^2}\right\}=0 \qquad \therefore \quad \omega=\frac{1}{\sqrt{6}\,CR} \tag{13・38}$$

すなわち，発振周波数 f は次式によって与えられる.

$$f=\frac{1}{2\pi\sqrt{6}\,CR}\ \text{〔Hz〕} \tag{13・39}$$

利得条件は $A\beta=1$，$A=1/\beta$ から，次式となる.

$$A=1-\frac{5}{(\omega CR)^2}=1-5\times 6=-29 \tag{13・40}$$

なお，LP 形（遅相形）発振回路の発振条件は次式となる.

$$\text{発振周波数}: f=\frac{\sqrt{6}}{2\pi CR} \tag{13・41}$$

$$\text{利得条件}: A=-29 \tag{13・42}$$

増幅回路に OP アンプを用いた HP 形（進相形）と LP 形（遅相形）の発振回路を**図 13・13** に示す．ただし，$R_1 \gg R$，*CR* 推移回路による電圧損失を補うため，電圧増幅度 A は，$A \geqq 29$ としなければならない.

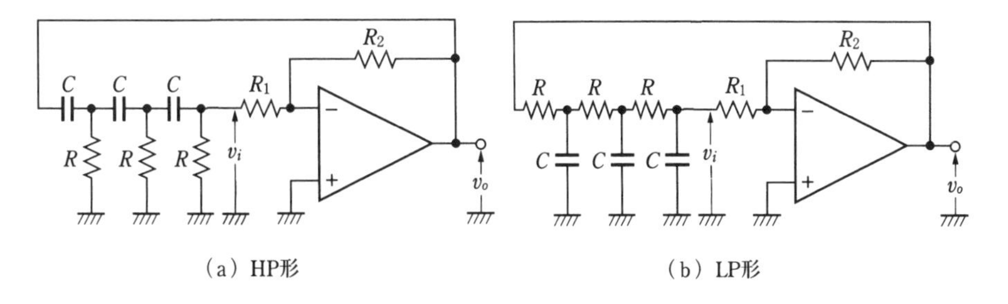

図 13・13　OP アンプを用いた移相形発振回路

【例題 13・5】　図 13・13 (a) の移相形発振回路で $R=1\,\text{k}\Omega$，$C=0.01\,\mu\text{F}$ のときの発振周波数を求めよ．また，$R_1=10\,\text{k}\Omega$ とすれば，R_2 をいくらに決めればよいか.

（解） 式（13・39）より，

$$f=\frac{1}{2\pi\sqrt{6}CR}=\frac{1}{2\pi\sqrt{6}\times0.01\times10^{-6}\times1\times10^{3}}$$

$$=\frac{10^{5}}{2\pi\times2.45}=\frac{10^{5}}{15.39}\fallingdotseq 6\,500\ \mathrm{Hz}$$

式（13・40）より $A=-29$ であるから，

$$A=\frac{R_2}{R_1}\geqq 29 \qquad \therefore \quad R_2\geqq 29R_1=290\ \mathrm{k\Omega}$$

13・6 水晶発振回路

これまでの LC 発振回路や CR 発振回路では，回路を構成する素子自体のばらつき，電源電圧や周囲温度の変化により，発振周波数や発振電圧の変動を受けやすい．

水晶振動子は電気－機械変換器の一種で，この水晶振動子を用いた発振回路は，電源電圧や温度変化に対して極めて安定した周波数で発振をするため，標準発振器や高精度の周波数安定度が要求される発振部などに広く用いられている．

水晶振動子が高周波電界中で振動しているときは，**図13・14**（a）に示すような電気的等価回路で表すことができて，固有インダクタンス L_0，固有静電容量 C_0 および水晶片自体の実効抵抗 R_0 の直列共振回路と考えることができる．また，C は電極間容量である．R_0 はリアクタンスに比べると非常に小さいので，これを無視したのが図（b）の等価回路である．

図（c）は周波数を変化させたときのリアクタンス特性を示していて，図（b）の ab 間の合成インピーダンスを Z とすると，$Z=0$ のときが直列共振 f_0，$Z=\infty$ のときが並列共振 f_p で，それぞれ次式によって与えられる．

直列共振周波数： $$f_0=\frac{1}{2\pi\sqrt{L_0C_0}}\ \text{〔Hz〕} \qquad (13・43)$$

並列共振周波数： $$f_p=\frac{1}{2\pi\sqrt{L_0\left(\dfrac{C_0C}{C_0+C}\right)}}\ \text{〔Hz〕} \qquad (13・44)$$

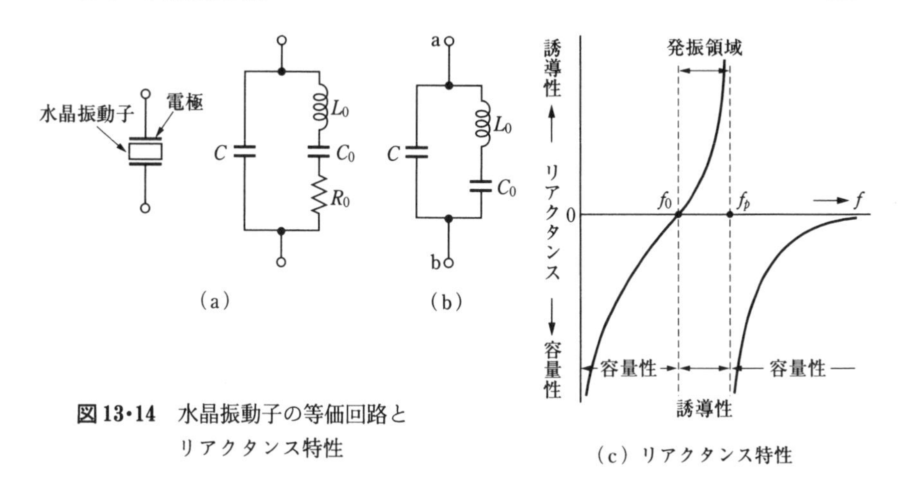

図 13・14　水晶振動子の等価回路とリアクタンス特性

周波数 f_0 と f_p はきわめて接近していて，この狭い周波数範囲だけ誘導性リアクタンスを示し，この間を発振回路の一部として用いることになる．すなわち，水晶振動子が発振回路に用いられるときの発振周波数は f_0 と f_p の間で，この間を**発振領域**という．

図 13・15 はハートレー発振回路の L_1 を水晶振動子の誘導性リアクタンスで置き換え，L_2 をコレクタに接続された C_2 と L_2 の同調回路で置き換えたもので，**ピアス B-E 形**という．この回路は C_2 と L_2 の同調回路が f_0 と f_p の周波数範囲で誘導性のとき発振する．

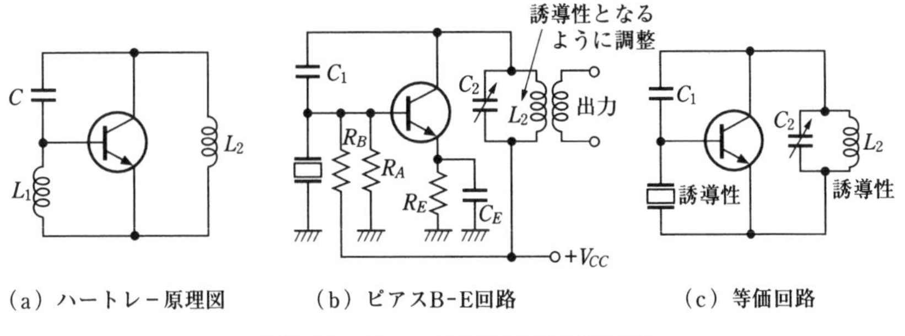

図 13・15　ピアス B-E 形水晶発振回路

図 13・16 はコルピッツ発振回路の L_1 を水晶振動子の誘導性リアクタンスで置き換え，C_2 をコレクタに接続された C_2 と L_2 の同調回路で置き換えたもの

で，**ピアス C-B 形**という．この回路は C_2 と L_2 の同調回路が f_0 と f_p の周波数範囲で容量性のとき発振する．

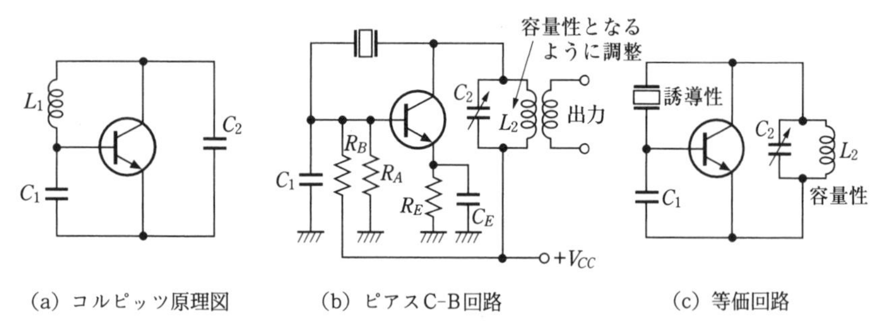

(a) コルピッツ原理図　(b) ピアスC-B回路　(c) 等価回路

図 13・16　ピアス C-B 形水晶発振回路

また，**図 13・17** (a) はピアス C-B 回路の容量性同調回路を単にコンデンサ C_2 で置き換えたもので，同調回路の調整が不必要なので**無調整水晶発振回路**と呼ばれている．同様の原理でコレクタ接地（エミッタホロワ）にした図 (b) の回路を**サバロフ回路**と呼んでいる．

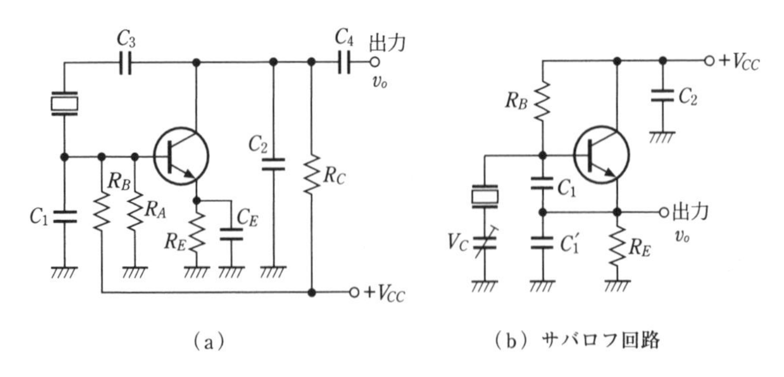

(a)　(b) サバロフ回路

図 13・17　無調整水晶発振回路

第13章　演習問題

1　図13•7(b)のコルピッツ発振実用回路で，$C_1 = C_2 = 200$ pF，$L = 200\ \mu$H のときの発振周波数を求めよ.

2　図13•10のウィーンブリッジ形発振回路で，$C = C_1 = C_2 = 450$ pF，$R = R_1 = R_2 = 150$ kΩ，$R_3 = 5$ kΩ，$R_4 = 1$ kΩ のときの発振周波数 f と電圧増幅度 A を求めよ.

3　図13•11(b)のLP形(遅相形)発振回路の発振周波数式(13•41)と利得条件式(13•42)を求めよ.

4　水晶振動子の直列共振周波数 f_0 と並列共振周波数 f_p が式(13•43)と式(13•44)で与えられることを示せ.

第 14 章

変調・復調回路

音声，映像などの電気信号を送信側から無線で伝送する場合，別の高周波信号に乗せてアンテナから送る必要がある．すなわち，高周波信号を何らかの方法で伝送したい信号に応じて変化させる必要があり，このような操作を**変調**（modulation）という．

このとき，音声や映像などの電気信号を**信号波（変調波）**，信号を乗せる高周波信号を信号波を運ぶという意味から**搬送波**（carrier），また変調を受けた高周波信号を**被変調波**という．受信側では，被変調波信号から必要な元の信号を分離して取り出さなければならないが，このような操作を**復調**（demodulation）または**検波**（detection）という．

変調の代表的な方法として，**振幅変調**（Amplitude Modulation：**AM**），**周波数変調**（Frequency Modulation：**FM**），**位相変調**（Phase Modulation：**PM**）などがある．

ここでは，この3つの変調方式を中心にして，その原理と変調の基本回路，およびそれらの復調回路について学ぶ．

14・1 変調の原理と種類

搬送波 v_c は，一般に次式によって表される．

$$\begin{aligned} v_c &= V_{cm}\sin(\omega_c t+\theta) \\ &= V_{cm}\sin(2\pi f_c t+\theta) \end{aligned} \quad (14\cdot1)$$

ここで，v_c は搬送波の瞬時値，V_{cm} は搬送波の振幅（最大値），$\omega_c(=2\pi f_c)$

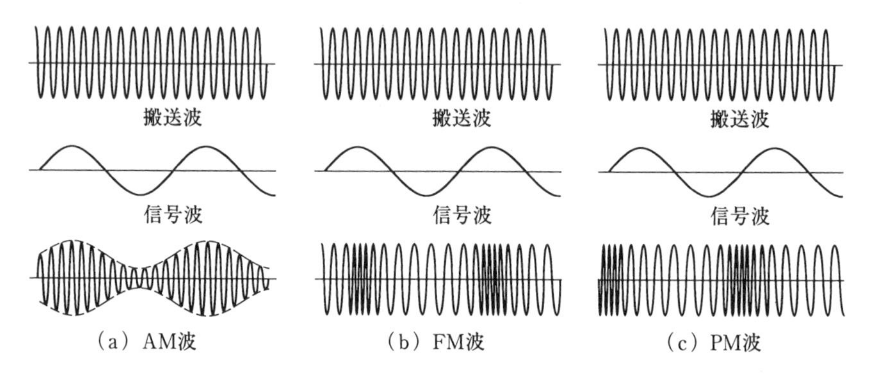

図14・1　AM波，FM波およびPM波

は搬送波の角周波数，f_c は搬送波の周波数，θ は位相角である.

式(14・1)から v_c の内容は V_{cm}，ω_c，θ の3つの量で表されるから，このうちの1つを信号波に応じて変化させれば，v_c は信号波の情報を含んだことにな

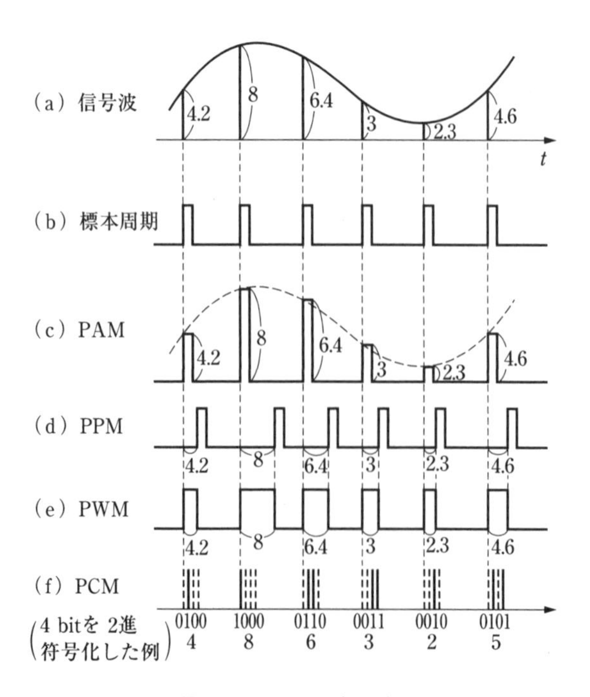

図14・2　パルス変調波形

る．振幅 V_{cm} を変化させる場合を**振幅変調**，周波数 f_c を変化させる場合を**周波数変調**，位相 θ を変化させる場合を**位相変調**という．なお，周波数変調と位相変調はともに位相角度を変化させる変調であるから，総称して**角度変調**（angle modulation）と呼んでいる．

各変調方式の搬送波と信号波，および被変調波の関係を**図 14・1** に示す．同図より，PM 波も FM 波と同じように信号波に応じて周波数が変化していて，後述するように被変調波の位相差が $\pi/2$〔rad〕異なるだけで，両者には類似した性質がある．

このほかにパルス列の要素を信号波に応じて変化させる**パルス変調**があり，**パルス振幅変調**（Pulse Amplitude Modulation：**PAM**），**パルス位置変調**（Pulse Position Modulation：**PPM**），**パルス幅変調**（Pulse Width Modulation：**PWM**），**パルス符号変調**（Pulse Code Modulation：**PCM**）などがあるが，ここでは**図 14・2** を示す程度にとどめる．

14・2　振幅変調

(1)　AM 波の理論式

搬送波 v_c と信号波 v_s の瞬時値をそれぞれ次式とする．

$$v_c = V_{cm} \sin \omega_c t \tag{14・2}$$

$$v_s = V_{sm} \sin \omega_s t \tag{14・3}$$

ここで，V_{cm} は搬送波の振幅，V_{sm} は信号波の振幅，$\omega_c\ (= 2\pi f_c)$ は搬送波の角周波数，$\omega_s\ (= 2\pi f_s)$ は信号波の角周波数である．

被変調波を v_{AM} とすれば，v_{AM} の振幅は**図 14・3** に示すように搬送波の振幅 V_{cm} を中心に信号波の振幅 V_{sm} で変化させるから，次式のように表すことができる．

$$v_{AM} \text{の振幅} = V_{cm} + V_{sm} \sin \omega_s t \tag{14・4}$$

したがって，v_{AM} はこの振幅が ω_c〔rad/s〕の角周波数で変化するから次式となる．

$$v_{AM} = (V_{cm} + V_{sm} \sin \omega_s t) \sin \omega_c t \tag{14・5}$$

上式を V_{cm} でくくれば，

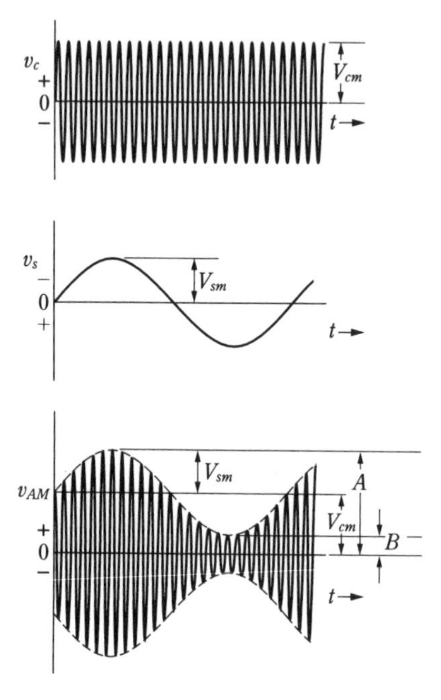

図 14･3　AM の被変調波形

$$v_{AM} = V_{cm}(1+m\sin\omega_s t)\sin\omega_c t \tag{14･6}$$

を得る．式 (14･6) は図 14･3 の v_{AM} の波形を数式で表したもので，ここで m は搬送波と信号波の振幅の比で**変調度** (modulation degree) といい，次式で定義する．

$$m = \frac{V_{sm}}{V_{cm}} \tag{14･7}$$

変調度 m を百分率で表したものを**変調率**といい，被変調波形をシンクロスコープで $A = V_{cm}+V_{sm}$，$B = V_{cm}-V_{sm}$ を観測すれば，変調度 m は次式によって求められる．

$$m = \frac{A-B}{A+B} \tag{14･8}$$

一般に $0 < m \leqq 1$ であり，$m = 0$ のときが無変調で，m が 1 に近づくに従って被変調波の振幅の変化は大きくなる．$m > 1$ の場合を**過変調**といい，過変調になると被変調波の包絡線がひずむので情報が正しく伝送されない．

【例題 14・1】 図の各被変調波形の変調度と変調率を求めよ．

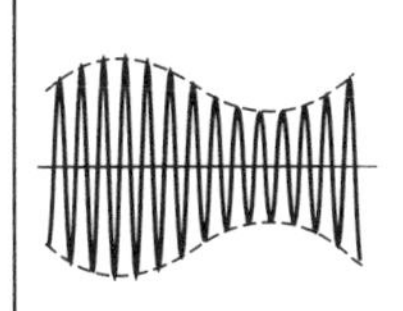

(a) $A = 4.2$
$B = 1.8$

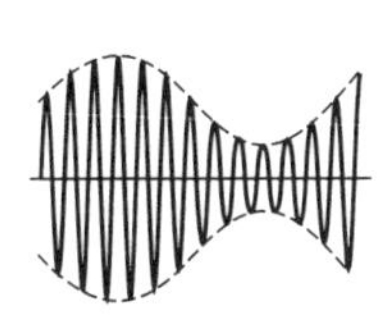

(b) $A = 4.8$
$B = 1.2$

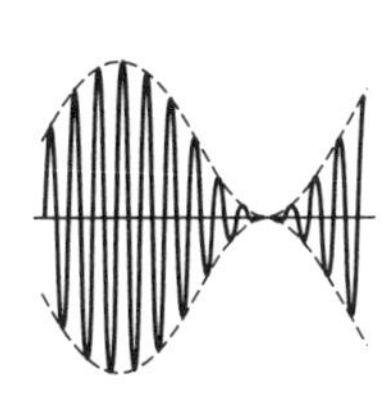

(c) $A = 3.0$
$B = 0$

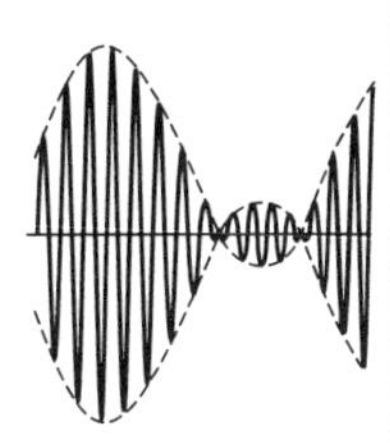

(d) $A = 7.2$
$B = -1.2$

(解) (a) 式 (14・8) より，

$$m = \frac{A-B}{A+B} = \frac{4.2-1.8}{4.2+1.8} = \frac{2.4}{6.0} = 0.4, \text{ 変調率は } 40\%$$

以下同様にして，(b) $m = 0.6$，60％，(c) $m = 1.0$，100％，(d) $m = 1.4$，140％

(2)　振幅変調波の周波数スペクトルと占有周波数帯域幅

式 (14・6) の v_{AM} を展開すると，次式を得る．

$$v_{AM} = V_{cm}(1+m\sin\omega_s t)\sin\omega_c t$$

$$= V_{cm}\sin 2\pi f_c t - \frac{m}{2}V_{cm}\cos 2\pi(f_c+f_s)t + \frac{m}{2}V_{cm}\cos 2\pi(f_c-f_s)t \qquad (14\cdot9)$$

これより被変調波形 v_{AM} は搬送波成分 f_c，上側波成分 f_c+f_s，下側波成分 f_c-f_s から成り立っていることがわかる．この上側波と下側波の周波数範囲は $2f_s$ で，この周波数範囲を**占有周波数帯域幅** (occupied band width) という．

図 14・4 (a) は信号波が単一正弦波のときの被変調波 v_{AM}，すなわち式 (14・9) の各周波数成分の振幅を縦軸，周波数を横軸として表したもので，**周波数スペクトル** (frequency spectrum) という．一般に音声信号などは多くの周波数成分を含んでいるから，上側波と下側波もある周波数幅をもつことになり，そのときの周波数スペクトルは図 (b) のようになる．f_{sm} は信号波に含まれる最大周波数，f_{s0} は最小周波数であるから，占有周波数帯域幅は $2f_{sm}$ となる．

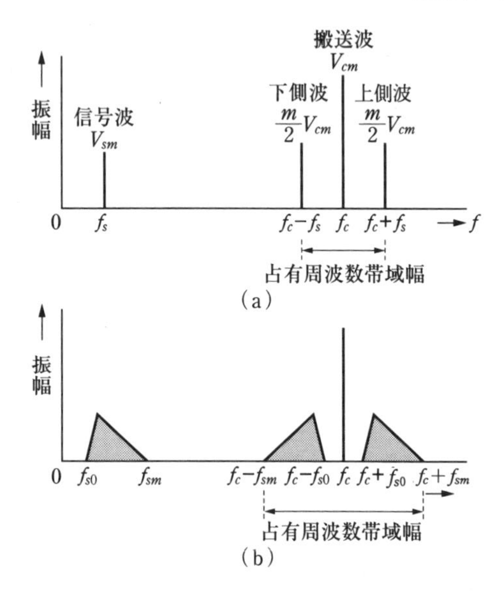

図14•4　AM波の周波数スペクトル

(3)　振幅変調波の電力

ここで，式(14•9)の3つの電力比について考えてみよう．負荷の抵抗値をR〔Ω〕とすれば，搬送波電力P_C，上側波電力$P_{C+S}=P_{S1}$，下側波電力$P_{C-S}=P_{S2}$はそれぞれ次式となる．

$$P_C=\frac{1}{R}\left(\frac{V_{cm}}{\sqrt{2}}\right)^2=\frac{V_{cm}^2}{2R} \tag{14•10}$$

$$P_{S1}=P_{S2}=\frac{1}{R}\left(\frac{\frac{m}{2}V_{cm}}{\sqrt{2}}\right)^2=\frac{m^2V_{cm}^2}{8R}=\frac{m^2}{4}\cdot P_C \tag{14•11}$$

したがって，被変調波の全電力Pは次式によって与えられる．

$$P=P_C+P_{S1}+P_{S2}=\frac{V_{cm}^2}{2R}+\frac{m^2V_{cm}^2}{4R}=\left(1+\frac{m^2}{2}\right)P_C \tag{14•12}$$

これより，搬送波と両側波帯の電力比は1 : $m^2/2$であり，100％変調時においても信号波の成分を含む側波帯の電力は全電力のわずか1/3で，大部分は搬送波電力として無駄に消費することになる．このため，搬送波を抑圧して搬送波の電力消費を無くした搬送波抑圧変調が広く利用されているが，これについては後述する．

> **【例題 14・2】**　単一周波数の正弦波で 50% 変調した被変調波がある．搬送波電力と両側波電力を求めよ．ただし，被変調波の全電力は 100 W とする．

（解）　式 (14・12) より，

$$100 = \left(1 + \frac{0.5^2}{2}\right) P_C, \qquad P_C = \frac{100}{1.125} = 88.88 \text{ W}$$

式 (14・11) より，

$$P_{S1} = P_{S2} = \frac{0.5^2}{4} \times 88.88 = 5.55 \text{ W}$$

(4)　振幅変調回路

振幅変調回路は基本的に，搬送波はベース・エミッタ間に，信号波はベース，エミッタ，コレクタのいずれかに加える．この信号波の加え方により，ベース変調回路，エミッタ変調回路，コレクタ変調回路の 3 つが考えられるが，ここではベース変調回路とコレクタ変調回路について述べる．

(a)　ベース変調回路

図 14・5 (a) はベース変調回路の原理図を示していて，トランジスタのベー

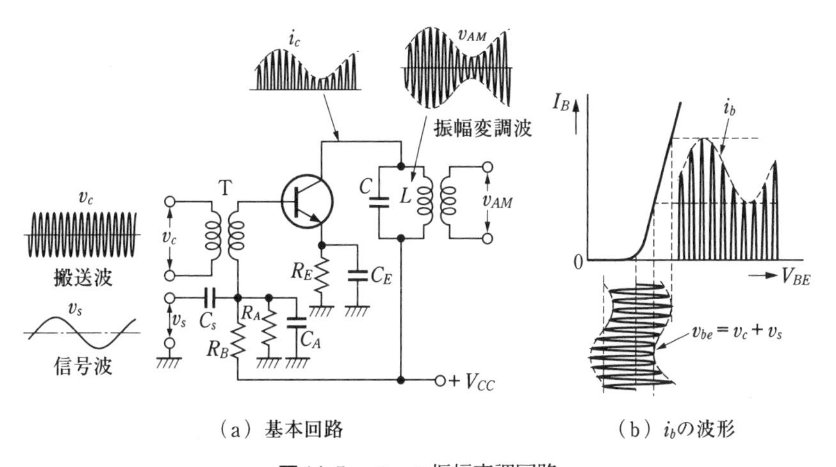

(a) 基本回路　　　　　　(b) i_b の波形

図 14・5　ベース振幅変調回路

ス・エミッタ間にトランスTを介して搬送波v_cと信号波v_sを加える．トランジスタはB級またはC級動作となるようにバイアス抵抗で動作点を決めている．ベース回路で搬送波v_cと信号波v_sが合成されてトランジスタのベース・エミッタ間電圧はv_{be}となるが，図(b)で示すようにV_{BE}–I_B特性のカットオフ点以下ではベース電流i_bは流れないから，i_bはv_{be}を整流した波形となる．

ベース電流i_bにより，コレクタ電流i_cが流れると，コレクタに接続された搬送波の周波数で同調するLC並列同調回路の働きにより負側が再現されて出力に被変調波形が得られる．C_Aは搬送周波数に対するバイパスコンデンサ，C_Eは搬送波と信号波に対するバイパスコンデンサである．

(b)　コレクタ変調回路

図14•6にコレクタ変調回路の原理図を示す．搬送波v_cはトランスT_1を介してベースに，信号波v_sは変調トランスT_2を介してコレクタに加え，トランジスタはC級で動作させる．このとき，信号波がゼロでもコレクタ電流i_cは常に飽和状態（図5•8参照）となるように十分大きな搬送波入力を加えておかなければならない．信号波v_sが加わると，コレクタ電圧v_{ce}はv_sに応じて変化するから，**図14•7**に示すように電源電圧V_{CC}を中心にして$\pm V_{sm}$の範囲でv_{ce}は変化する．したがって負荷線もv_sに応じて$A_0 - V_{CC}$を中心に平行移動する

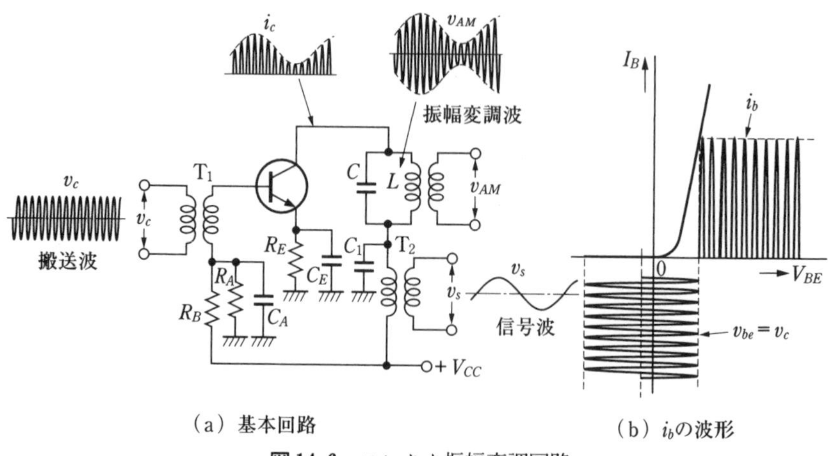

（a）基本回路　　（b）i_bの波形

図14•6　コレクタ振幅変調回路

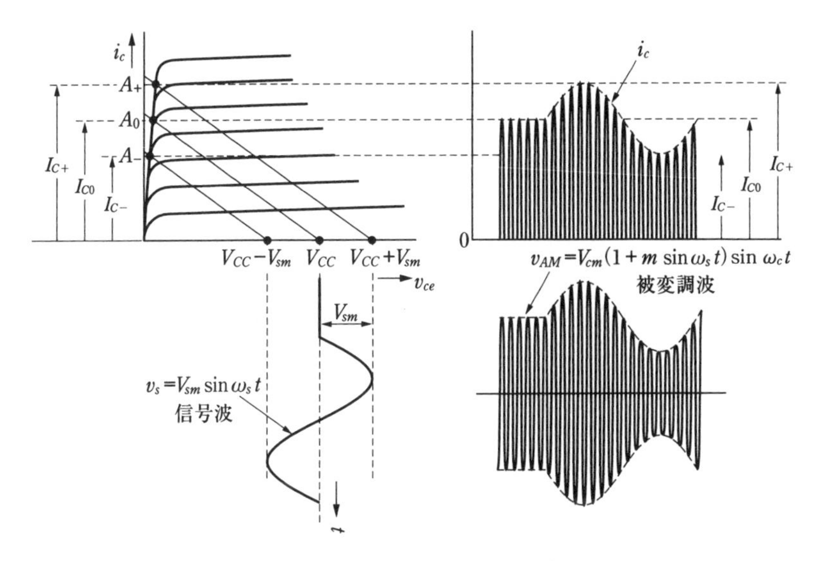

図 14・7　信号波とコレクタ電流波形

形で変化して飽和したコレクタ電流波形 i_c が流れ，コレクタに接続された LC 同調回路によって負側が再現されて被変調波形が得られる．ベース変調回路と同様，C_A と C_1 は搬送周波数に対するバイパスコンデンサ，C_E は搬送波と信号波に対するバイパスコンデンサである．

コレクタ変調回路はベース変調回路に比べて直線性が良く，ひずみが少なく効率も良いので大電力用の送信機によく用いられる．

14・3　SSB 変調

AM 波は**搬送波**と**上側波帯**（upper side band），**下側波帯**（lower side band）の 3 つの周波数成分から成り立っていた．信号波の情報は両側波帯にしかないから，被変調波から搬送波だけを取り除き，側波帯のどちらかを用いても情報を伝送することができる．

この方式にすれば，占有周波数帯域幅も半分ですみ，周波数を有効に利用することができる．また，搬送波電力と側波帯電力の比は変調度が 1 の場合で 1/4 であるから，少ない電力で同じ情報量を伝送できるなどの利点がある．

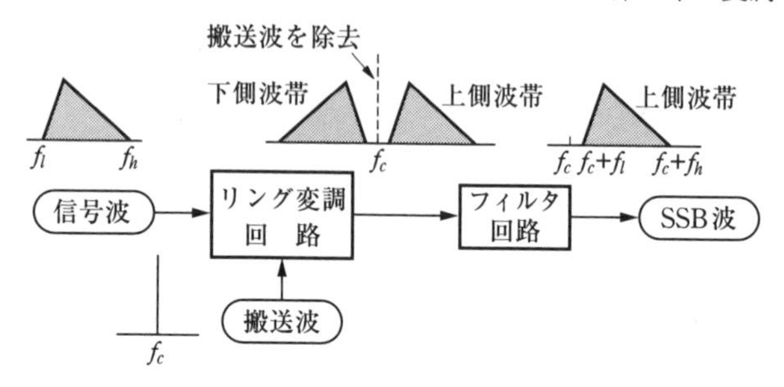

図14・8　SSB変調のブロック図

このように，搬送波と側波帯の1つを取り除き，残りの側波帯だけを伝送する方式を**単側波帯**（Single Side Band : **SSB**）**変調方式**といい，そのブロック図を**図14・8**に示す．搬送波を除去する変調回路として，**平衡変調回路**（balanced modulator）や**リング変調回路**（ring modulator）がある．フィルタ回路は，上側波または下側波のみを取り出す周波数選択性をもつ回路である．

SSB変調方式のほかに，両側波帯だけを伝送する**両側波帯**（Both Side Band : **BSB**）**変調方式**もある．ただし，送信電力は少なくてすむが，占有周波数帯域幅は狭くならない．これらSSB, BSBはいずれも搬送波を取り除く方式であるから，**搬送波抑圧変調方式**（carrier suppressed modulation）と呼んでいる．

リング変調回路

図14・9に示す回路は搬送波成分を除去して上下の側波帯成分だけを取り出すリング変調回路で，別名**二重平衡変調回路**とも呼ばれている．

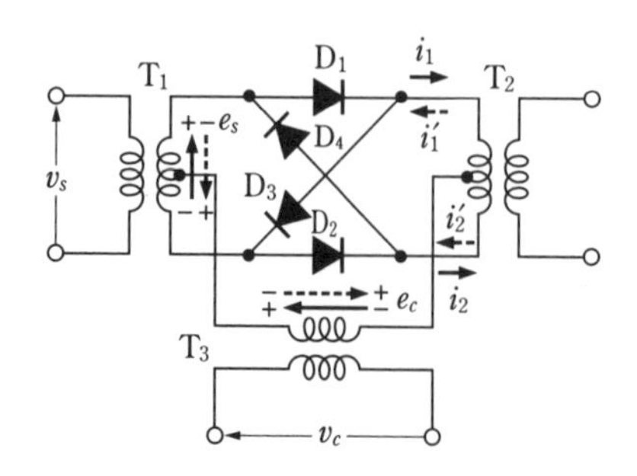

図14・9　リング変調回路による搬送波の除去

同図において搬送波 v_c のみを加えると，トランス T_3 の二次側に生ずる電圧 e_c が実線矢印（正の半周期）方向のときはダイオード D_1，D_2 が導通して，大きさが等しく逆方向の電流 i_1，i_2 が流れるから，T_2 の二次側に出力電圧 v_o は生じない．また，逆に e_c は破線矢印（負の半周期）方向のときはダイオード D_3，D_4 が導通して i_1'，i_2' が流れ，同様に T_2 の二次側に出力電圧 v_o は生じない．すなわち，搬送波 v_c は取り除かれることになる．また，信号波 v_s のみを加えると T_1 の二次側に生じる e_s は，ダイオード D_1，D_3 または D_2，D_4 によって短絡されるので，同様に T_2 の二次側に v_s は出力されない．

次に搬送波の振幅を信号波の振幅より十分大きくして信号波を同時に加えると，ダイオードは搬送波の極性により信号波に対して極性切替えのスイッチとして動作する．このときのスイッチング動作を示したのが**図14・10**で，搬送波が正の半周期では D_1，D_2 が導通して図（a）の等価回路が，搬送波が負の半周期では D_3，D_4 が導通して図（b）の等価回路が得られるから，T_2 の二次側には図（c）の v_{o+} と v_{o-} を合成した出力波形 v_o を得ることができる．

この v_o は，搬送波と信号波を取り除いた上側波と下側波成分を含んでいる

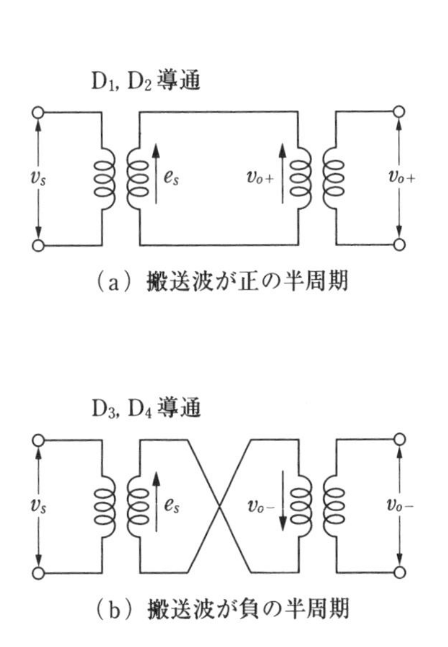

（a）搬送波が正の半周期

（b）搬送波が負の半周期

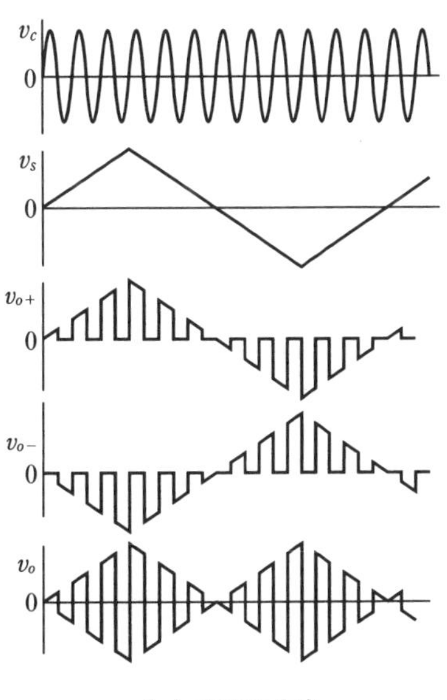

（c）DSBの生成

図14・10　リング変調回路の動作原理

から，フィルタ回路でどちらかの側波成分を取り除けばSSB波を得ることができる．

14・4　周波数変調と位相変調

(1)　FM波の理論式

FM波とは，搬送波の周波数を信号波の振幅に比例して変化させる方式である．ここで，搬送波v_cと信号波v_sの瞬時値をそれぞれ次式とする．

$$v_c = V_{cm} \sin \omega_c t \tag{14・13}$$

$$v_s = V_{sm} \cos \omega_s t \tag{14・14}$$

FM波は角周波数ω_cが信号波の振幅に応じて変化するから，kを比例定数として$\Delta\omega = kV_{sm}$とおけば，FMを受けた搬送波の角周波数ω_{FM}は次式で表すことができる．

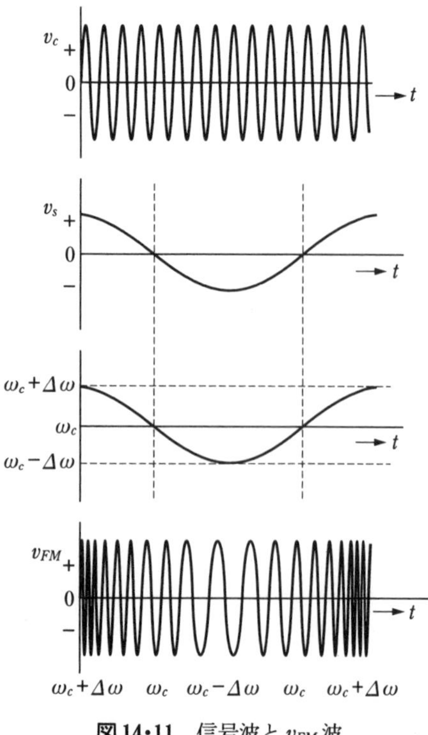

図14・11　信号波とv_{FM}波

$$\omega_{FM} = \omega_c + \Delta\omega \cos \omega_s t \tag{14・15}$$

上式から，ω_{FM} は最大 $\pm\Delta\omega$〔rad/s〕変化する．この $\Delta\omega$ を**最大角周波数偏移**といい，ω_{FM} は時間によって瞬時に変化する値であるから，**瞬時角周波数**という．信号波と角周波数の偏移および被変調波の関係を**図 14・11** に示す．

式 (14・15) から，FM 波の任意時刻の瞬時位相角 θ_{FM} は $\omega = d\theta/dt$ の関係から，

$$\theta_{FM} = \int_0^t \omega_{FM}\, dt = \int_0^t (\omega_c + \Delta\omega \cos \omega_s t)\, dt$$

$$= \left[\omega_c t + \frac{\Delta\omega}{\omega_s} \sin \omega_s t\right]_0^t = \omega_c t + \frac{\Delta\omega}{\omega_s} \sin \omega_s t \tag{14・16}$$

が得られ，FM 波を表す v_{FM} は次式となる．

$$v_{FM} = V_{cm} \sin\left(\omega_c t + \frac{\Delta\omega}{\omega_s} \sin \omega_s t\right) \tag{14・17}$$

ここで $\Delta\omega/\omega_s$ を**変調指数** (modulation index) といい，これを m_f とおいて次式を得る．

$$m_f = \frac{\Delta\omega}{\omega_s} = \frac{\Delta f}{f_s} \tag{14・18}$$

Δf は搬送波周波数 f_c から FM 波の周波数が最大どれだけ偏移するかを表していて，その大きさは信号波の振幅 V_{sm} に比例し，この Δf を**最大周波数偏移** (maximum frequency deviation) という．変調指数は最大周波数偏移だけではなく，信号波の周波数によっても変化する．変調指数 m_f を式 (14・17) に代入すれば，FM 波は次式となる．

$$v_{FM} = V_{cm} \sin(\omega_c t + m_f \sin \omega_s t) \tag{14・19}$$

(2)　PM 波の理論式

PM 波は，搬送波の位相を信号波の振幅に比例して変化させる方式である．FM 波の理論式と同様に搬送波 v_c を式 (14・13)，信号波 v_s を式 (14・14) とすれば，無変調時の搬送波の位相角が $\omega_c t$ であるから，k を比例定数として $\Delta\theta = kV_{sm}$ とおけば，PM 波の瞬時位相角 θ_{PM} は次式によって表される．

$$\theta_{PM} = \omega_c t + \Delta\theta \cos \omega_s t \tag{14・20}$$

瞬時角周波数 ω_{PM} は $\omega = d\theta/dt$ の関係から，次式を得る．

$$\omega_{PM} = \omega_c - \omega_s \Delta\theta \sin \omega_s t \tag{14•21}$$

この $\Delta\theta$ は位相偏移の最大値を表していて，PM 波の**最大位相偏移**（maximum phase deviation），また最大位相偏移を PM 波の**変調指数**といい，これを m_p で表せば，

$$m_p = \Delta\theta \tag{14•22}$$

したがって，PM 波を表す式は次式となる．

$$\omega_{PM} = V_{cm} \sin(\omega_c t + m_p \cos \omega_s t) \tag{14•23}$$

信号波と角周波数の偏移および被変調波の関係を**図 14•12** に示す．

ここで，FM 波と PM 波の性質を比較してみよう．まず，瞬時角周波数を表す式(14•15)の ω_{FM} と式(14•21)の ω_{PM} を比較してみると，最大角周波数偏移 $\Delta\omega$ と $\omega_s\Delta\theta$ が対応していて，信号波 v_s による周波数偏移の位相が $\pi/2$〔rad〕

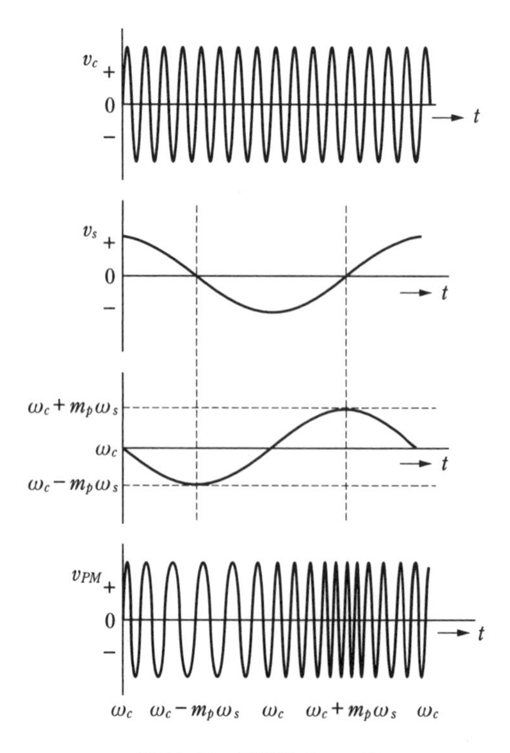

図 14•12　信号波と v_{PM} 波

だけ PM 波のほうが進んでいるだけで，ω_{FM} と ω_{PM} の性質は同じである．また，瞬時位相角を表す式 (14・16) の θ_{FM} と式 (14・20) の θ_{PM} を比較すると，最大位相偏移を表す変調指数 $\Delta\omega/\omega_s$ と $\Delta\theta$ が対応していて，信号波による位相偏移の位相が $\pi/2$〔rad〕だけ PM 波のほうが進んでいるだけで，θ_{FM} と θ_{PM} の性質は同じである．すなわち，PM 波は位相が $\pi/2$〔rad〕だけ異なることを除けば，本質的に FM 波の一種と考えることができる．

(3)　FM 波の側波帯と帯域幅

FM 波と PM 波を表す v_{FM} と v_{PM} は変調指数が同じであれば，位相差が $\pi/2$〔rad〕異なるだけで，両者の性質は同じと考えてよかった．したがって，側波帯と占有周波数帯域幅も変調指数が同じであれば両者は同一と考えてよい．このため，ここでは FM 波のみについて考える．

式 (14・19) の v_{FM} は次式のように展開できる．

$$v_{FM} = V_{cm}\{\sin\omega_c t\cdot\cos(m_f\sin\omega_s t)+\cos\omega_c t\cdot\sin(m_f\sin\omega_s t)\} \tag{14・24}$$

上式において，$\cos(m_f\sin\omega_s t)$，$\sin(m_f\sin\omega_s t)$ のように余弦関数と正弦関数の変数が三角関数になっている関数を**ベッセル** (Bessel) **関数**という．このベッセル関数の公式

$$\left.\begin{aligned}\sin(m_f\sin\omega_s t) &= 2\sum_{n=0}^{\infty}J_{2n+1}(m_f)\sin(2n+1)\omega_s t\\ \cos(m_f\sin\omega_s t) &= J_0(m_f)+2\sum_{n=1}^{\infty}J_{2n}(m_f)\cos 2n\omega_s t\end{aligned}\right\} \tag{14・25}$$

を用いてさらに展開し整理すれば，次式を得る．

$$\begin{aligned}v_{FM} = V_{cm}[&J_0(m_f)\sin\omega_c t+J_1(m_f)\{\sin(\omega_c+\omega_s)t-\sin(\omega_c-\omega_s)t\}\\ &+J_2(m_f)\{\sin(\omega_c+2\omega_s)t+\sin(\omega_c-2\omega_s)t\}\\ &+J_3(m_f)\{\sin(\omega_c+3\omega_s)t-\sin(\omega_c-3\omega_s)t\}\\ &+J_4(m_f)\{\sin(\omega_c+4\omega_s)t+\sin(\omega_c-4\omega_s)t\}\\ &+\cdots\cdots]\end{aligned} \tag{14・26}$$

これより，FM 波 v_{FM} は搬送波角周波数 ω_c を中心として，上下に信号波角周波数 ω_s の間隔で $(\omega_c\pm\omega_s)$, $(\omega_c\pm2\omega_s)$, $(\omega_c\pm3\omega_s)$, ……, $(\omega_c\pm n\omega_s)$, ……の無限の側波帯を生じることがわかる．また，$J_0(m_f)$, $J_1(m_f)$, $J_2(m_f)$, ……は各

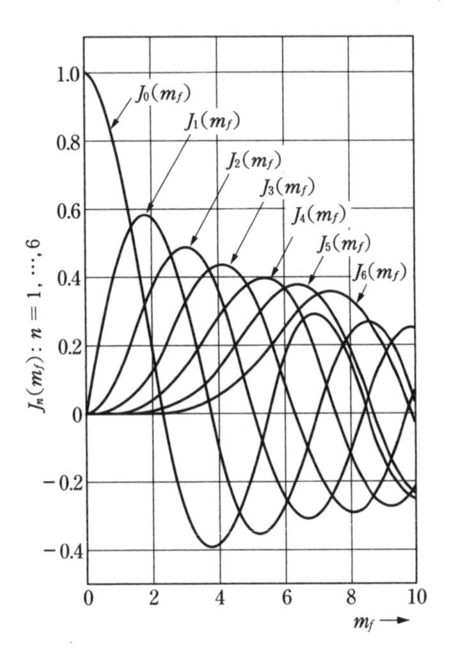

図14・13　ベッセル関数のグラフ

側波の振幅の大きさを表していて，この値は**図14・13**に示すベッセル関数のグラフから求めることができる．

図14・14は，式(14・26)とベッセル関数のグラフから求めたFM波側波帯の周波数スペクトル分布の一例で，$\varDelta f = 50$ kHz，$f_s = 10$ kHz，すなわち$m_f = 5$のときの分布を示している．各スペクトルの間隔は10 kHzで，第9次以上の側波は第8次以内の側波に比べて振幅が小さいので省略してある．図(a)から上・下側波帯の分布は非対称であることは明らかで，図(a)の分布を絶対値で表したのが図(b)である．

一般に，FM波の側波振幅は次数nが大きくなると小さくなる．電波法では全放射電力の99%を含む範囲Bを占有周波数帯域幅と決めていて，次式で近似している．

$$B = 2f_s(1+m_f) = 2(f_s+\varDelta f) \tag{14・27}$$

これより，$1 \ll m_f$であれば$B \fallingdotseq 2f_s m_f$，$1 \gg m_f$のときは$B \fallingdotseq 2f_s$となるからAMの側波帯分布に近くなることがわかる．

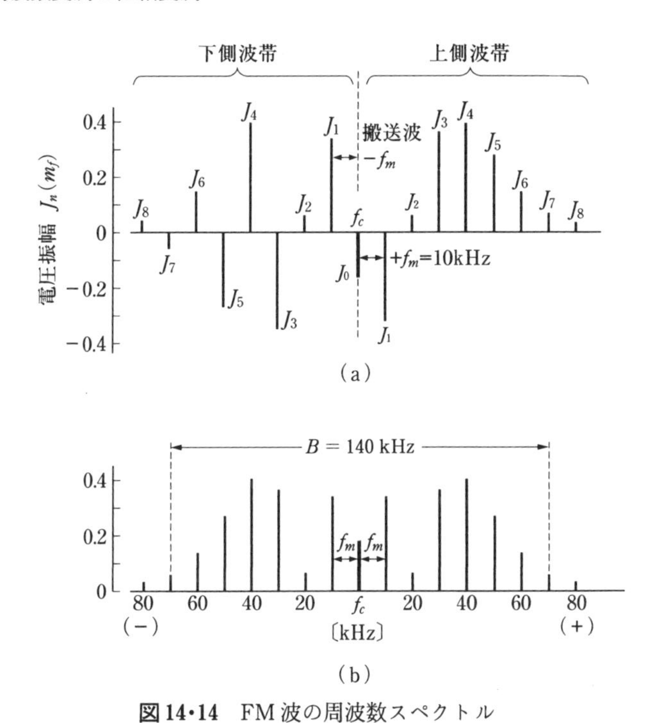

図 14・14　FM 波の周波数スペクトル

【例題 14・3】　図 14・13 のベッセル関数のグラフから，変調指数 $m_f = 0.5$ のときの周波数スペクトルを作図せよ．

（解）　図 14・13 のベッセル関数のグラフから $J_0(0.5) = 0.94$，$J_1(0.5) = 0.24$，$J_2(0.5)$ は無視すれば，右図の周波数スペクトルを得る．

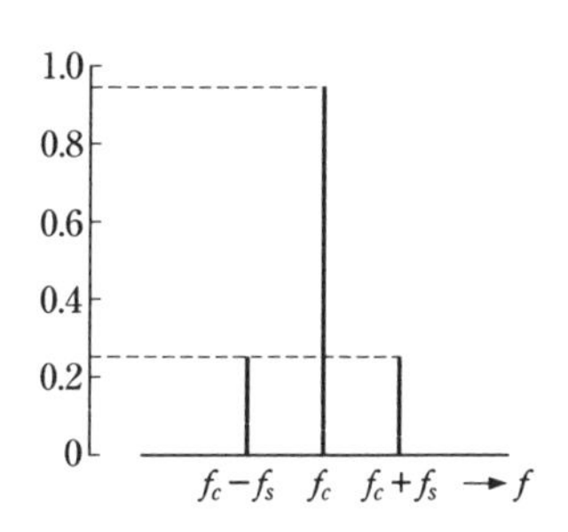

(4)　周波数変調回路

FM 波を得るには，LC 発振回路の L または C を信号の大きさによって変化させればよい．この回路に用いられる素子として，可変リアクタンストランジスタ，コンデンサマイクロホン，可変容量ダイオードなどがある．

(a)　可変リアクタンストランジスタ

図 14•15 に示すようにトランジスタにインピーダンス Z_1，Z_2 を接続すると，端子 ab から見たアドミタンス Y は次式によって与えられる．

$$Y \fallingdotseq \frac{h_{fe}}{h_{ie}} \cdot \frac{Z_2}{Z_1} \qquad (14 \cdot 28)$$

ただし，$|Z_2| \ll |Z_1|$，$|Z_2| \ll h_{ie}$，$i_o \fallingdotseq i_c$ とする．

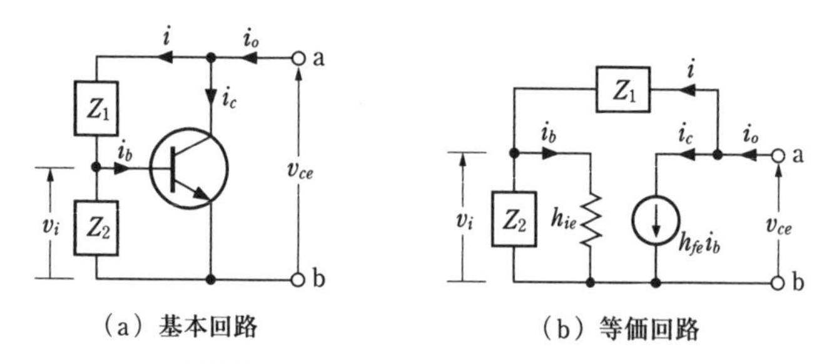

図 14•15　リアクタンストランジスタ回路

> **【例題 14•4】**　図 14•15 (b) の等価回路から式 (14•28) を誘導せよ．

(解)　図 14•15 (b) の等価回路で，$|Z_2| \ll h_{ie}$，$i_o = i_c$ とすると，

$$v_i = \frac{Z_2}{Z_1 + Z_2} v_{ce}, \qquad i_b = \frac{v_i}{h_{ie}}$$

$$i_o = h_{fe} i_b = \frac{h_{fe}}{h_{ie}} \cdot \frac{Z_2}{Z_1 + Z_2} v_{ce}$$

出力アドミタンス Y は $|Z_2| \ll |Z_1|$ とすれば

$$Y = \frac{i_o}{v_{ce}} = \frac{h_{fe}}{h_{ie}} \cdot \frac{Z_2}{Z_1 + Z_2} \fallingdotseq \frac{h_{fe}}{h_{ie}} \cdot \frac{Z_2}{Z_1}$$ ■

したがって，$Z_1 = R$，$Z_2 = 1/j\omega C$ とすれば等価的に**図 14•16** (a) の回路は誘導性リアクタンスとして，また $Z_1 = 1/j\omega C$，$Z_2 = R$ とすれば図 (b) の回路は容量性リアクタンスとして動作させることができる．ここで，L_e を**実効インダクタンス**，C_e を**実効容量**という．トランジスタの h_{fe}，h_{ie} は変調波の信号電圧に応じて変化するので，このリアクタンス回路を LC 共振の発振回路に

並列に接続して発振周波数を変化させれば，FM 波を得ることができる．

図 14・17 はリアクタンストランジスタを用いた周波数変調回路を示していて，発振回路はコルピッツ形となっている．

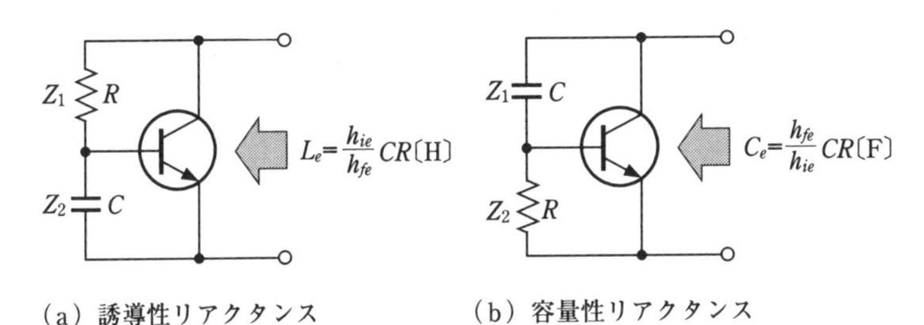

（a）誘導性リアクタンス　　（b）容量性リアクタンス

図 14・16　リアクタンス回路

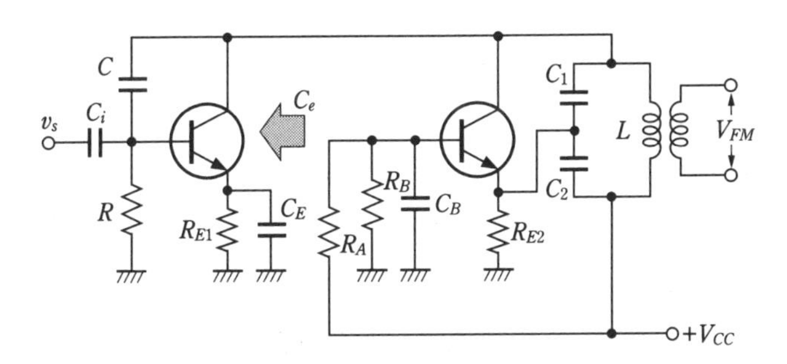

図 14・17　リアクタンストランジスタを用いた FM 回路

(b)　コンデンサマイクを用いた変調回路

図 14・18 に示すように，同調回路にコンデンサマイクを直接接続すれば，音

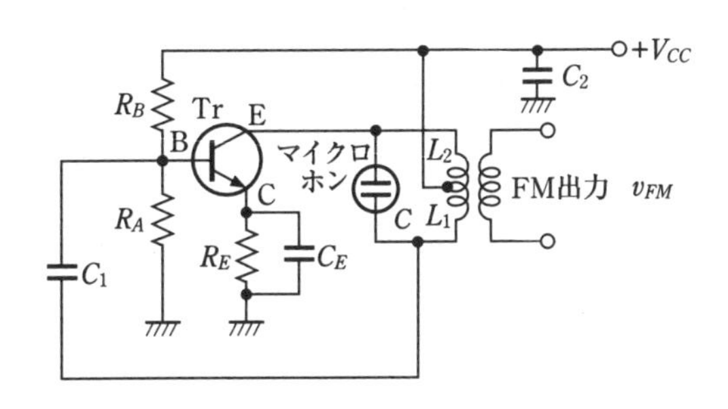

図 14・18　直接 FM 回路

声信号の大きさに比例して静電容量 C が変化するから，直接 FM 波を得ることができる．トランジスタは発振と変調を兼ねた働きをしていて，LC 発振回路はハートレー形となっている．

(c)　可変容量ダイオードによる FM 回路

図 14•19 は可変容量ダイオードを用いた FM 回路を示している．可変容量ダイオードに逆方向の電圧を加えると，pn 接合部に生ずる空乏層の幅が変化して電極間容量も変化する．すなわち，可変容量ダイオードの容量が信号波に応じて変化するから，発振回路を構成する同調回路と並列に接続すれば，同調回路の C が変化して FM 波が得られる．

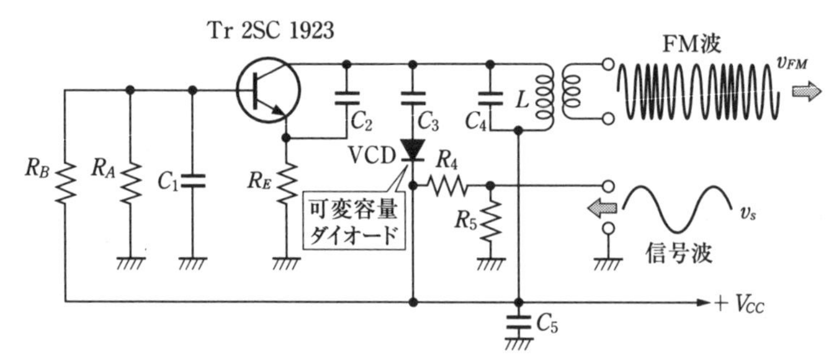

図 14•19　可変容量ダイオードを用いた FM 回路

14•5　復調回路

(1)　AM 波と FM 波の受信機の構成

AM 波（535～1 605 kHz）と FM 波（76～90 MHz）を受信するときの受信機の回路構成を**図 14•20** に示す．AM，FM 受信機ともに中間周波増幅回路までは周波数の違いはあるが，ほとんど同じ回路構成となっている．

アンテナに電波が到来すると，高周波の同調増幅回路によって希望の周波数が選択されて増幅した後，周波数変換回路と局部発振回路の働きによって中間周波数に 1 段下げてから信号を増幅している．このことはすでに中間周波増幅回路のところでも述べたが，中間周波数は AM 波で 455 kHz，FM 波で 10.7 MHz に決められている．理由は受信した高周波信号のまま何段も増幅すると発振を起こしやすいからである．次に，検波回路で中間周波数から音声信号を取り出し，低周波増幅回路で電圧・電力増幅してスピーカを駆動している．

このように，高周波をいったん中間周波数に下げて検波する方法を**スーパヘテロダイン検波**，この方式を用いた受信機を**スーパヘテロダイン受信機**といい，感度，選択度，忠実度などの性能が良好で安定した受信ができるため，ほとんどの受信機がこの方法を採用している．

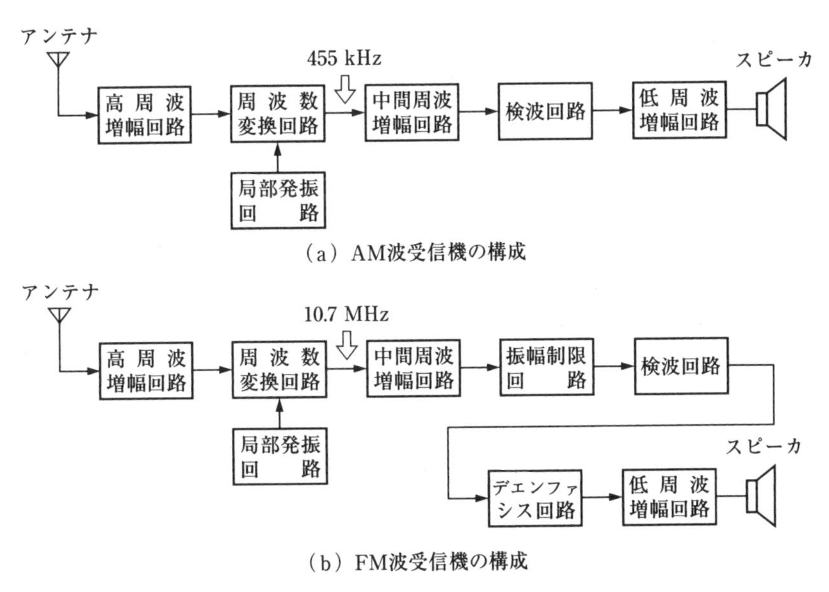

図 14·20 AM 波と FM 波の受信機の回路構成

FM 受信機では，中間周波増幅回路のあとに振幅制限（ミリッタ）回路とデエンファシス回路を設けている．FM 波は振幅が一定であるから雑音が重畳してもリミッタ回路によって信号情報をそこなうことなく取り除くことができる．また，通常の音声信号は周波数の低い成分ほど振幅が大きく，周波数が高くなるにつれて振幅が小さくなる．このため，高音域ほど信号対雑音比（SN 比）が劣化するので，送信側ではあらかじめ高音域を強調して変調している．このことを**プリエンファシス**といい，これとは逆に受信側で高音域を減衰させれば周波数特性は平坦に保たれ，雑音も軽減できることになる．このための回路が**デエンファシス回路**である．

(2)　AM 波の復調回路

AM 波復調回路として，包絡線検波回路を挙げることができる．**図 14・21** はダイオードの整流作用とコンデンサの充放電を利用した包絡線検波回路を示している．a 点に AM 波が加わるとダイオードの整流作用によって AM 波の正または負の部分が取り出されコンデンサ C が充電されるが，変調を受けた搬送波がなくなると抵抗 R を介してコンデンサは放電し，この充放電を繰り返すことによって信号波にほぼ等しい包絡線を得ることができる．この後，コンデンサ C_o によって直流分を阻止すれば，変調波（信号）を復調することができる．

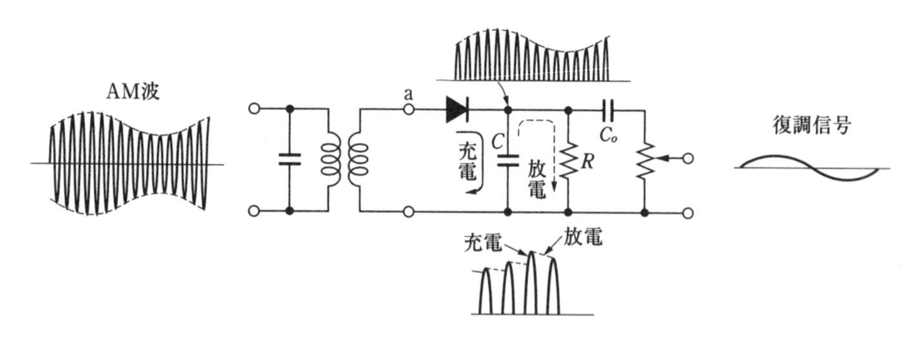

図 14・21　ダイオードによる包絡線検波回路

(3)　SSB 波の復調回路

SSB 波の復調原理は**図 14・22** に示すように，リング変調回路に変調時と同じ周波数の復調用搬送波を入力し，SSB 波で復調用搬送波を変調すれば出力に周波数が $2f_c+f_s$ と f_s の上・下側波が得られる．このうち，周波数が f_s の信号波成分だけをフィルタ回路で通過させれば信号波を得ることができる．

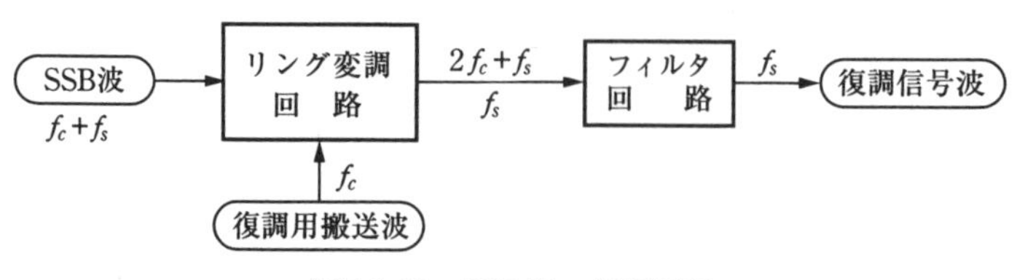

図 14・22　SSB 波の復調原理

図 14·10 で述べたように，変調のときダイオードは搬送波の極性により信号波に対して極性切替えのスイッチング動作をしていたが，復調では SSB 波に対して極性切替えが行われる．変調のときと同様，搬送波が正の半周期では**図 14·23**(a) の回路，負の半周期では図 (b) の回路となるから，搬送波が入力されている状態で SSB 波を加えると，搬送波の正の半周期で出力 v_{o+} が，負の半周期では出力 v_{o-} が T_2 の 1 次側に現れる．このとき，出力 v_{o-} は復調 SSB 波に対して位相反転されて v_{o-} は v_{o+} と同位相となる．T_2 の 2 次側の出力電圧 v_o は v_{o+} と v_{o-} の和になるから図 (c) のような波形が得られ，信号波を再現することができる．

リング変調回路を用いた SSB 波の復調で重要なことは，復調用搬送波の周波数が変調時の搬送波周波数と完全に一致し，位相も同期していなければならないことである．

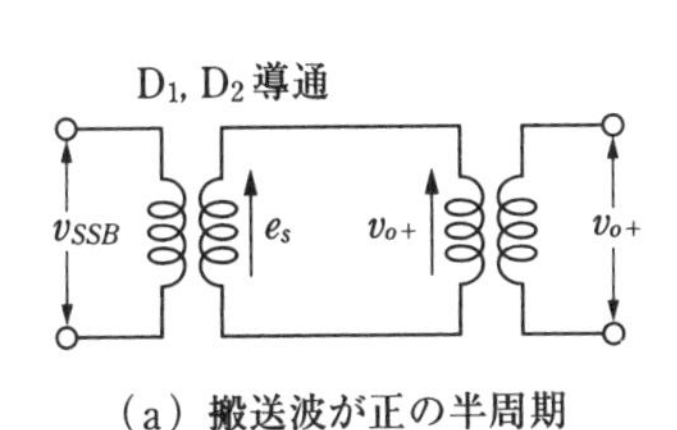

（a）搬送波が正の半周期

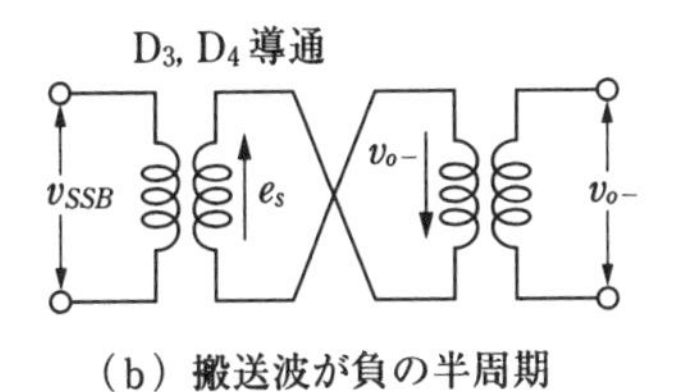

（b）搬送波が負の半周期

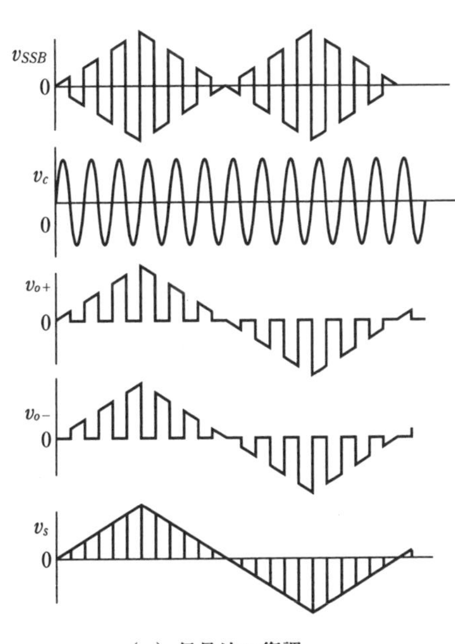

（c）信号波の復調

図 14·23　SSB 波の復調動作

(4)　FM 波の復調回路

FM 波を復調する代表的な回路として，フォスター・シーレー周波数弁別回路と比（レシオ）検波回路がある．そのほか，今日では IC 化の技術によりパルスカウント復調方式，PLL 復調方式などが一般的である．

(a)　フォスター・シーレー周波数弁別回路

回路図を**図 14・24** に示す．1 次側の L_1，C_1 と 2 次側の L_2，C_2 はともに FM 波の中心（中間）周波数 f_0 に同調している．L_3 の両端の電圧は結合トランスの 1 次側電圧 v_1 とほぼ等しく同相で，2 次側に発生する電圧 v_2 は 1 次側の電圧 v_1 と 90° の位相差が保たれている．

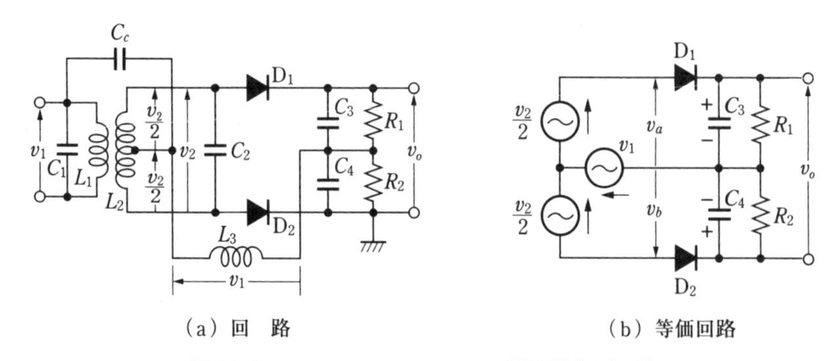

（a）回　路　　（b）等価回路

図 14・24　フォスター・シーレー周波数弁別回路

【例題 14・5】　図 14・24 の回路で，無変調時の 1 次側電圧 v_1 と 2 次側電圧 v_2 の位相差が 90° に保たれることを示せ．

（解）　1 次側電圧を v_1，L_1 に流れる電流を i_1 とすれば，$i_1 = v_1/j\omega L_1$ である．

2 次側に誘起する電圧 v_2' は

$$v_2' = j\omega M i_1 = \frac{M v_1}{L_1} \quad \cdots\cdots\cdots (1)$$

2 次側の電圧 v_2 は，L_2 の抵抗分を r_2 として，

$$v_2 = \frac{v_2' \dfrac{1}{j\omega C_2}}{r_2 + j\left(\omega L_2 - \dfrac{1}{\omega C_2}\right)} \quad \cdots\cdots\cdots (2)$$

L_2，C_2 の共振周波数を中心周波数 f_0 に同調させておけば，$f=f_0$ で

$$v_2 = \frac{v_2'}{j\omega_0 C_2 r_2} \quad \cdots\cdots\cdots (3)$$

上式に式 (1) を代入して，

$$v_2 = -j\frac{M}{\omega_0 C_2 r_2 L_1} v_1 \quad \cdots\cdots\cdots (4)$$

ゆえに，2次側の端子電圧 v_2 は，1次側の電圧 v_1 と 90° の位相差があることがわかる．

■

FM 波が加わっているときのダイオード D_1 と D_2 の電圧を v_a，v_b とすると，v_a，v_b はベクトル的に v_1 と $v_2/2$ の和および差となり，次式で表される．

$$\left.\begin{aligned} v_a &= v_1 + \frac{v_2}{2} \\ v_b &= v_1 - \frac{v_2}{2} \end{aligned}\right\} \qquad (14\cdot29)$$

FM 波の周波数が回路の同調周波数 f_0 と等しいときは，**図 14・25** (a) に示すように v_1 と v_2 の位相差は 90° を保ち，$|v_a| = |v_b|$ となるので AM 包絡線検波後の出力はゼロとなる．$f > f_0$ のとき，すなわち FM 波の周波数が同調周波数より高くなると，2次側の同調回路は誘導性となり，図 (b) のベクトル図で示すように v_2 の位相は $f=f_0$ のときより位相が遅れ，$|v_a| > |v_b|$ となって正の出力電圧が得られる．逆に $f < f_0$ のときには2次側同調回路は容量性とな

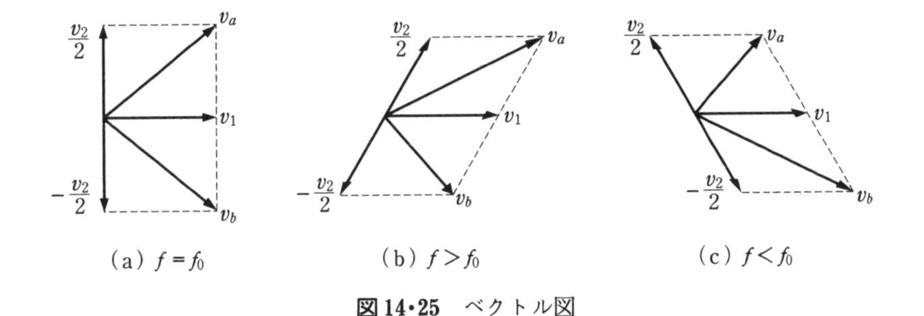

図 14・25　ベクトル図

り，図(c)のベクトル図で示すようにv_2の位相は$f=f_0$のときより位相が進み，$|v_a|<|v_b|$となって負の出力電圧が得られる．ダイオードの検波効率をηとすれば，出力電圧v_oは次式となる．

$$v_o=\eta(|v_a|-|v_b|) \tag{14•30}$$

(b)　レシオ検波回路

回路図を**図14•26**に示す．フォスター・シーレー周波数弁別回路と異なる点は，

①　検波ダイオードの向きが逆である．

②　大容量のコンデンサC_5が接続されている．

③　出力の取り出し方が異なっている．

の3点である．L_1，C_1とL_2，C_2はともにFM波の中心周波数f_0に同調していて，フォスター・シーレーと同様L_3の両端の電圧は1次側電圧v_1と同位相で，2次側に発生する電圧v_2は1次側の電圧v_1と90°の位相差が保たれている．

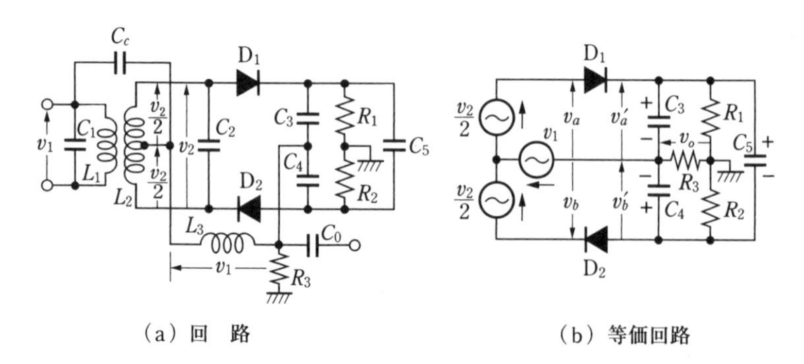

(a) 回　路　　　(b) 等価回路

図14•26　レシオ検波回路

図(b)の等価回路で$R_1=R_2$，$C_3=C_4$とすれば，次式を得る．

$$v_o=v_b'-\frac{v}{2}=v_b'-\frac{v_a'+v_b'}{2}=-\frac{1}{2}(v_a'-v_b') \tag{14•31}$$

上式を式(14•30)と比較すると，出力電圧v_oはフォスター・シーレー弁別回路の1/2となり，位相が反転することがわかる．$f=f_0$のときは，$v_a'=v_b'$で$v_o=0$となり，$f>f_0$のときは，$v_a'>v_b'$となるので出力電圧は負となる．また，$f<f_0$のときには正の出力電圧が得られる．なお，レシオ検波回路のベクトル図は図14•25と同様に考えることができる．

レシオ検波回路は出力電圧がフォスター・シーレー弁別回路の 1/2 となるが，大容量のコンデンサ C_5 によりFM波に瞬間的な振幅の変化があっても v は一定に保たれる．このため振幅制限作用があり，リミッタ回路を設ける必要がない．

(c)　パルスカウント復調方式

FM波は搬送波の周波数が信号波に応じて変化しているから，その周波数の変化をそのままカウントして復調出力を取り出すという考え方は古くからあった．しかし，高い周波数でパルス波形を扱う必要があり，従来の技術，回路素子の点で実用化されなかった．

最近ではIC技術の急速な発展により，一般のFMチューナにもパルスカウント復調方式を採用するようになった．**図14・27** はこの復調方式のブロック図を示している．中間周波数の 10.7 MHz からさらに 1 ～ 2 MHz の周波数に変換されたFM波はリミッタアンプで方形波に整形され，微分回路で幅の狭いトリガパルスが作られる．このトリガパルスで単安定マルチバイブレータを駆動

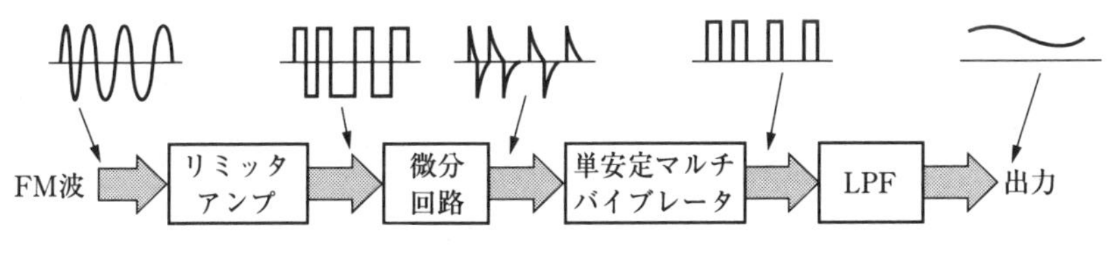

図14・27　パルスカウント復調方式

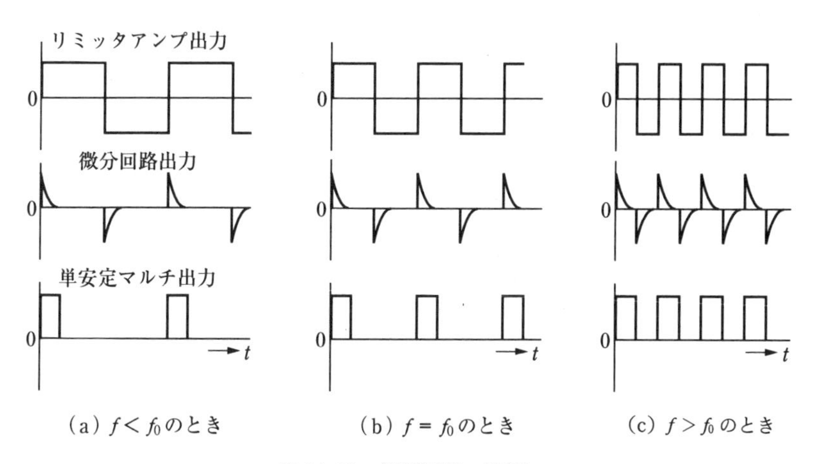

図14・28　復調回路の原理

して，ある一定幅のパルス波形に変換される．その後，低域フィルタ（LPF）に通すと，**図 14・28** に示すように，パルスの数が少ないところは振幅の小さい電圧が，逆にパルスの数が多いところでは振幅の大きい電圧が得られ，信号波を復調することができる．

(d)　PLL 復調方式

PLL は**位相同期ループ**（Phase Locked Loop）の略で，入力信号の位相および周波数に同期した信号を発生する位相同期回路である．**図 14・29** に PLL 復調方式の原理ブロック図を示す．位相比較器は入力された FM 波 v_{FM} と**電圧制御発振器**（Voltage Controlled Oscillator : VCO）の出力 v_o との位相を比較する回路で，位相差に比例した電圧は低域フィルタを通すことによって得られる．この電圧を増幅して VCO に入力して，VCO の出力の位相と周波数がつねに FM 波と同じになるように制御される．すなわち，VCO を FM の変調器と考えれば，VCO の制御電圧 v_c そのものが信号波 v_s となるから，制御電圧を取り出せば FM 波を復調することができる．

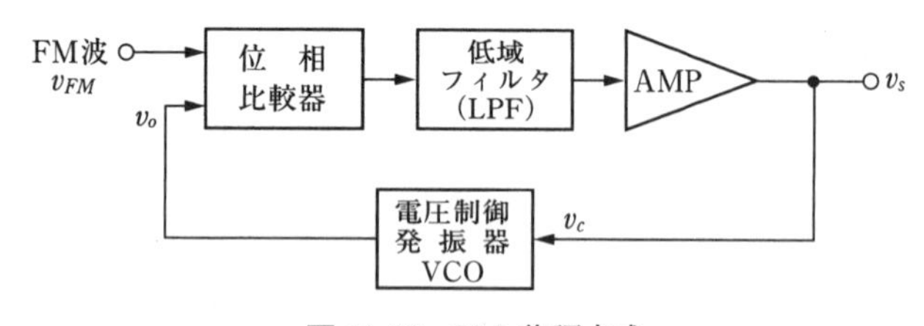

図 14・29　PLL 復調方式

第 14 章　演 習 問 題

1　搬送波電力が 500 W，変調率 60 % で変調を行ったとき，被変調波電力と両側波電力を求めよ．

2　信号周波数を15 kHz，最大周波数偏移60 kHzで周波数変調したときの変調指数m_fを求め，図14•13のベッセル関数のグラフを利用して周波数スペクトルを作図し，占有周波数帯域幅を求めよ．

3　図14•21のAM波の復調回路で，半波整流波のピーク値にコンデンサCをすばやく充電させるためには搬送周波数f_c，ダイオードの順方向抵抗をr_dとして，

$$r_d C \ll \frac{1}{f_c}$$

の関係をもたせている．また，変調波の信号を忠実に復調するため時定数CRは搬送波周波数f_cの1周期よりも十分に長く，変調波信号の最高周波数f_{sm}の1周期よりも十分に短くして，

$$\frac{1}{f_c} \ll RC \ll \frac{1}{f_{sm}}$$

を満足しなければならない．$r_d = 200\,\Omega$，$R = 100\,\mathrm{k}\Omega$，$f_c = 1\,600\,\mathrm{kHz}$，$f_{sm} = 10\,\mathrm{kHz}$のとき適当なコンデンサ$C$の値を求めよ．

4　**図問14•4**はリング変調回路を用いた2PSK (Phase Shift Keying) 方式の原理図を示していて，搬送波の位相を符号化パルス“1”でゼロ（同）相，“0”でπ相の2相変調を行っている．トランスT_2の2次側に現れる出力波形v_oの概形を示し，2相位相変調の動作原理を説明せよ．

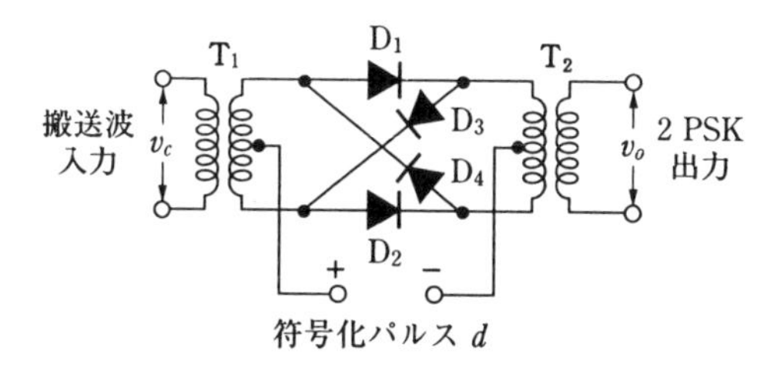

図問14•4

参考文献

(1) 松下電器工学院編：基礎電気工学，電子回路編Ⅰ，Ⅱ，廣済堂出版，1976
(2) 松下電器工科短期大学校：半導体回路Ⅰ，Ⅱ，廣済堂出版，1990
(3) 押本，小林：トランジスタ回路計算法，工学図書株式会社，1980
(4) 佐野，高木，竹内：アナログ回路（Ⅰ），オーム社，1987
(5) 高木，竹内，佐野：アナログ回路の基礎演習（Ⅰ），オーム社，1991
(6) 柄本，真々田：アナログ回路（Ⅱ），オーム社，1987
(7) 柄本，真々田：アナログ回路の基礎演習（Ⅱ），オーム社，1991
(8) 南任靖雄：電子回路とアナログIC，工学図書株式会社，1996
(9) 雨宮，小柴，曽和：トランジスタ回路を学ぶ人のために，オーム社，1979
(10) 雨宮，小柴，砂沢：増幅回路の考え方，オーム社，1979
(11) 雨宮，小柴，植田：発振・変復調回路の考え方，オーム社，1979
(12) 雨宮：基礎電子回路演習（Ⅰ），オーム社，1989
(13) 赤羽，岩崎，川戸，牧：電子回路（Ⅰ）アナログ編，コロナ社，1986
(14) 丹野頼元：演習電子回路，共立出版株式会社，1984
(15) 末松，藤井：電子回路入門，実教出版，1994
(16) 高等学校工業科用：電子回路，コロナ社，1995
(17) 伊東規之：テキストブック電子回路，日本理工出版会，1981
(18) 伊東規之：電子回路計算法，日本理工出版会，1983
(19) 伊東規之：ディジタル回路，日本理工出版会，1986
(20) 提坂，大庭：テキストブック無線通信機器，日本理工出版会，1991
(21) 高野政道：トランジスタ・IC回路の見方・考え方，啓学出版，1980
(22) 広木義麿：トランジスタ回路，啓学出版，1976
(23) 桜庭，大塚，熊耳：電子回路，森北出版株式会社，1986
(24) 桜庭，佐々木：演習電子回路，森北出版株式会社，1995
(25) 岩本　洋：電子回路計算法の完全研究，オーム社，1996
(26) 押山，相川，辻井，久保田：電子回路，コロナ社，1957
(27) 根岸，中根，高田：電子回路基礎，コロナ社，1998
(28) 石橋幸男：アナログ電子回路，倍風館，1990

(29) 石橋幸男：アナログ電子回路演習，倍風館，1998
(30) 尾崎，金田，谷口，橘，浅田：例題演習電子回路（アナログ編），共立出版株式会社，1994
(31) 岡山 努：アナログ電子回路設計入門，コロナ社，1994
(32) 吉野純一：電子工学の基礎，コロナ社，1997
(33) 藤原 修：電子回路 A，オーム社，1996
(34) 杉本泰博：よくわかるアナログ電子回路，オーム社，1995
(35) 福田，栗原，向坂：絵とき電子回路，オーム社，1980
(36) 飯高，椎名，田口：絵ときトランジスタ回路，オーム社，1984
(37) 小沢，国分：初歩の電子読本，オーム社，1987
(38) 藤井信生：なっとくする電子回路，講談社，1994
(39) 山崎 亮：情報工学のための電子回路，共立出版株式会社，1996
(40) 藤村安志：電気・電子回路入門，誠文堂新光社，1991
(41) 藤村安志：電気・電子回路設計演習，誠文堂新光社，1995
(42) 長橋芳行：DC アンプの設計，CQ 出版社，1976
(43) 岡村迪夫：定本 OP アンプ回路の設計，CQ 出版社，1990
(44) 鈴木雅臣：定本トランジスタ回路の設計，CQ 出版社，1992
(45) 鈴木雅臣：定本続トランジスタ回路の設計，CQ 出版社，1992
(46) 稲葉 保：定本発振回路の設計と応用，CQ 出版社，1992
(47) 平山勝己：サイリスタとパワーエレクトロニクス，技術評論社，1979
(48) 白土義男：トランジスタ回路活用のポイント，日本放送出版協会，1987
(49) 島田公明：アナログ回路応用マニュアル，日本放送出版協会，1986
(50) Robert L. Boylestad, Louis Nashelsky : Electronic Devices and Circuit Theory, Prentice Hall, 1996
(51) Albert Paul Malvino : Electronic Principles, McGraw-Hill, 1999
(52) Donald L. Schilling, Charles Belove : Electronic Circuits, McGraw-Hill, 1989
(53) 東芝半導体ハンドブック，誠文堂新光社，1975
(54) ナショナル半導体ハンドブック，誠文堂新光社，1976
(55) 三洋半導体ハンドブック，CQ 出版社，1978

演習問題 解答

■第1章解答

1 電気抵抗Rは導体の長さlに比例し，断面積Sに反比例する．すなわち，

$$R = \rho\frac{l}{S} \quad [\Omega]$$

ここで，比例定数ρは抵抗率で，単位に〔Ω·m〕を用いる．題意より，

$l = 100\,\mathrm{m}$，$d = 2\,\mathrm{mm} = 2\times10^{-3}\,\mathrm{m}$，$S = \pi(d/2)^2 = (\pi/4)\times(2\times10^{-3})^2$

$$\therefore R = \rho\frac{l}{S} = 1.724\times10^{-8}\times\frac{100}{(\pi/4)\times(2\times10^{-3})^2}$$

$$= \frac{1.724\times10^{-6}}{\pi\times10^{-6}} = 0.549\,\Omega$$

2 t〔s〕の間にQ〔C〕の電荷が移動したときの電流I〔A〕は，

$$I = \frac{Q}{t} \quad [\mathrm{A}]$$

で表される．したがって，電子の個数をnとして，

$$1 = \frac{1.6\times10^{-19}\times n}{1}, \quad n = \frac{1}{1.6\times10^{-19}} = 6.25\times10^{18} \quad [個/\mathrm{s}]$$

3 (1) ①－4，②－真性半導体，③－5，④－ひ素，りん，アンチモン，⑤－電子，⑥－共有結合，⑦－自由電子，⑧－ドナー，⑨－n形半導体，⑩－電子，⑪－正孔，⑫－真性半導体，⑬－3，⑭－アルミニウム，ガリウム，ホウ素，インジウム，⑮－価電子，⑯－正孔，⑰－アクセプタ，⑱－p形半導体，⑲－正孔，⑳－電子

(2) ①－価電子帯，②－自由電子，③－伝導帯，④－エネルギーギャップ，⑤－伝導帯，⑥－価電子帯

■第 2 章解答

1 式 (2・3) より，

$$I_D=-\frac{1}{R}V_D+\frac{E}{R}$$

$$=-\frac{1}{80}V_D+0.035$$

$V_D=1.2$ V のとき，$I_D=20$ mA

$V_D=0$ V のとき，$I_D=35$ mA

図に示すようにこの 2 点と V_D-I_D 特性との交点 Q が動作点で $V_{DQ}=0.8$ V，$I_{DQ}=25$ mA を得る．

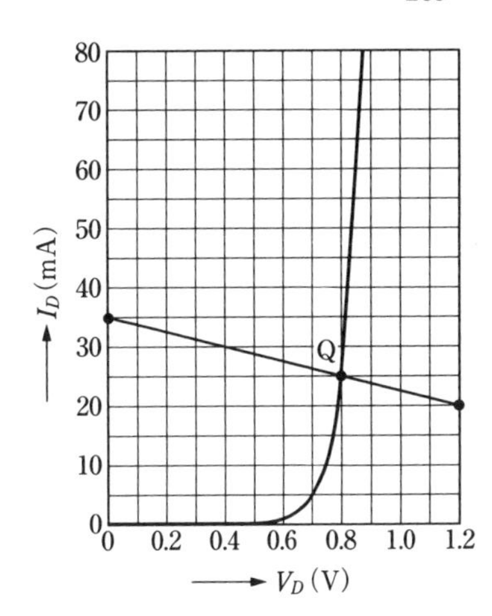

2 (1) $R_L=1.2$ kΩのとき，R_L 両端の電圧 V_L は，

$$V_L=\frac{R_L}{R+R_L}V_i=\frac{1.2}{1+1.2}\times 16=8.73\text{ V}$$

$V_Z>V_L$ であるから，ツェナーダイオードは " OFF " 状態にあり，図 (a) の等価回路となる．したがって，

$V_L=8.73$ V

$V_R=V_i-V_L=16-8.73=7.27$ V

$I_Z=0$ A

$P_Z=V_ZI_Z=0$ W

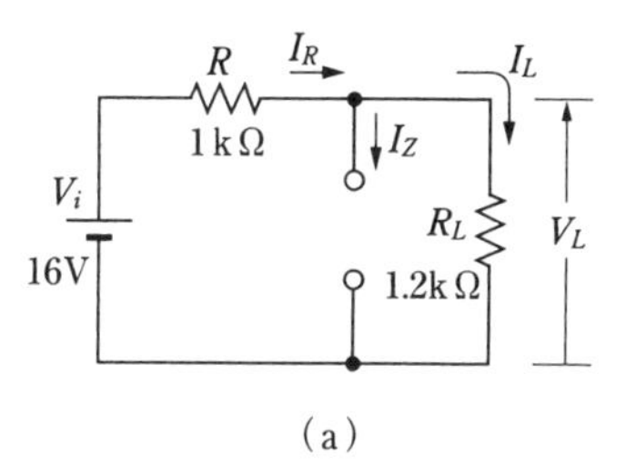

(a)

(2) $R_L=3$ kΩのとき，

$$V_L=\frac{R_L}{R+R_L}V_i=\frac{3}{1+3}\times 16=12\text{ V}$$

$V_Z<V_L$，ゆえにツェナーダイオードは"ON" 状態にあり，図 (b) の等価回路となる．したがって，

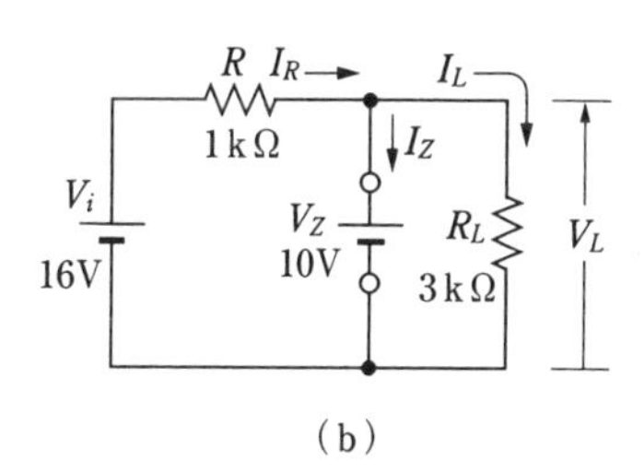

(b)

$V_L=V_Z=10$ V

$V_R=V_i-V_L=16-10=6$ V

$$I_L=\frac{V_L}{R_L}=\frac{10}{3}=3.33\text{ mA}$$

$$I_R=\frac{V_R}{R}=\frac{6}{1}=6\text{ mA}$$

$I_Z = I_R - I_L = 6 - 3.33 = 2.67\ \text{mA}$

$P_Z = V_Z I_Z = 10 \times 2.67 = 26.7\ \text{mW} < 30\ \text{mW}$

3 省略

4 $0 \sim t_1$ の区間で正電圧 E が加わると，ダイオードは導通して瞬時に C は充電される．このとき v_o は，ダイオードが理想的であればゼロである．$t_1 \sim t_2$ の区間ではコンデンサの充電電圧によって，ダイオードは逆バイアスされるから非導通となり，R を介して放電されるが，時定数 CR が十分大きければ，C の電荷はほとんど減少せず，抵抗 R には $-E$ の電圧がかかり，図のような出力波形が得られる．

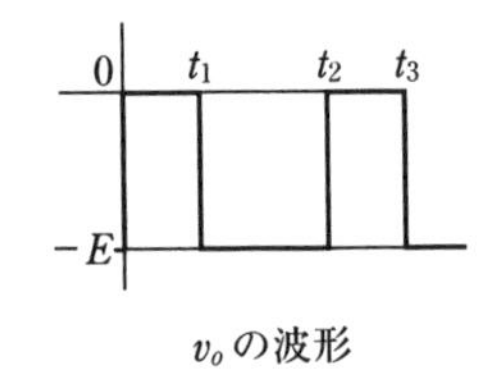

v_o の波形

5 図 (a) を**半波整流回路**，図 (b)，(c) を**全波整流回路**という．動作原理は省略．

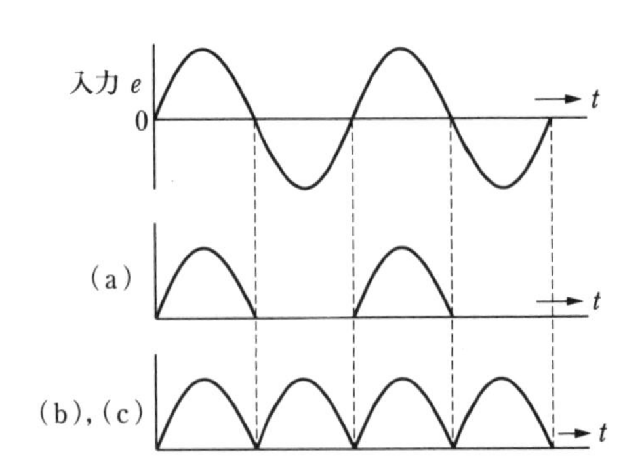

■第5章解答

1 $I_B = \dfrac{V_{CC} - V_{BE}}{R_B} = \dfrac{12 - 0.7}{470} = 0.024 = 24\ \mu\text{A}$

$I_C = I_B h_{fe} = 0.024 \times 100 = 2.4\ \text{mA}$

$V_{CE} = V_{CC} - I_C R_C = 12 - 2.4 \times 2.7 = 5.52\ \text{V}$

2 $I_B = \dfrac{I_C}{h_{fe}} = \dfrac{2}{160} = 0.0125 = 12.5\ \mu\text{A}$

$R_B = \dfrac{V_{CC} - V_{BE}}{I_B} = \dfrac{10 - 0.7}{0.0125} = 744\ \text{k}\Omega$

$R_C = \dfrac{V_{CC} - V_{CE}}{I_C} = \dfrac{10 - 5}{2} = 2.5\ \text{k}\Omega$

3 $I_B = \dfrac{I_C}{h_{fe}} = \dfrac{2.4}{120} = 0.02 = 20\,\mu\text{A}$

式(5･7)より

$$R_B = \frac{V_{CC} - R_C I_C - V_{BE}}{I_B} = \frac{12 - 2 \times 2.4 - 0.7}{0.02} = 325\ \text{k}\Omega$$

I_Bを考慮したR_Bは，式(5･6)より

$$R_B = \frac{V_{CC} - R_C(I_C + I_B) - V_{BE}}{I_B} = \frac{12 - 2(2.4 + 0.02) - 0.7}{0.02}$$

$$= \frac{12 - 4.84 - 0.7}{0.02} = 323\ \text{k}\Omega$$

4 $I_B = \dfrac{I_C}{h_{fe}} = \dfrac{1}{100} = 0.01\ \text{mA} = 10\,\mu\text{A}$

$I_E \fallingdotseq I_C$として

$$R_E = \frac{V_{RE}}{I_E} = \frac{1.2}{1} = 1.2\ \text{k}\Omega$$

$$I_A = 20 I_B = 20 \times 0.01 = 0.2\ \text{mA} = 200\,\mu\text{A}$$

$$R_A = \frac{V_{RA}}{I_A} = \frac{V_{RE} + V_{BE}}{I_A} = \frac{1.2 + 0.7}{0.2} = 9.5\ \text{k}\Omega$$

$$R_B = \frac{V_{CC} - V_{RA}}{I_A + I_B} = \frac{V_{CC} - V_{RE} - V_{BE}}{I_A + I_B} = \frac{12 - 1.2 - 0.7}{0.2 + 0.01} = 48\ \text{k}\Omega$$

$$R_C = \frac{V_{CC} - V_{CE} - V_{RE}}{I_C} = \frac{12 - 6 - 1.2}{1} = 4.8\ \text{k}\Omega$$

5 $R_o = R_A \,/\!/\, R_B = \dfrac{R_A \cdot R_B}{R_A + R_B} = \dfrac{100 \times 22}{100 + 22} = 18\ \text{k}\Omega$

$$V_o = \frac{R_A}{R_A + R_B} V_{CC} = \frac{22}{100 + 22} \times 15 = 2.7\ \text{V}$$

$$I_B = \frac{V_o - V_{BE}}{R_o + (1 + h_{fe}) R_E} = \frac{2.7 - 0.7}{18 + 181 \times 2} = 0.00526\ \text{mA} = 5.26\,\mu\text{A}$$

$I_C = h_{fe} I_B = 180 \times 0.00526 = 0.947\ \text{mA}$

$V_{CE} = V_{CC} - (R_C + R_E) I_C = 15 - (10 + 2) \times 0.947 = 3.64\ \text{V}$

（別解）

$$V_B=\frac{R_A}{R_A+R_B}V_{CC}=2.7\text{ V}$$

$$V_{RE}=V_B-V_{BE}=2.7-0.7=2\text{ V}$$

$$I_E=\frac{V_{RE}}{R_E}=\frac{2}{2}=1\text{ mA}$$

$$I_B=\frac{I_C}{h_{FE}}=\frac{1}{180}=0.0056\text{ mA}$$

$$=5.6\,\mu\text{A}$$

$$V_{CE}=V_{CC}-(R_C+R_E)I_C$$

$$=15-(10+2)\times1=3\text{ V}$$

6 負荷線を引くことによって$I_B=20\,\mu\text{A}$，$I_C=4\text{ mA}$，$V_{CE}=6\text{ V}$を，また入力特性から$V_{BE}=0.68\text{V}$を読み取ることができる．題意より，

$$V_{RE}=0.1\times V_{CC}=1.2\text{ V},\quad I_A=10\times I_B=10\times20=200\,\mu\text{A}$$

$$R_A=\frac{V_{RA}}{I_A}=\frac{V_{RE}+V_{BE}}{I_A}=\frac{1.2+0.68}{0.2}=9.4\text{ k}\Omega$$

$$R_B=\frac{V_{CC}-V_{RA}}{I_A+I_B}=\frac{V_{CC}-(V_{RE}+V_{BE})}{I_A+I_B}=\frac{12-(1.2+0.68)}{0.2+0.02}=46\text{ k}\Omega$$

$$R_E=\frac{V_{RE}}{I_E}=\frac{V_{RE}}{I_B+I_C}=\frac{1.2}{0.02+4}=0.3\text{ k}\Omega=300\,\Omega$$

$$R_C=\frac{V_{RC}}{I_C}=\frac{V_{CC}-(V_{CE}+V_{RE})}{I_C}=\frac{12-(6+1.2)}{4}=1.2\text{ k}\Omega$$

または，$R_C=1.5-R_E=1.5-0.3=1.2\text{ k}\Omega$

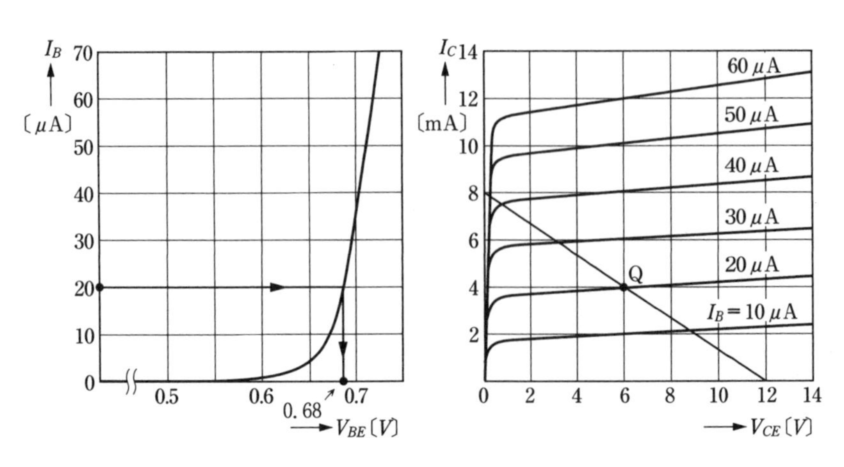

7 $R_{DC}=R_C+R_E=\dfrac{12\text{ V}}{3\text{ mA}}=4\text{ k}\Omega\qquad\therefore R_C=4-R_E=4-1=3\text{ k}\Omega$

$$R_{AC}=\frac{R_CR_L}{R_C+R_L}=\frac{8\text{ V}}{4\text{ mA}}=2\text{ k}\Omega$$

$R_C R_L = 2R_C + 2R_L \qquad 3R_L = 6 + 2R_L \qquad \therefore \quad R_L = 6\ \text{k}\Omega$

■第6章解答

1 $h_{ie} = \dfrac{\Delta V_{BE}}{\Delta I_B} = \dfrac{0.05}{0.01 \times 10^{-3}} = 5\ \text{k}\Omega$

$$h_{fe} = \frac{\Delta I_C}{\Delta I_B} = \frac{1.8}{0.01} = 180$$

$$h_{oe} = \frac{\Delta I_C}{\Delta V_{CE}} = \frac{0.2 \times 10^{-3}}{10} = 20\ \mu\text{S}$$

$$h_{re} = \frac{\Delta V_{BE}}{\Delta V_{CE}} = \frac{0.002}{10} = 2 \times 10^{-4}$$

2 図6•6 (a), (b) より

$$\left.\begin{aligned} v_1 &= h_{ie} i_1 + h_{re} v_2 \\ i_2 &= h_{fe} i_1 + h_{oe} v_2 \end{aligned}\right\} \cdots\cdots(1) \qquad \left.\begin{aligned} v_1 &= -v_1',\ i_2 = i_2' \\ v_2 &= v_2' - v_1' \\ i_1 &= -i_1' - i_2' \end{aligned}\right\} \cdots\cdots(2)$$

式 (2) の関係を式 (1) に代入して,

$$-v_1' = h_{ie}(-i_1' - i_2') + h_{re}(v_2' - v_1') \cdots\cdots(3)$$

$$i_2' = h_{fe}(-i_1' - i_2') + h_{oe}(v_2' - v_1') \cdots\cdots(4)$$

式 (3) を v_1' について解くと,

$$v_1' = \frac{h_{ie}}{1 - h_{re}}(i_1' + i_2') - \frac{h_{re}}{1 - h_{re}} v_2' \cdots\cdots(5)$$

式 (5) を式 (4) に代入して,

$$i_2' = h_{fe}(-i_1' - i_2') + h_{oe}\left\{v_2' - \frac{h_{ie}}{1 - h_{re}}(i_1' + i_2') + \frac{h_{re}}{1 - h_{re}} v_2'\right\}$$

上式を $i_2' = (h_{fb}) i_1' + (h_{ob}) v_2'$ の形にすれば

$$i_2' = \left[\frac{-h_{fe} - \dfrac{h_{ie} h_{oe}}{1 - h_{re}}}{1 + h_{fe} + \dfrac{h_{ie} h_{oe}}{1 - h_{re}}}\right] i_1' + \left[\frac{h_{oe} + \dfrac{h_{oe} h_{re}}{1 - h_{re}}}{1 + h_{fe} + \dfrac{h_{ie} h_{oe}}{1 - h_{re}}}\right] v_2'$$

$$\therefore h_{fb} = -\frac{h_{ie} h_{oe} + h_{fe}(1 - h_{re})}{(1 + h_{fe})(1 - h_{re}) + h_{ie} h_{oe}}, \quad h_{ob} = \frac{h_{oe}}{(1 + h_{fe})(1 - h_{re}) + h_{ie} h_{oe}}$$

式 (4) を i_2' について解くと,

$$i_2' = \frac{-h_{fe}}{1+h_{fe}}i_1' + \frac{h_{oe}}{1+h_{fe}}(v_2'-v_1')\cdots\cdots(6)$$

式 (6) を式 (3) に代入して,

$$v_1' = h_{ie}(i_1'+i_2') + h_{re}(v_1'-v_2')$$

$$= h_{ie}\left\{i_1' - \frac{h_{fe}}{1+h_{fe}}i_1' + \frac{h_{oe}}{1+h_{fe}}(v_2'-v_1')\right\} + h_{re}(v_1'-v_2')$$

上式を $v_1' = (h_{ib})i_1' + (h_{rb})v_2'$ の形にすれば

$$v_1' = \left[\frac{\dfrac{h_{ie}}{1+h_{fe}}}{1-h_{re}+\dfrac{h_{ie}h_{oe}}{1+h_{fe}}}\right]i_1' + \left[\frac{\dfrac{h_{ie}h_{oe}-h_{re}(1+h_{fe})}{1+h_{fe}}}{1-h_{re}+\dfrac{h_{ie}h_{oe}}{1+h_{fe}}}\right]v_2'$$

$$\therefore h_{ib} = \frac{h_{ie}}{(1+h_{fe})(1-h_{re})+h_{ie}h_{oe}}, \quad h_{rb} = \frac{h_{ie}h_{oe}-h_{re}(1+h_{fe})}{(1+h_{fe})(1-h_{re})+h_{ie}h_{oe}}$$

3 表6•1の変換公式を用いて，ベース接地の h 定数は,

$$h_{ib} = \frac{h_{ie}}{1+h_{fe}} = \frac{2.5\times10^3}{1+100} = 24.8\,\Omega$$

$$h_{rb} = \frac{h_{ie}h_{oe}}{1+h_{fe}} - h_{re} = \frac{2.5\times10^3\times6\times10^{-6}}{1+100} - 1.2\times10^{-4} = 0.285\times10^{-4}$$

$$h_{fb} = -\frac{h_{fe}}{1+h_{fe}} = -\frac{100}{1+100} = -0.99$$

$$h_{ob} = \frac{h_{oe}}{1+h_{fe}} = \frac{6\times10^{-6}}{1+100} = 0.06\times10^{-6} = 0.06\,\mu\text{S}$$

同様にして，コレクタ接地の h 定数は,

$$h_{ic} = h_{ie} = 2.5\,\text{k}\Omega$$

$$h_{rc} = 1$$

$$h_{fc} = -(1+h_{fe}) = -(1+100) = -101$$

$$h_{oc} = h_{oe} = 6\,\mu\text{S}$$

4 例題6•3の R_i の式 (5) と，A_i の式 (6) を題意の式に代入すると,

$$-A_i\cdot\frac{R_L}{R_i} = -\frac{h_f}{1+h_oR_L}\cdot\frac{R_L}{h_i - \dfrac{h_rh_f}{h_o+1/R_L}}$$

$$= -\frac{h_f}{1+h_oR_L}\cdot\frac{R_L}{h_i-h_rh_fR_L/(1+h_oR_L)} = -\frac{h_fR_L}{h_i(1+h_oR_L)-h_rh_fR_L}$$

$$= \frac{-h_fR_L}{h_i+(h_ih_o-h_rh_f)R_L} = A_v$$

5 (a) $R_BI_B+V_{BE}+R_EI_E = V_{CC}$

$[R_B+(1+h_{fe})R_E]I_B = V_{CC}-V_{BE}$

$$I_B = \frac{V_{CC}-V_{BE}}{R_B+(1+h_{fe})R_E}$$

$$= \frac{20-0.7}{470+(121)\times 0.56} = 35.89\,\mu\text{A}$$

$$I_E = (1+h_{fe})I_B = 121\times 0.03589 = 4.34\,\text{mA}$$

式 (6･14) より

$$r_e = \frac{26}{I_E[\text{mA}]} = \frac{26}{4.34} = 6\,\Omega$$

図 (a) の等価回路より，

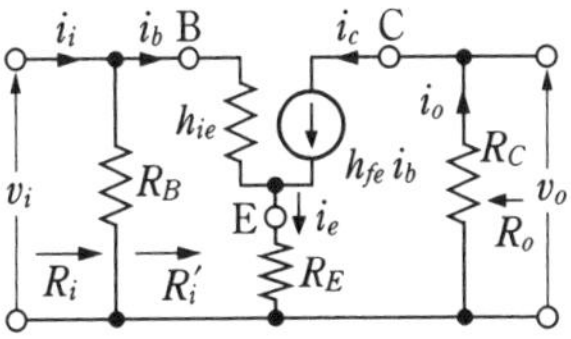

$$v_i = h_{ie}i_b+i_eR_E = h_{ie}i_b+(1+h_{fe})i_bR_E$$

$$\therefore R_i' = \frac{v_i}{i_b} = h_{ie}+(1+h_{fe})R_E \fallingdotseq (r_e+R_E)h_{fe}$$

$$= (6+560)\times 120 = 68\,\text{k}\Omega$$

(a)

$$R_i = R_B \,/\!/\, R_i' = \frac{470\times 68}{470+68} = 59.4\,\text{k}\Omega$$

$$R_o = R_C = 2.2\,\text{k}\Omega$$

$$i_b = \frac{v_i}{R_i'} = \frac{v_i}{(r_e+R_E)h_{fe}}$$

$$v_o = -i_oR_C = -h_{fe}i_bR_C = -h_{fe}\left(\frac{v_i}{R_i'}\right)R_C$$

$$A_v = \frac{v_o}{v_i} = -h_{fe}\frac{R_C}{R_i'} = -\frac{R_C}{r_e+R_E} \fallingdotseq -\frac{R_C}{R_E} = \frac{2.2}{0.56} = 3.93$$

$$i_b = \frac{R_B}{R_B+R_i'}i_i, \quad i_o = i_c = h_{fe}i_b$$

$$A_i = \frac{i_o}{i_i} = \frac{i_b}{i_i}\cdot\frac{i_o}{i_b} = \frac{R_B}{R_B+R_i'}h_{fe} = \frac{470}{470+68}\times 120 = 104.8$$

C_E を接続したとき，図(b)の等価回路から

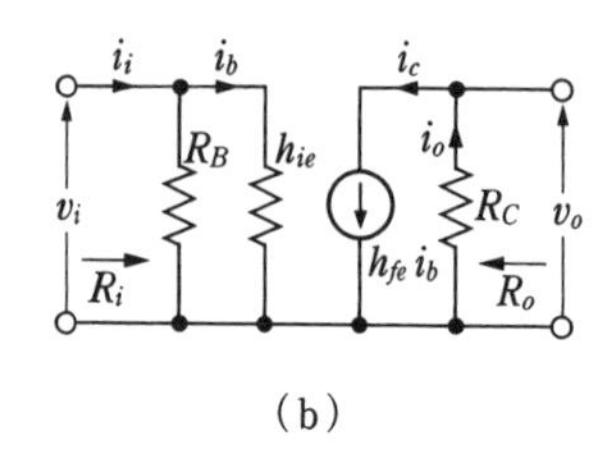

(b)

$$R_i = R_B /\!/ h_{ie} = R_B /\!/ (h_{fe} r_e)$$

$$= \frac{470 \times 0.72}{470 + 0.72} = 720\ \Omega$$

$$R_o = R_C = 2.2\ \text{k}\Omega$$

$$A_v = -\frac{R_C}{r_e} = -\frac{2\,200}{6} = -366.6$$

$$i_b = \frac{R_B}{R_B + h_{ie}} i_i, \quad i_o = i_c = h_{fe} i_b$$

$$A_i = \frac{i_o}{i_i} = \frac{i_b}{i_i} \cdot \frac{i_o}{i_b} = \frac{R_B}{R_B + h_{ie}} \cdot h_{fe} = \frac{470}{470 + 0.72} \times 120 = 119.82$$

(b) $$V_B = \frac{R_A}{R_A + R_B} V_{CC} = \frac{10}{90 + 10} \times 16 = 1.6\ \text{V}$$

$$V_{RE} = V_B - V_{BE} = 1.6 - 0.7 = 0.9\ \text{V}$$

$$I_E = \frac{V_{RE}}{R_E} = \frac{0.9}{0.68} = 1.324\ \text{mA}$$

$$r_e = \frac{26}{I_E[\text{mA}]} = \frac{26}{1.324} = 19.64\ \Omega$$

図(c)の等価回路より，

(c)

$$v_i = h_{ie} i_b + i_e R_E = h_{ie} i_b + (1 + h_{fe}) i_b R_E$$

$$R_i' = \frac{v_i}{i_b} = h_{ie} + (1 + h_{fe}) R_E \fallingdotseq (r_e + R_E) h_{fe}$$

$$\fallingdotseq R_E h_{fe} = 0.68 \times 160 = 108.8\ \text{k}\Omega$$

$$R_{BB} = R_A /\!/ R_B = \frac{R_A R_B}{R_A + R_B} = \frac{90 \times 10}{90 + 10} = 9\ \text{k}\Omega$$

$$R_i = R_{BB} /\!/ R_i' = \frac{R_{BB} R_i'}{R_{BB} + R_i'} = \frac{9 \times 108.8}{9 + 108.8} = 8.3\ \text{k}\Omega$$

$$R_o = R_C = 2.2\ \text{k}\Omega$$

$$A_v = -\frac{R_C}{R_E} = -\frac{2.2}{0.68} = -3.24$$

$$A_i = \frac{i_o}{i_i} = \frac{R_{BB}}{R_{BB} + R_i'} h_{fe} = \frac{9}{9 + 108.8} \times 160 = 12.24$$

C_E を接続したとき，図(d)の等価回路から

$$R_i' = h_{ie} = r_e h_{fe} = 19.64\times 160 = 3.14\ \mathrm{k\Omega}$$

$$R_i = R_{BB} /\!/ R_i' = \frac{9\times 3.14}{9+3.14} = 2.33\ \mathrm{k\Omega}$$

$$R_o = R_C = 2.2\ \mathrm{k\Omega}$$

$$A_v = -\frac{R_C}{r_e} = -\frac{h_{fe}}{h_{ie}}R_C = -\frac{160}{3.14}\times 2.2$$

$$= -112.1$$

（d）

$$i_b = \frac{R_{BB}}{R_{BB}+h_{ie}}i_i, \quad i_o = i_c = h_{fe} i_b$$

$$A_i = \frac{i_o}{i_i} = \frac{i_b}{i_i}\cdot\frac{i_o}{i_b} = \frac{R_{BB}}{R_{BB}+h_{ie}}\cdot h_{fe} = \frac{9}{9+3.14}\times 160 = 118.6$$

6　式(6･41)で，$f \gg f_\beta$ とすれば

$$\beta \fallingdotseq \frac{\beta_0}{jf/f_\beta}, \quad |\beta| = \frac{\beta_0 f_\beta}{f} = \frac{f_T}{f}$$

したがって，$f_T = |\beta| f = 2.5\times 100 = 250\ \mathrm{MHz}$

$$f_\beta = \frac{f_T}{f_0} = \frac{250}{200} = 1.25\ \mathrm{MHz}$$

7

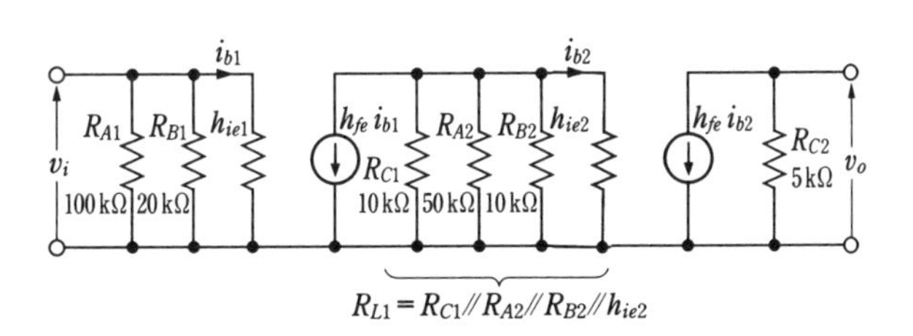

中域において，各コンデンサはすべて短絡とみなして図の等価回路を得る．1段目の負荷抵抗 R_{L1} は R_{C1}，R_{A2}，R_{B2} および h_{ie2} の並列合成抵抗となる．

$$R_{L1} = \frac{1}{\dfrac{1}{R_{C1}}+\dfrac{1}{R_{A2}}+\dfrac{1}{R_{B2}}+\dfrac{1}{h_{ie2}}}$$

$$= \frac{1}{\dfrac{1}{10}+\dfrac{1}{50}+\dfrac{1}{10}+\dfrac{1}{5.5}} = 2.5\ \mathrm{k\Omega}$$

$$A_{v1} = \frac{h_{fe}}{h_{ie1}}R_{L1} = \frac{140}{9.5}\times 2.5 = 36.84 \fallingdotseq 37$$

2段目の負荷抵抗はR_{C2}のみであるから

$$A_{v2}=\frac{h_{fe}}{h_{ie2}}R_{C2}=\frac{140}{5.5}\times 5=127.3$$

したがって，総合増幅度A_vは，

$$A_v=A_{v1}\times A_{v2}=37\times 127.3=4\,710\fallingdotseq 4\,700\quad (73.44\,\mathrm{dB})$$

■第7章解答

1　ゲート・ソース間電圧V_{GS}は，

$$V_{GS}=-I_DR_S$$

$I_D=4\,\mathrm{mA}$とすれば

$$V_{GS}=-I_DR_S=-4\times 1.5=-6\,\mathrm{V}$$

動作点Qより，

$$I_{DQ}=2\,\mathrm{mA},\ V_{GSQ}=-3\,\mathrm{V}$$

$I_{DQ}=4\,\mathrm{mA}$のとき，$V_{GSQ}=-1.6\,\mathrm{V}$

$$\therefore R_S=\frac{1.6}{4}=0.4=400\,\Omega$$

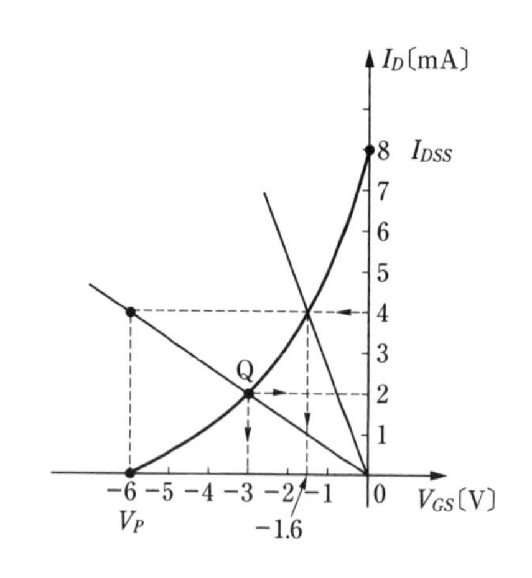

2　$V_G=\dfrac{R_2}{R_1+R_2}V_{DD}=\dfrac{0.75}{3+0.75}\times 15$

$$=3\,\mathrm{V}$$

$V_G=3\,\mathrm{V}$の点Aと動作点Qを結ぶ直線がバイアス線となる．V_{GS}の値B点は，式(7･6)から，

$$V_{GS}=V_P\left(1-\sqrt{\frac{I_D}{I_{DSS}}}\right)$$

$$=-4\left(1-\sqrt{\frac{4}{8}}\right)$$

$$=-1.17\,\mathrm{V}$$

式(7･10)から，

$$R_S=\frac{V_G-V_{GS}}{I_D}=\frac{3-(-1.17)}{4}$$

$$=1.043\,\mathrm{k}\Omega$$

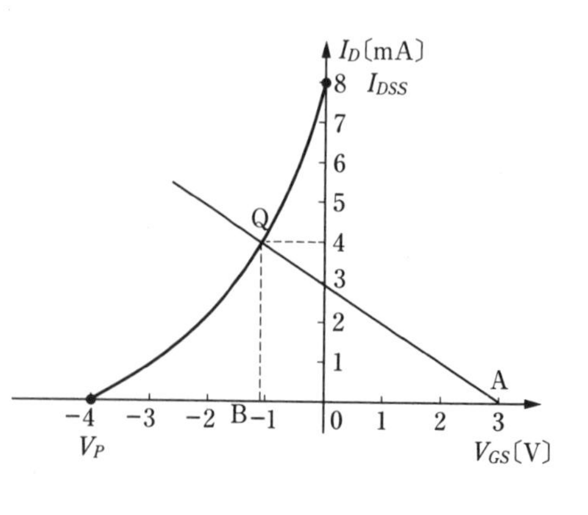

3 ゲート電圧 V_G は式(7·7)より，

$$V_G = \frac{R_2}{R_1+R_2}V_{DD} = \frac{R_2}{R_1+R_2}\times 20$$

ゲート・ソース間電圧 V_{GS} は式(7·8)より，

$$V_{GS} = V_G - V_S = \frac{R_2}{R_1+R_2}V_{DD} - R_S I_D$$

題意より，

$$-2 = \frac{R_2}{R_1+R_2}\times 20 - 2\times 3$$

$$R_1 = 4R_2 \qquad \therefore \frac{R_1}{R_2} = 4$$

4 $V_G = \dfrac{R_2}{R_1+R_2}V_{DD},\quad V_S = I_D R_S$

$$V_{GS} = V_G - V_S = \frac{R_2}{R_1+R_2}V_{DD} - I_D R_S$$

$$\frac{R_2}{R_1+R_2} = \frac{V_{GS}+I_D R_S}{V_{DD}} = \frac{-2+1\times 10^{-3}\times 10\times 10^3}{20} = 0.4$$

$$\frac{R_1+R_2}{R_2} = 1+\frac{R_1}{R_2} = 2.5 \qquad \therefore \frac{R_1}{R_2} = 1.5$$

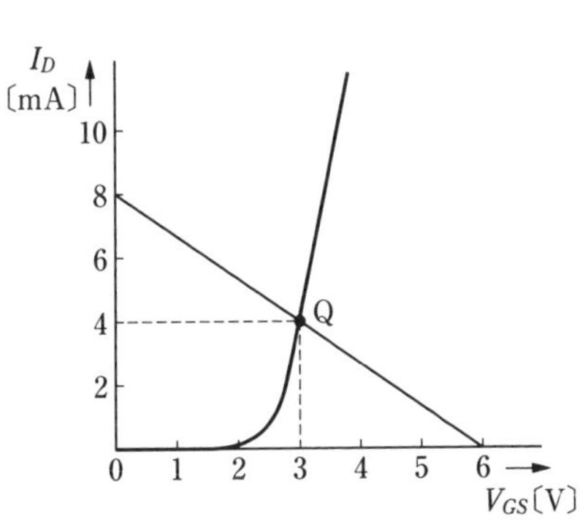

5 $V_G = \dfrac{R_2}{R_1+R_2}V_{DD}$

$$= \frac{1}{4+1}\times 30 = 6\text{ V}$$

$$V_{GS} = V_G - I_D R_S = 6 - I_D\times 0.75$$

$I_D = 0$ のとき，$V_{GS} = V_G = 6$ V

$V_{GS} = 0$ のとき，

$$I_D = \frac{V_G}{R_S} = \frac{6}{0.75} = 8\text{ mA}$$

$V_{GS} = 6$ V と $I_D = 8$ mA の点を結んだ直線と伝達特性の交点 Q が動作点となるから，図より $I_{DQ} = 4$ mA，$V_{GSQ} = 3$ V となる．

$$V_{DS} = V_{DD} - I_D(R_D+R_S) = 30 - 4(3+0.75)$$

$$= 15\text{ V}$$

■第8章解答

1 $A_f = \dfrac{A_0}{1+\beta A_0} = \dfrac{2\,000}{1+0.005\times 2\,000} = 181.82$

$G_f = 20\log_{10}|A_f| = 20\log_{10}(181.82) = 45.2\ \mathrm{dB}$

$F = 20\log_{10}|1+\beta A_0| = 20\log_{10}(11) = 20.8\ \mathrm{dB}$

（注）$G_f = G_0 - F = 20\log_{10}2\,000 - 20.8 = 66 - 20.8 = 45.2\ \mathrm{dB}$

2 $F = 20\log_{10}(1+\beta A_0) = 20\ \mathrm{dB}$ であるから，

$$1+\beta A_0 = 10$$

$$\therefore f_{Lf} = \frac{f_L}{1+\beta A_0} = \frac{100}{10} = 10\ \mathrm{Hz}$$

$$f_{Hf} = (1+\beta A_0)f_H = 10\times 100 = 1\ \mathrm{MHz}$$

3 電圧増幅度 A_v は，式 (8•20) より，

$$A_v = \frac{h_{fe}R_L'}{h_{ie}+(1+h_{fe})R_E} = \frac{160\times 2.35}{3.5+161\times 1} = 2.29$$

入力抵抗 R_i は式 (8•21) より，

$$R_i' = h_{ie}+(1+h_{fe})R_E = 3.5+161\times 1 = 164.5\ \mathrm{k\Omega}$$

$$R_{BB} = R_A \,/\!/\, R_B = \frac{R_A R_B}{R_A+R_B} = \frac{47\times 10}{47+10} = 8.25\ \mathrm{k\Omega}$$

$$R_i = R_{BB} \,/\!/\, R_i' = \frac{R_{BB}R_i'}{R_{BB}+R_i'} = \frac{8.25\times 164.5}{8.25+164.5} = 7.86\ \mathrm{k\Omega}$$

R_E を短絡して，負帰還をかけないときの電圧増幅度 A_0 は

$$A_0 = \frac{h_{fe}}{h_{ie}}R_L' = \frac{160}{3.5}\times 2.35 = 107.43$$

負帰還をかけたときの帰還率 β は

$$\beta = \frac{R_E}{R_L'} = \frac{1}{2.35} = 0.43$$

$$\therefore A_f = \frac{A_0}{1+\beta A_0}$$

$$= \frac{107.43}{1+0.43\times 107.43} = 2.28$$

ゆえに，A_v と A_f は一致することがわかる．また，式 (8•20) で通常 $r_e \ll R_E$ であるから，$A_v \fallingdotseq R_L'/R_E = 2.35/1 = 2.35$ となり，$A_v = 2.29$ に近い値が得られる．

4 (1) R_Fをはずしたとき，図の等価回路から，

$$R' = \cfrac{1}{\cfrac{1}{R_{C1}} + \cfrac{1}{R_{A2}} + \cfrac{1}{R_{B2}}}$$

$$= \cfrac{1}{\cfrac{1}{10} + \cfrac{1}{47} + \cfrac{1}{8.2}} = 4.1\ \text{k}\Omega$$

$$R_{L1}' = R' \parallel h_{ie2} = \frac{R' h_{ie2}}{R' + h_{ie2}}$$

$$= \frac{4.1 \times 3.7}{4.1 + 3.7} = 1.94\ \text{k}\Omega$$

$$A_{01} = \frac{h_{fe1} R_{L1}'}{h_{ie1} + (1 + h_{fe1}) R_E} = \frac{120 \times 1.94}{12 + 121 \times 0.22} = 6.03$$

$$A_{02} = \frac{h_{fe2}}{h_{ie2}} R_{C2} = \frac{150}{3.7} \times 4.7 = 190.5$$

$$\therefore A_0 = A_{01} \times A_{02} = 6.03 \times 190.5 = 1\,148.7$$

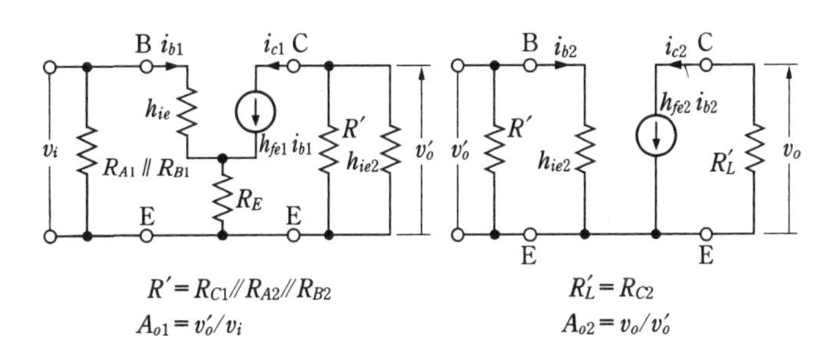

(2) R_Fを接続したとき，$R_E \ll R_F$，$R_L' \ll R_F$であるから，

$$\beta = \frac{R_E}{R_E + R_F} \fallingdotseq \frac{R_E}{R_F} = \frac{0.22}{220} = 0.001$$

$$A_f = \frac{A_0}{1 + \beta A_0}$$

$$= \frac{1\,148.7}{1 + 0.001 \times 1\,148.7} = 534.3 \quad (54.56\ \text{dB})$$

■第 9 章解答

1 理想的なトランスを考え，損失がないものとすれば，誘導電圧は巻数に比例するから，

$$\frac{v_1}{v_2}=\frac{n_1}{n_2}\cdots\cdots(1)$$

一次側の電力$p_1=v_1i_1$と二次側の消費電力$p_2=v_2i_2$は等しいから，

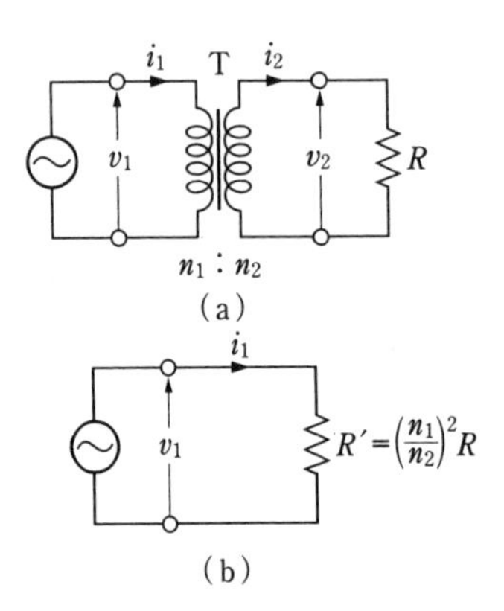

(a)

(b)

$$\frac{i_1}{i_2}=\frac{v_2}{v_1}=\frac{n_2}{n_1}\cdots\cdots(2)$$

式(1)，(2)と，$i_2=v_2/R$から，

$$\frac{v_1}{i_1}=\frac{\dfrac{n_1}{n_2}v_2}{\dfrac{n_2}{n_1}i_2}=\left(\frac{n_1}{n_2}\right)^2R\cdots\cdots(3)$$

式(3)は一次側の電圧，電流の比であるから，一次側から見た抵抗を表している．すなわち，二次側に抵抗Rを接続すると，図(b)に示すように一次側から見た抵抗R'は式(3)によって与えられる．

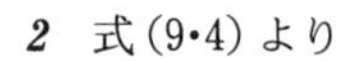

2　式(9•4)より

$$800=n^2\times8 \qquad n=\sqrt{\frac{800}{8}}=\sqrt{100}=10$$

すなわち，10 : 1にすればよい．

3　式(9•6)より

$$R_L=\frac{V_{CC}{}^2}{2P_{0m}}=\frac{15^2}{2\times0.5}=225\,\Omega$$

式(9•4)より

$$n=\sqrt{\frac{R_L}{R_S}}=\sqrt{\frac{225}{8}}=5.3$$

4　例題9•7より，最大出力電力P_{0m}は

$$P_{0m}=\frac{V_{CC}{}^2}{8R_L}$$

これより，

$$V_{CC}=\sqrt{8P_{0m}R_L}=\sqrt{8\times30\times8}=43.8\text{ V}$$

したがって，44 V以上の電源を必要とする．

5 各線路に流れる電流は図のようになる．

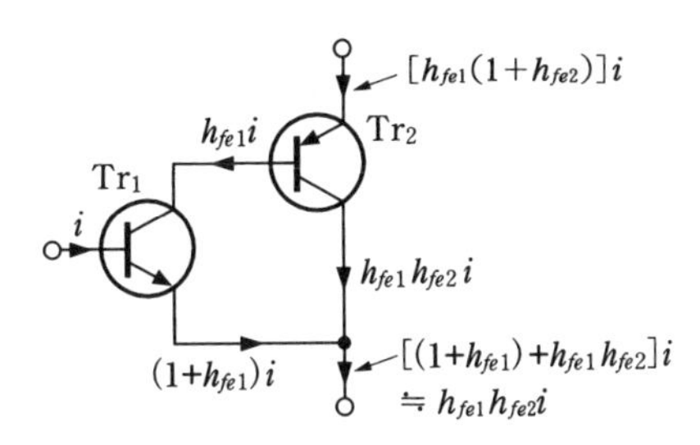

■第10章解答

1 式(10･6)より

$$f_0=\frac{1}{2\pi\sqrt{LC}}=\frac{1}{2\pi\sqrt{0.612\times10^{-3}\times200\times10^{-12}}}$$

$$=\frac{1}{6.28\sqrt{1\,224\times10^{-16}}}=\frac{10^8}{219.71}\fallingdotseq455\ \mathrm{kHz}$$

式(10･7)，(10･11)より

$$Q_0=\frac{R}{\omega_0L}=\frac{51\times10^3}{2\pi\times455\times10^3\times0.612\times10^{-3}}=\frac{51\times10^3}{2\pi\times278.46}\fallingdotseq29.2$$

$$B=\frac{f_0}{Q_0}=\frac{455}{29.2}\fallingdotseq15.6\ \mathrm{kHz}$$

2 $$Z_1=r_1+j\left(\omega L_1-\frac{1}{\omega C_1}\right)=r_1\left\{1+j\left(\omega\frac{L_1}{r_1}-\frac{1}{\omega C_1r_1}\right)\right\}$$

$$=r_1\left\{1+jQ_1\left(\frac{\omega}{\omega_0}-\frac{\omega_0}{\omega}\right)\right\}\fallingdotseq r_1(1+j2\delta Q_1)$$

同様にして，

$$Z_2\fallingdotseq r_2(1+j2\delta Q_2)$$

3 式(10･20)を式(10･18)に代入すると，

$$A_v=\frac{-g_mM}{j\omega C_1C_2r_1r_2\left\{(1+j2\delta Q_1)(1+j2\delta Q_2)+\dfrac{\omega^2M^2}{r_1r_2}\right\}}$$

$$=\frac{-g_mM}{j\omega C_1C_2r_1r_2\left\{1+j2\delta(Q_1+Q_2)-4\delta^2Q_1Q_2+\dfrac{\omega^2M^2}{r_1r_2}\right\}}$$

ここで，

$$\frac{\omega^2 M^2}{r_1 r_2} = \frac{\omega^2 k^2 L_1 L_2}{r_1 r_2} = \frac{\omega^2 k^2 L_1 L_2}{\dfrac{\omega_0 L_1}{Q_1} \cdot \dfrac{\omega_0 L_2}{Q_2}} = \frac{\omega^2 k^2 Q_1 Q_2}{{\omega_0}^2} \fallingdotseq k^2 Q_1 Q_2 = a^2$$

$$\frac{-g_m M}{j\omega C_1 C_2 r_1 r_2} = \frac{-g_m k\sqrt{L_1 L_2}}{j\omega C_1 C_2 \sqrt{r_1 r_2}\sqrt{r_1 r_2}} = \frac{-g_m k\sqrt{\dfrac{Q_1 r_1}{\omega_0} \cdot \dfrac{Q_2 r_2}{\omega_0}}}{j\omega C_1 C_2 \sqrt{r_1 r_2}\sqrt{r_1 r_2}}$$

$$= \frac{-g_m k\sqrt{Q_1 Q_2}}{j\omega\omega_0 C_1 C_2 \sqrt{r_1 r_2}} \fallingdotseq \frac{-g_m a}{j{\omega_0}^2 C_1 C_2 \sqrt{r_1 r_2}} = \frac{-g_m a\sqrt{r_1 r_2}}{j{\omega_0}^2 C_1 C_2 r_1 r_2}$$

$$= j g_m a Q_1 Q_2 \sqrt{r_1 r_2}$$

$$\therefore A_v = \frac{j a g_m Q_1 Q_2 \sqrt{r_1 r_2}}{1 + a^2 + j2\delta(Q_1 + Q_2) - 4\delta^2 Q_1 Q_2}$$

4 式(10・23)をaで微分して，0とおくことによって求められる．

$$\frac{d}{da}|A_{v0}| = g_m Q^2 \sqrt{r_1 r_2}\left\{\frac{1 + a^2 - a(2a)}{(1 + a^2)^2}\right\}$$

$$= g_m Q^2 \sqrt{r_1 r_2} \cdot \frac{1 - a^2}{(1 + a^2)^2} = 0$$

したがって，$a = 1$のとき，最大値$|A_{v0}|_{\max} = \dfrac{1}{2} g_m Q^2 \sqrt{r_1 r_2}$が得られる．

共振時の利得A_{v0}は，式(10・21)で$\delta = 0$とおいて

$$A_{v0} = \frac{j a g_m Q_1 Q_2 \sqrt{r_1 r_2}}{1 + a^2}$$

$$\frac{A_v}{A_{v0}} = \frac{\dfrac{j a g_m Q_1 Q_2 \sqrt{r_1 r_2}}{1 + a^2 + j2\delta(Q_1 + Q_2) - 4\delta^2 Q_1 Q_2}}{\dfrac{j a g_m Q_1 Q_2 \sqrt{r_1 r_2}}{1 + a^2}} = \frac{1}{1 - \dfrac{4\delta^2 Q_1 Q_2}{1 + a^2} + j\dfrac{2\delta(Q_1 + Q_2)}{1 + a^2}}$$

ゆえに，$Q_1 = Q_2 = Q$のとき

$$\left|\frac{A_v}{A_{v0}}\right| = \frac{1}{\sqrt{\left(1 - \dfrac{4\delta^2 Q^2}{1 + a^2}\right)^2 + \left(\dfrac{4\delta Q}{1 + a^2}\right)^2}}$$

5 $$\frac{d}{d(\delta Q)}\left|\frac{A_v}{A_{v0}}\right|^2 = \frac{d}{d(\delta Q)} \cdot \frac{1}{\left(1 - \dfrac{4\delta^2 Q^2}{1 + a^2}\right)^2 + \left(\dfrac{4\delta Q}{1 + a^2}\right)^2}$$

$$= \frac{-\dfrac{d}{d(\delta Q)}\left\{\left(1-\dfrac{4\delta^2Q^2}{1+a^2}\right)^2+\left(\dfrac{4\delta Q}{1+a^2}\right)^2\right\}}{\left\{\left(1-\dfrac{4\delta^2Q^2}{1+a^2}\right)^2+\left(\dfrac{4\delta Q}{1+a^2}\right)^2\right\}^2}$$

$$\frac{d}{d(\delta Q)}\left\{\left(1-\frac{4\delta^2Q^2}{1+a^2}\right)^2+\left(\frac{4\delta Q}{1+a^2}\right)^2\right\}$$

$$=2\left(1-\frac{4(\delta Q)^2}{1+a^2}\right)\left(1-\frac{4(\delta Q)^2}{1+a^2}\right)'+2\left(\frac{4\delta Q}{1+a^2}\right)\left(\frac{4\delta Q}{1+a^2}\right)'$$

$$=2\left(1-\frac{4\delta^2Q^2}{1+a^2}\right)\left(\frac{-8\delta Q}{1+a^2}\right)+\frac{32\delta Q}{(1+a^2)^2}$$

$$=\frac{-16\delta Q}{1+a^2}+\frac{64\delta^3Q^3}{(1+a^2)^2}+\frac{32\delta Q}{(1+a^2)^2}$$

上式を0とおいて，

$$8\delta Q(1+a^2)-32(\delta Q)^3-16\delta Q=0 \qquad \delta Q(1+a^2-4\delta^2Q^2-2)=0$$

$$\therefore \delta Q(1-a^2+4\delta^2Q^2)=0 \qquad \therefore \delta Q=0,\ \pm\frac{1}{2}\sqrt{a^2-1}$$

■第11章解答

1 等価回路から，

$$v_{b1}=i_{b1}h_{ie}+i_eR_E\cdots\cdots(1)$$

$$v_{b2}=i_{b2}h_{ie}+i_eR_E\cdots\cdots(2)$$

$$i_{c1}=h_{fe}i_{b1},\qquad i_{c2}=h_{fe}i_{b2}\cdots\cdots(3)$$

$$v_{c1}=-i_{c1}R_C,\quad v_{c2}=-i_{c2}R_C\cdots\cdots(4)$$

$$v_o=v_{c2}-v_{c1}\cdots\cdots(5)$$

上式より，

$$v_o=v_{c2}-v_{c1}=-i_{c2}R_C+i_{c1}R_C$$

$$=-h_{fe}i_{b2}R_C+h_{fe}i_{b1}R_C=h_{fe}R_C(i_{b1}-i_{b2})$$

$$=\frac{h_{fe}R_C}{h_{ie}}(i_{b1}h_{ie}-i_{b2}h_{ie})=\frac{h_{fe}R_C}{h_{ie}}(v_{b1}-v_{b2})$$

2 (a) $V_B=\dfrac{R_3}{R_2+R_3}(-V_{EE})=\dfrac{5.6}{5.6+5.6}\times(-20)=-10\ \mathrm{V}$

$$V_E=V_B-V_{BE}=-10-0.7=-10.7\ \mathrm{V}$$

$$I=I_E=\frac{V_E-(-V_{EE})}{R_1}=\frac{-10.7+20}{3}=3.1\ \mathrm{mA}$$

(b) $I = \dfrac{V_Z - V_{BE}}{R_1} = \dfrac{6-0.7}{1.8} = 2.94\ \mathrm{mA}$

3 図11・11(c)より，

$$I_{B1} = I_{B2},\ I_{E3} = 2I_{B2},\ I_0 = h_{FE}I_{B2}$$

$$I_{E3} = (1+h_{FE})I_{B3}$$

$$I_1 = I_{C1}+I_{B3} = h_{FE}I_{B1}+\frac{I_{E3}}{1+h_{FE}}$$

$$= h_{FE}I_{B2}+\frac{1}{1+h_{FE}}\cdot 2I_{B2} = \left(h_{FE}+\frac{2}{1+h_{FE}}\right)\frac{I_0}{h_{FE}}$$

$$= \frac{h_{FE}(1+h_{FE})+2}{h_{FE}(1+h_{FE})}\cdot I_0$$

$$\therefore I_0 = \frac{h_{FE}(1+h_{FE})}{h_{FE}(1+h_{FE})+2}I_1 = \frac{1}{1+\dfrac{2}{h_{FE}(1+h_{FE})}}I_1 \fallingdotseq I_1$$

$$\therefore I_0 \fallingdotseq I_1$$

■第12章解答

1 式(12・4)を式(12・3)に代入して，

$$\frac{V_i+V_o/A_0}{R_1} = \frac{-V_o/A_0-V_o}{R_2}$$

$$R_2\left(V_i+\frac{V_o}{A_0}\right) = -R_1\left(\frac{V_o}{A_0}+V_o\right)$$

$$R_2(V_iA_0+V_o) = -R_1(V_o+V_oA_0)$$

$$R_2A_0V_i = -(R_1+R_2+R_1A_0)V_o$$

$$\therefore A_v = \frac{V_o}{V_i} = -\frac{R_2A_0}{R_1+R_2+R_1A_0} = -\frac{R_2/R_1}{1+\dfrac{1}{A_0}\cdot\dfrac{R_1+R_2}{R_1}}$$

$$= -\frac{R_2}{R_1}\cdot\frac{1}{1+1/A_0\beta}$$

同様に，式(12・4)を式(12・6)に代入して，

$$\frac{V_i-V_o/A_0}{R_1} = \frac{V_o-(V_i-V_o/A_0)}{R_2}$$

$$R_2\left(V_i-\frac{V_o}{A_0}\right) = R_1\left\{V_o-\left(V_i-\frac{V_o}{A_0}\right)\right\}$$

$$R_2(V_iA_0 - V_o) = R_1\{V_oA_0 - (V_iA_0 - V_o)\}$$

$$(R_1 + R_2)A_0V_i = (R_1 + R_2 + R_1A_0)V_o$$

$$\therefore A_v = \frac{V_o}{V_i} = \frac{(R_1+R_2)A_0}{R_1+R_2+R_1A_0} = \frac{\dfrac{R_1+R_2}{R_1}}{1+\dfrac{1}{A_0}\cdot\dfrac{R_1+R_2}{R_1}}$$

$$= \frac{R_1+R_2}{R_1}\cdot\frac{1}{1+1/A_0\beta}$$

2 式(12･26)より,

$$\mathrm{SR} \geqq 2\pi f_o V_m$$

$$\therefore f_{\max} = \frac{\mathrm{SR}}{2\pi V_m} = \frac{10}{2\pi \times 10} = 0.159\ \mathrm{MHz} \fallingdotseq 160\ \mathrm{kHz}$$

3 $V_o = -R_f I$

$$= -R_f\left(\frac{V_r}{R}\cdot D_3 + \frac{V_r}{2R}\cdot D_2 + \frac{V_r}{4R}\cdot D_1 + \frac{V_r}{8R}\cdot D_0\right)$$

$$= -R_f\left(\frac{1}{R}\cdot D_3 + \frac{1}{2R}\cdot D_2 + \frac{1}{4R}\cdot D_1 + \frac{1}{8R}\cdot D_0\right)V_r$$

$$= -\frac{R_f}{8R}(8D_3 + 4D_2 + 2D_1 + D_0)V_r$$

$V_r = 8\ \mathrm{V}$, $R = 100\ \mathrm{k\Omega}$, $R_f = 20\ \mathrm{k\Omega}$ のとき, $D_3 = D_1 = D_0 = 1$, $D_2 = 0$ として,

$$V_0 = -0.2(8+2+1) = -2.2\ \mathrm{V}$$

4 帰還回路の合成インピーダンス Z_f は

$$Z_f = \frac{R_f/j\omega C}{R_f + 1/j\omega C} = \frac{R_f}{1 + j\omega CR_f}$$

$$\therefore A_v = -\frac{Z_f}{R} = -\frac{R_f/(1+j\omega CR_f)}{R} = -\frac{R_f}{R(1+j\omega CR_f)}$$

$$|A_v| = \frac{R_f}{R}\cdot\frac{1}{\sqrt{1+(\omega CR_f)^2}}$$

$1 \ll \omega CR_f$ のとき積分回路として動作→ $|A_v| \fallingdotseq \dfrac{R_f}{R}\cdot\dfrac{1}{\omega CR_f} = \dfrac{1}{\omega CR}$

$1 \gg \omega CR_f$ のとき増幅回路として動作→ $|A_v| \fallingdotseq \dfrac{R_f}{R}$

ゆえに，周波数f_2は，$\dfrac{1}{\omega_2 CR}=\dfrac{R_f}{R}$とおいて，　$\therefore f_2=\dfrac{1}{2\pi CR_f}$

5 入力側の合成インピーダンスZ_{in}は

$$Z_{in}=R+\frac{1}{j\omega C}$$

$$\therefore A_v=-\frac{R_f}{Z_{in}}=-\frac{R_f}{R+\dfrac{1}{j\omega C}}=-\frac{j\omega CR_f}{1+j\omega CR}$$

$$|A_v|=\frac{\omega CR_f}{\sqrt{1+(\omega CR)^2}}$$

$1\ll\omega CR$のとき増幅回路として動作→$|A_v|\fallingdotseq\dfrac{\omega CR_f}{\omega CR}=\dfrac{R_f}{R}$

$1\gg\omega CR$のとき微分回路として動作→$|A_v|\fallingdotseq\omega CR_f$

ゆえに，周波数f_2は，$\omega_2 CR_f=\dfrac{R_f}{R}$とおいて，　$\therefore f_2=\dfrac{1}{2\pi CR}$

■第13章解答

1 例題13•3より，発振周波数fは

$$f=\frac{1}{2\pi}\cdot\frac{1}{\sqrt{L\cdot\left(\dfrac{C_1C_2}{C_1+C_2}\right)}}=\frac{1}{2\pi\sqrt{200\times10^{-6}\times\left(\dfrac{200\times200}{200+200}\right)\times10^{-12}}}$$

$$\fallingdotseq 1.13\times10^6\ \mathrm{Hz}=1.13\ \mathrm{MHz}$$

2 例題13•4の式(13•32)から，

$$f=\frac{1}{2\pi CR}=\frac{1}{2\pi\times450\times10^{-12}\times150\times10^3}=2.357\ \mathrm{kHz}$$

$$\fallingdotseq 2.36\ \mathrm{kHz}$$

$$A=\frac{1}{\dfrac{1}{3}-\dfrac{R_4}{R_3+R_4}}=\frac{1}{\dfrac{1}{3}-\dfrac{1}{5+1}}=6$$

3 右図の推移回路にキルヒホッフの法則を適用すれば，$Z=1/j\omega C$として，

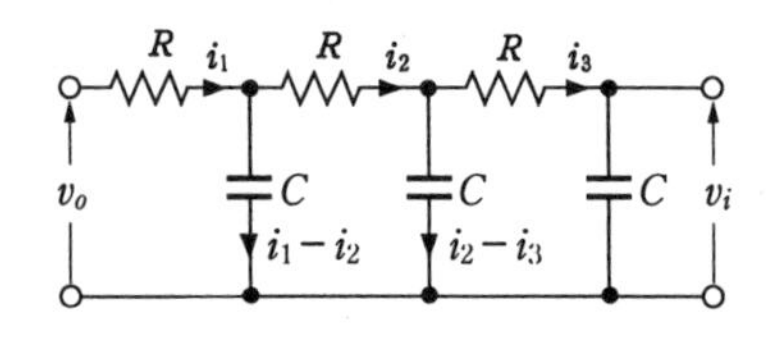

$$\left.\begin{aligned} &Ri_1+Z(i_1-i_2)=v_o \\ &Ri_2+Z(i_2-i_3)-Z(i_1-i_2)=0 \\ &(R+Z)i_3-Z(i_2-i_3)=0 \end{aligned}\right\}$$

上式をi_1，i_2，i_3について整理すると，

$$\left.\begin{aligned} (R+Z)i_1 \quad -Zi_2 \quad\quad\quad &= v_o \\ -Zi_1 \quad (R+2Z)i_2 \quad -Zi_3 &= 0 \\ -Zi_2 \quad (R+2Z)i_3 &= 0 \end{aligned}\right\}$$

$$\varDelta = \begin{vmatrix} R+Z & -Z & 0 \\ -Z & R+2Z & -Z \\ 0 & -Z & R+2Z \end{vmatrix}$$

$$= (R+Z)\begin{vmatrix} R+2Z & -Z \\ -Z & R+2Z \end{vmatrix} + Z\begin{vmatrix} -Z & -Z \\ 0 & R+2Z \end{vmatrix}$$

$$= (R+Z)\{(R+2Z)^2-Z^2\}+Z\{-Z(R+2Z)\}$$
$$= (R+Z)(R+2Z)^2-Z^2(2R+3Z)$$
$$= R(R^2+6Z^2)+Z(5R^2+Z^2)$$

$$i_3 = \frac{\varDelta_3}{\varDelta} = \frac{Z^2 v_o}{\varDelta} \qquad \because\ \varDelta_3 = \begin{vmatrix} R+Z & -Z & v_o \\ -Z & R+2Z & 0 \\ 0 & -Z & 0 \end{vmatrix}$$

$$v_i = Zi_3 = \frac{Z^3 v_o}{R(R^2+6Z^2)+Z(5R^2+Z^2)}$$

$$\therefore \beta = \frac{v_i}{v_o} = \frac{(1/j\omega C)^3}{R\left(R^2-\dfrac{6}{\omega^2C^2}\right)+\dfrac{1}{j\omega C}\left(5R^2-\dfrac{1}{\omega^2C^2}\right)}$$

$$= \frac{1}{-\omega^2C^2\left(5R^2-\dfrac{1}{\omega^2C^2}\right)-j\omega^3C^3R\left(R^2-\dfrac{6}{\omega^2C^2}\right)}$$

$R^2-\dfrac{6}{\omega^2C^2}=0$ より，$\omega^2=\dfrac{6}{C^2R^2}$　　$\therefore f=\dfrac{\sqrt{6}}{2\pi CR}$

$A=\dfrac{1}{\beta}$ より，$A=-\omega^2C^2\left(5R^2-\dfrac{1}{\omega^2C^2}\right)$

$$= -\frac{6}{R^2}\left(5R^2-\frac{R^2}{6}\right) = -29$$

4 図13・14 (b) の ab 間の合成インピーダンス Z は

$$Z=\frac{\frac{1}{j\omega C}\left(j\omega L_0+\frac{1}{j\omega C_0}\right)}{j\omega L_0+\frac{1}{j\omega C_0}+\frac{1}{j\omega C}}=\frac{\frac{1}{\omega C}\left(\omega L_0-\frac{1}{\omega C_0}\right)}{j\left(\omega L_0-\frac{1}{\omega C_0}-\frac{1}{\omega C}\right)}$$

直列共振周波数を f_0 とすると，$Z=0$ より，

$$\omega_0 L_0-\frac{1}{\omega_0 C_0}=0 \quad \text{より} \quad \omega_0=\frac{1}{\sqrt{L_0 C_0}}$$

$$\therefore f_0=\frac{1}{2\pi\sqrt{L_0 C_0}} \quad \text{〔Hz〕}$$

並列共振周波数を f_p とすると，$Z=\infty$ より，

$$\omega_p L_0-\frac{1}{\omega_p C_0}-\frac{1}{\omega_p C}=0$$

$$\omega_p^2=\frac{1}{L_0}\left(\frac{1}{C_0}+\frac{1}{C}\right)=\frac{1}{L_0}\cdot\frac{C_0+C}{C_0 C}=\frac{1}{L_0\left(\frac{C_0 C}{C_0+C}\right)}$$

$$\therefore f_p=\frac{1}{2\pi\sqrt{L_0\left(\frac{C_0 C}{C_0+C}\right)}}$$

■第14章解答

1 式 (14・12) より，

$$P=\left(1+\frac{m^2}{2}\right)P_c=\left(1+\frac{0.6^2}{2}\right)\times 500=590\ \mathrm{W}$$

式 (14・11) より

$$P_{s1}=P_{s2}=\frac{m^2}{4}P_c=\frac{0.6^2}{4}\times 500=45\ \mathrm{W}$$

2 式 (14・18) より，変調指数 m_f は

$$m_f=\frac{\Delta f}{f_s}=\frac{60}{15}=4$$

ベッセル関数のグラフから，

$J_0(4)=-0.397$，$J_1(4)=-0.066$，$J_2(4)=0.364$，$J_3(4)=0.430$

$J_4(4)=0.281$，$J_5(4)=0.132$，$J_6(4)=0.049$，$J_7(4)=0.152$

各スペクトルを絶対値で表すと次の図となる．

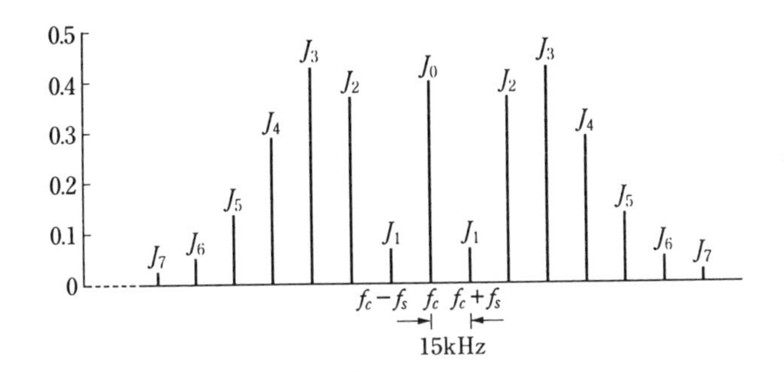

式(14･27)より占有周波数帯域幅 B は

$$B=2(f_s+\Delta f)=2(15+60)=150\ \text{kHz}$$

3　$r_dC \ll \dfrac{1}{f_c}$ より，　$200C \ll \dfrac{1}{1\,600\times10^3}$　　$\therefore C \ll 0.003125\ \mu\text{F}=3\,125\ \text{pF}$

また，　$\dfrac{1}{f_c} \ll CR \ll \dfrac{1}{f_{sm}}$ の関係から，　$\dfrac{1}{1\,600\times10^3} \ll 100\times10^3 C \ll \dfrac{1}{10\times10^3}$

$$\frac{1}{0.16\times10^{12}} \ll C \ll \frac{1}{0.001\times10^{12}} \qquad \therefore 6.25\ \text{pF} \ll C \ll 1\,000\ \text{pF}$$

$C \ll 3\,125$ pF より，6.25 pF の約10倍の60 pF，1 000 pF の10倍として，60〜100 pF の範囲に選べばよい．

4　符号化パルス d が＋の区間では，D_1 と D_2 が導通(ON)，D_3 と D_4 が非導通(OFF)となるから，搬送波 v_c がそのまま同相で出力 v_o となる．－の区間では，D_1 と D_2 がOFF，D_3 と D_4 がONとなり，v_c はたすき掛けの回路によって位相反転され，図のような2 PSKの出力 v_o が得られる．

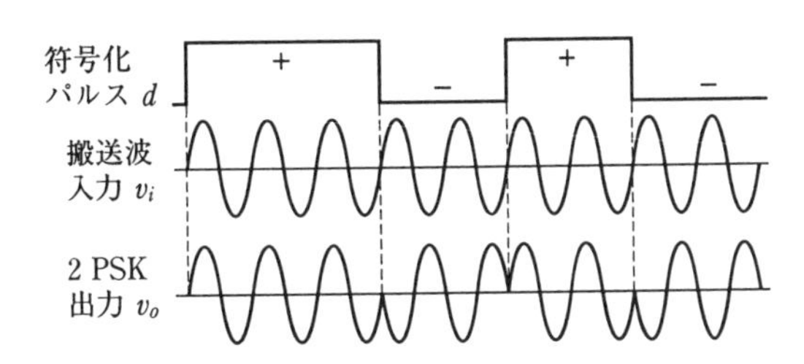

索　　引

MEMO

MEMO

MEMO

■ 著者紹介

大類　重範（おおるい　しげのり）

1966年　工学院大学電子工学科卒業
1975年　東京電機大学大学院修士課程修了（電気工学専攻）
　　　　工学院大学電気システム工学科准教授
著　書　離散時間の信号とシステム（啓学出版），（訳：共著）
　　　　ディジタル信号処理（オーム社）
　　　　ディジタル電子回路（オーム社）

- 本書籍は，日本理工出版会から発行されていた『アナログ電子回路』をオーム社から発行するものです．

アナログ電子回路

2022年 9月10日　第1版第1刷発行
2023年11月10日　第1版第2刷発行

著　者　大類重範
発行者　村上和夫
発行所　株式会社 オーム社
　　　　郵便番号　101-8460
　　　　東京都千代田区神田錦町 3-1
　　　　電話　03(3233)0641(代表)
　　　　URL　https://www.ohmsha.co.jp/

印刷・製本　平河工業社
ISBN978-4-274-22927-5　Printed in Japan